KB265682

공장관리기술사로 가는 비서(秘書)

공장관리기술사로 가는 비秘서書

김달원 · 이광범

공장을 위해서는 집념이 필요해야 한다.

집념이 있다는 것은 한번 시작한 일을 끝까지 마무리하겠다는 악착같은 마음이다. 자신이 설정한 목표에 대해서는 반드시 마무리를 짓겠다는 확고한 생각을 가져야 한다. 현재 진행 중인 방법이 미래에 돈이 되는지 아니면 쓸데없는 노력을 하고 있는지를 선별할 줄 알아야 한다. 아무리 작은 일이라 할지라도 끝마무리를 깔끔히 하고, 작은 일부터 성공하는 습관을 길러야 한다.

한국학술정보(주)

나는 몸값을 제대로 받고 있는가?

나만의 전문자격을 확보하고 경쟁력이 있는가?

회사를 그만두면 현재 두 배의 연봉을 받을 준비가 되어 있는가?

나만의 지식, 기술, 정보 휴먼 네트워크를 구축하고 있는가?

나는 현재 수입의 30%는 나 자신의 미래에 투자하는가?

이렇게 던진 질문들이 당신 가슴에 아무런 파장을 일으키지 않는다면

당신 미래에 심각한 문제가 아닐 수 없다.

지금 이 순간부터 자신의 미래에 투자하라.

기술사가 여러분의 미래를 기다리고 있다.

성공을 위해서는 집념이 있어야 한다.

집념이 있다는 것은 한 번 시작한 일을 끝까지 마무리하겠다는 악착같은 마음이다. 자신이 설정한 목표에 대해서는 반드시 마무리를 짓겠다는 확고한 생각을 가져야 한다. 현재 진행 중인 방법이 미래에 돈이 되는지 아니면 쓸데없는 노력을 하고 있는지를 선별할 줄 알아야 한다. 아무리 작은 일이라 할지라도 끝마무리를 깔끔히 하고, 작은 일부터 성공하는 습관을 길러야 한다.

<u>자신의 업무에 대한 전문지식을 가지고 있어야 한다.</u>

　자신의 나이와는 상관없이 항상 공부하고 훈련하여야 한다. 학습하지 않는 사람은 낙오할 수밖에 없다. 지금은 촉각을 다투는 스피드 시대이기 때문에 어제의 전문지식은 오늘날 누구나 다 알고 있는 상식일 뿐이다.
　자기 분야에 있어 궁금한 사항이나 또는 문제해결을 위해 결정권을 행사할 수 있는 전문가인 기술사가 되어야 한다.

　급변하는 21세기에 국내외 제조산업은 소리 없는 전쟁을 치르고 있다고 해도 과언이 아니다. 글로벌시대의 경쟁력은 무엇이고, 글로벌이 의미하는 바를, 나 자신과 나를 둘러싼 환경요인들을 곰곰이 따져 보면 정말 무서울 따름이다.

　과거 70년대만 해도 국내산업은 정부의 보호 아래 만들면 팔리는 시대였고, 부지런히 열심히 일하면 먹고 사는 문제가 없던 시절이었다. 그런데 21세기인 지금은 우리가 만든 제품은 세계 초일류 기업들과 동등한 입장에서 경쟁을 해야 하고, 여기서 경쟁력을 갖추고 살아남아야 기업은 비로소 생존할 수 있다. 국내 지방의 조그만 공장에서 만들어 낸 제품도 시장에 출시하는 그 순간부터 세계 초일류 기업과의 품질, 원가경쟁을 해야 하고, 중국, 베트남 기업과도 경쟁을 해야 한다. 참으로 벅차고, 어려운 한국의 현실이 아닐 수 없다. 실제로 우수한 핵심기술과 국제특허를 가지고 야심차게 사업을 시작한 벤처기업들이 3년을 못 넘기고 문을 닫는 원인은 무엇일까? 많은 생각을 하게 되었고, 그 원인 중에 하나는 국내 중소기업들에게는 우수한 인력이 부족하고, 핵심기술을 돈을 버는 양산기술로 전환하는 과정에 많은 제조상의 관리기술 부족으로 인해서 생산효율 저하, 고질적인 품질문제 등으로 제조원가 상승압박으로 인해 공장 문을 닫는 사례를 많이 보아 왔다. 왜 그럴까? 어떻게 하면 한국의 제조업이 기업 경쟁력을 가지고 세계시장을 무대로 종횡무진 활약할 수 있을까? 이에 대한 해답의 하나로 제조공장에 보다 많은 공장관리 전문가

인력과 집단이 생산효율을 향상하는 데 전문적인 노력을 해야만 가능하다. 그래서 국내의 제조에 관련된 우수한 경험자들이 좀더 체계적으로 공장관리에 관해 공부하고, 공장관리 기술사 자격을 취득하여 국내외 많은 한국 제조업 분야에 투입되어 한국의 경쟁력, 제조기업의 경쟁력을 제고시키기를 바랄 뿐이다. 국내 제조기업의 비효율성을 반영하듯 2008년 기준으로 국내의 공장관리 기술사 자격을 취득한 인원은 160명밖에 안 되는 실정이다. 물론 공장관리 기술사가 모든 산업현장의 생산효율을 증대시키는 것은 아니지만 국내 공장관리 기술사의 숫자와 제조기업의 생산효율성 저하와 전혀 상관이 없다고 할 수 없기 때문에 앞으로 더욱 많은 공장관리 기술사가 배출되어야만 국내 제조업의 효율도 올라갈 수 있다고 생각한다. 공장관리 기술사 합격인원이 적은 이유 중의 하나는 공장관리 기술사 시험의 범위가 너무 광범하여 시험응시 인력이 타 기술사 시험보다 적었고, 시험횟수도 년 1회만 실시를 하고 있다. 또 다른 이유는 공장관리 시험을 어떤 방법으로 어떤 교재를 가지고 공부를 해야 하는지 모르는 예비 수험생들이 많이 있고, 어떻게 공부를 해야 하는지에 대한 질문을 자주 받곤 한다. 그래서 이번에 두 명의 공장관리 기술사이자 제조현장에서 컨설턴트로서 일하고 있는 저희들이 뜻을 모아 공장관리 기술사 시험 대비 교재를 출판하고자 한다. 부디 뜻있고, 의욕 있는 많은 제조현장의 관리자들께서 본 교재에 관심을 가져 주시고 열심히 공부하여 개인적으로는 국내 최고의 박사급 자격증을 취득하고 그 결과로 한국의 제조경쟁력이 향상될 수 있는 계기가 되길 바란다.

공장관리 기술사 이광범, 김달원
2008년 6월 천안에서

contents

1 기술사 시험 준비 요령

기술사는 국가공인기관에서 인증하는 최고의 국가기술자격자를 의미한다.

또한 엔지니어로서는 자격증의 의미 외에, 자신에 대한 자긍심과 자존심 그 자체이다.

단기간에 이루어지는 일이 아니니 굳은 각오, 독한 마음이 필요하다.

하루에 3시간씩 집중적인 학습을 한다 해도 1년에 200일 이상 시간 내기 어려운 법이니, 최소 1년은 걸린다고 보면 된다.

그렇다고 너무 장기적인 계획으로 시작을 하면, 심리적으로 이완되어 학습효율이 떨어지고 결국은 포기하게 되므로, 일단 이번 기회에 1차 시험을 목표로 하여 모든 시간을 투자해야 한다.

(모임, TV시청 등 사생활을 자제하고 휴일 등에는 독서실에서 보내야 한다.)

내가 언젠가는 꼭 따게 될 것이라는 확신을 가지고, 그 언젠가가 바로 이번 시험이라는 결의를 가진다. 실력이 없으면 합격을 해도 큰 의미가 없다.

스스로의 이해와 응용력이 없는 학습은 아무 의미가 없다.

※ 모든 합격자들이 하나같이 하는 말이, "요령보다는 실력을 쌓아라"

이 말은 합격자들이 이 시험을 준비하는 과정에서 자신의 실력이 많이 늘었다는 것을 실감했기 때문에 오히려 강조하는 것이라 분석된다.

아무리 실력을 쌓으라고 강조하지 않아도 자연스럽게 실력이 향상될 것이다. 각자가 학창시절 만들던 시간표를 만들고, 매일매일 공부한 시간을 상세하게 기록하여 관리할 필요가 있다.

중요한 것은 기출문제에 대한 분석이다.

(문제의 절대 과반수가 과거 출제되었던 것과 유사유형임을 명심하기 바란다)

대부분의 합격자들은 스스로의 정리노트를 작성하여 공부하였다.

시험 준비 기간 중 매회 시험을 응시하는 것이 좋다. 시험 경험이 합격의 커다란 요인이고, 또한 출제되었던 문제를 분석해서 최신 경향을 파악하자. (특정 부문의 시험 출제율이 높다)

시험 경험은 답안 작성요령을 스스로 익히는 데도 크게 일조한다.

평소 최신 기술동향 및 학 협회 논문, 월간지 등에 관심을 가지고 정독하여 읽어보고 이해하는 것이 중요하다.

용어 및 단답형 문제에 대한 확실한 정리가 중요하며, 눈으로 공부하는 것보다 쓰는 공부가 시간은 걸리더라도 효과가 있다.

요즘처럼 글씨를 잘 안 쓰다가 시험당일 수십 페이지를 쓰려다 보면 손이 굳어서 쥐가 날 수도 있으므로 사전에 연습이 필요하다.

본인 생각에 가장 중요한 것 중 하나는, 시험보기 전 최종으로 자신이 만든 공부노트를 다시 한 번(제대로) 써 보고 모의시험을 실전처럼 수차례 치러서 자신의 현 수준을 높여야 한다.

대부분의 4전5기로 합격한 기술사가 현업에서 더욱 능력을 인정받는다.

단답형: '서론-본론-결론'의 **형태**가 좋다(상황에 따라서 다른 경우도 있음)
서술형: '개요-특징-문제점 및 대책-결론'의 **형태**가 좋다.

한 문제당 가능하면 보충 그림이나 도표가 있으면 좋으나 시간이 많이 걸리므로

시간 분배를 잘 해야 한다. (동그라미 등이 있는 Template를 지참)

한문 및 영어의 적절한 사용은 유리하게 작용할 것이나 무리하게 의식하여 사용할 필요는 없다.

한 교시 100분 동안 10페이지 분량을 작성하면 좋다고 이야기하지만 실제 응시장에서 그런 분량을 쓰는 사람을 못 보았고, 실제 합격권 답안지 평균쪽수는 8페이지 내외면 적당하다.

※ 문제지, 답안지를 받고 나면 3분간 문제를 파악하고 작성 방향을 수립하는 전략이 필요하다.

문제 파악 후 가능한 점수가 많은 문제와 자신 있는 문제부터 답안지를 작성한다.

시간은 항상 부족하다. 100분을 효율적으로 배분 활용하는 것이 합격의 관건이라 할 수 있다. (한 문제에 30분 이상 할애하면 안 된다.)

채점자가 읽기 쉽도록 깨끗하고 정연하게 작성해야 한다.

(글씨를 못 쓰는 것은 상관없으나 판독이 어렵거나 성의 없는 글씨는 곤란)

알쏭달쏭한 것을 기억해 내려 하다가는 시간이 모자라 낭패를 본다.

그렇다고 잘 모르는 것을 함부로 기술하면 안 된다.

그런 경우 십중팔구 집에 와서 찾아보면 본인이 틀린 경우가 많다.

정성적 내용 외에 정량적으로 기술하는 것도 중요하다.

교과서적인 답안 외에 자신이 직, 간접적으로 경험한 실무적인 내용이 가능한 한 포함되도록 하면 유리하다.

채점자는 대부분 기술사 또는 석 / 박사 이상 교수들이기 때문에 채점자가 좋아하는 답안, 즉 논문형(서론, 본론, 결론)에 입각하여 체계적, 논리적 답안이 되도록 해야 할 것이다.

볼펜은 한두 개 더 여분으로 준비하며, 길이 잘 들어 쉽게 써지고 손이 아프지 않은 것으로 선택한다.

공장관리 CODE 분류

공장관리
100 생산관리
200 공장설계
300 생산계획과 통제
400 작업 관리
500 자재 관리
600 설비 관리
700 품질 관리
6 Sigma
800 원가 관리
900 제품 개발
910 IT

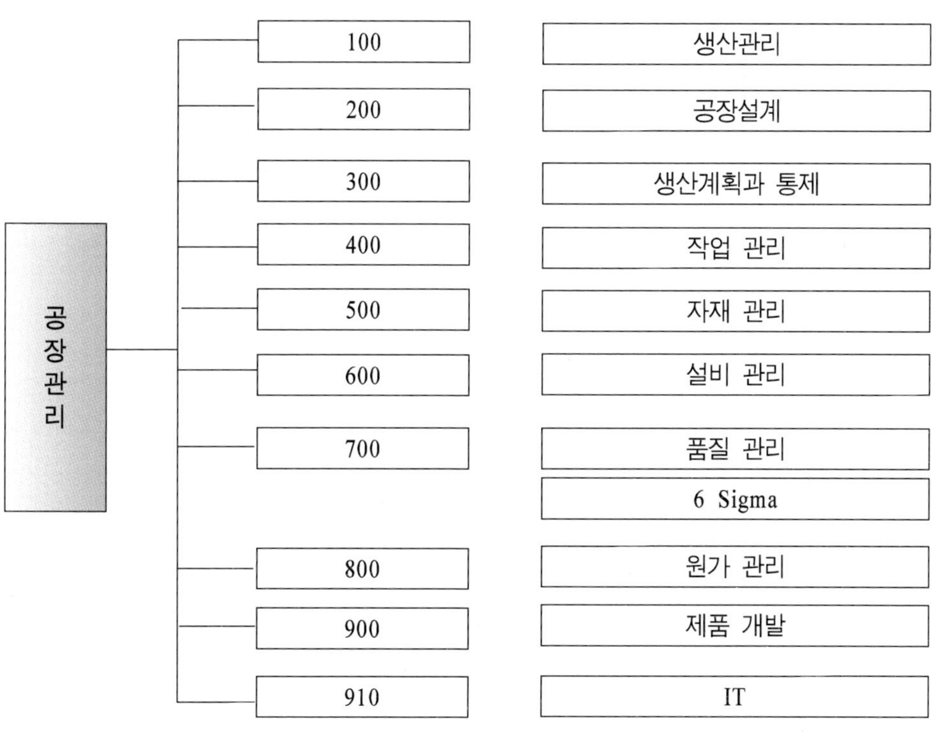

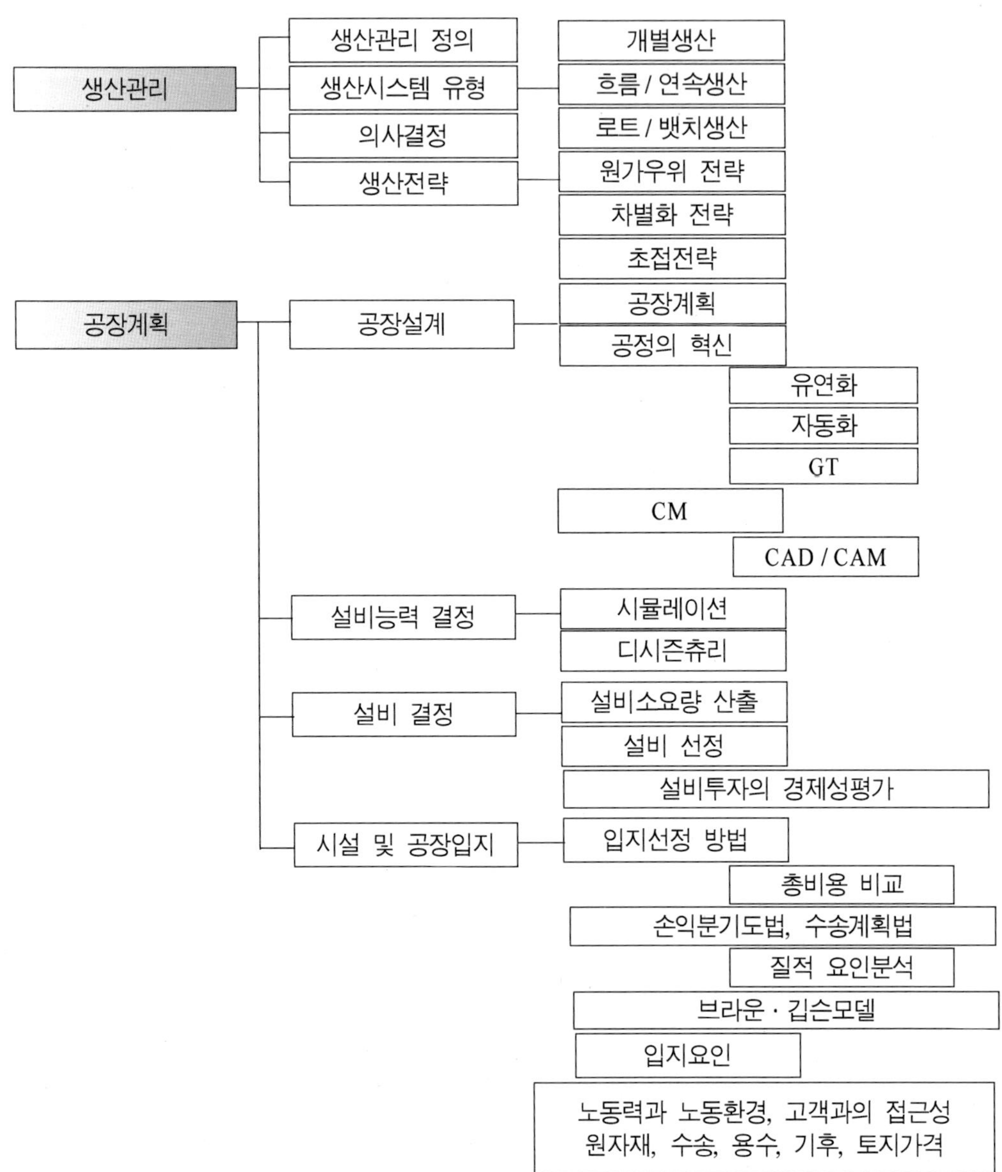
생산관리
생산관리 정의
생산시스템 유형
의사결정
생산전략
개별생산
흐름 / 연속생산
로트 / 뱃치생산
원가우위 전략
차별화 전략
초접전략
공장계획
공장설계
공장계획
공정의 혁신
유연화
자동화
GT
CM
CAD / CAM
설비능력 결정
시뮬레이션
디시즌츄리
설비 결정
설비소요량 산출
설비 선정
설비투자의 경제성평가
시설 및 공장입지
입지선정 방법
총비용 비교
손익분기도법, 수송계획법
질적 요인분석
브라운 · 깁슨모델
입지요인
노동력과 노동환경, 고객과의 접근성
원자재, 수송, 용수, 기후, 토지가격

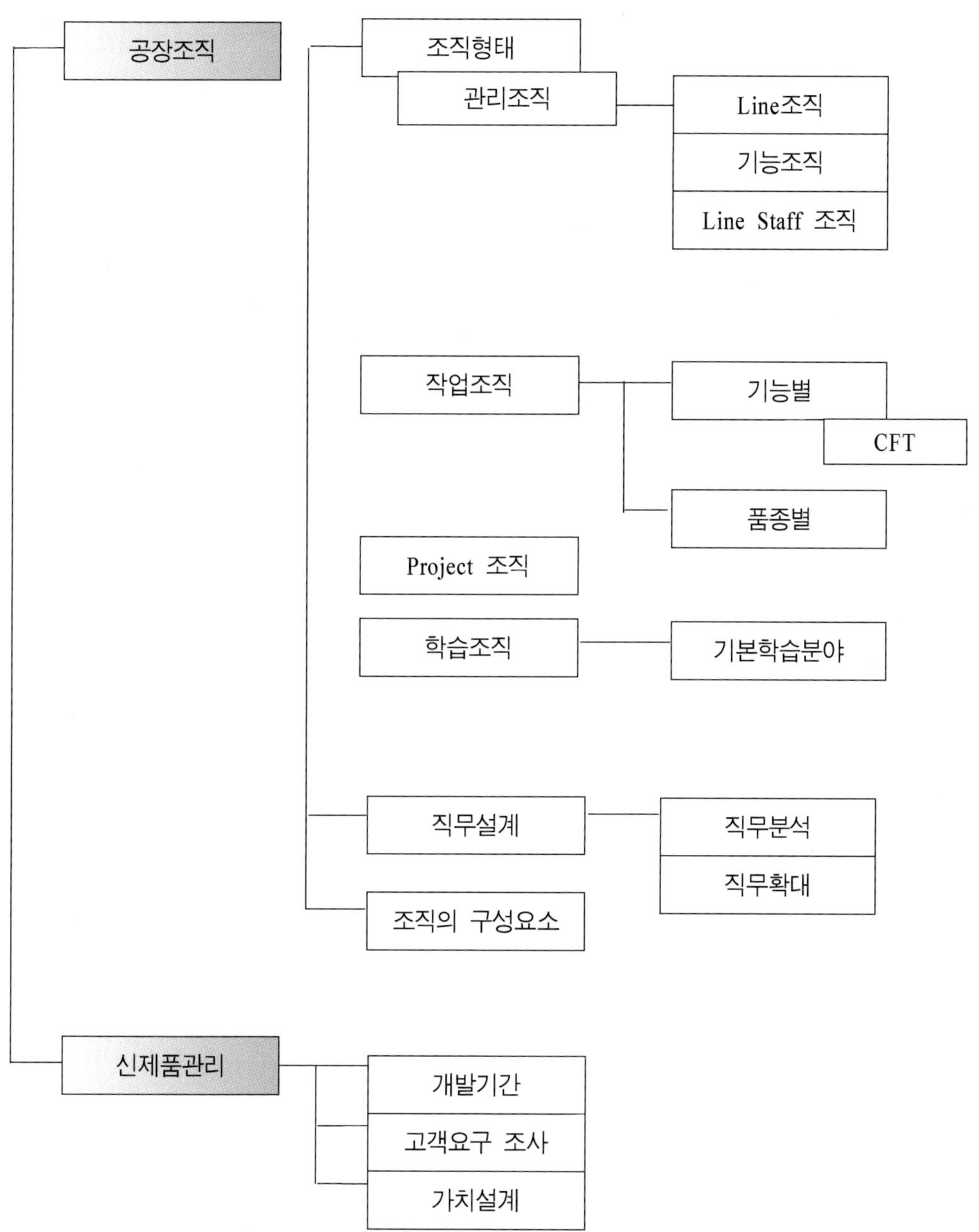

CE, QFD, DR, VRP, 설계 개발단계, 제품수명

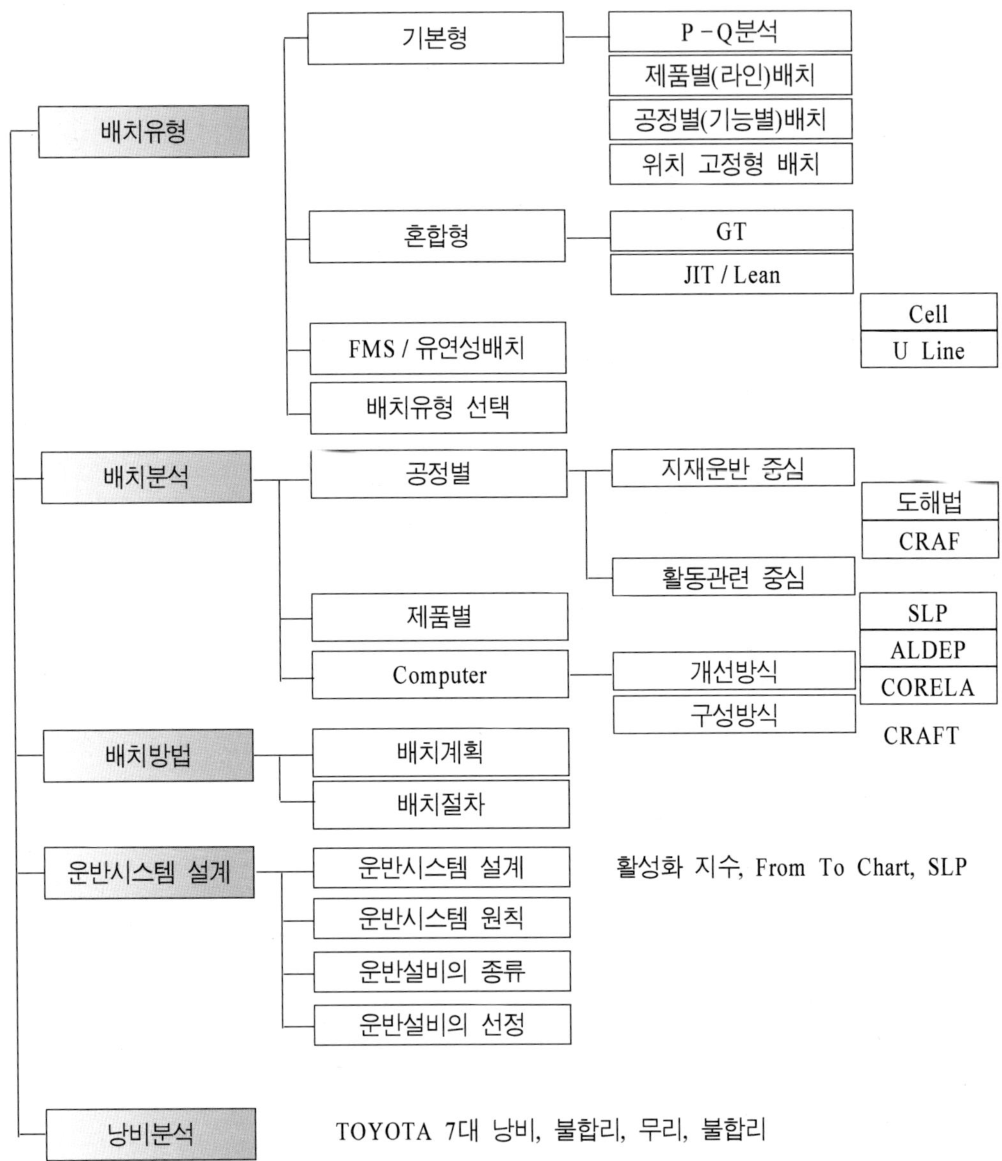
배치유형
기본형
P - Q분석
제품별(라인)배치
공정별(기능별)배치
위치 고정형 배치
혼합형
GT
JIT / Lean
Cell
U Line
FMS / 유연성배치
배치유형 선택
배치분석
공정별
지재운반 중심
도해법
CRAF
활동관련 중심
제품별
SLP
ALDEP
CORELA
Computer
개선방식
구성방식
CRAFT
배치방법
배치계획
배치절차
운반시스템 설계
운반시스템 설계
활성화 지수, From To Chart, SLP
운반시스템 원칙
운반설비의 종류
운반설비의 선정
낭비분석
TOYOTA 7대 낭비, 불합리, 무리, 불합리

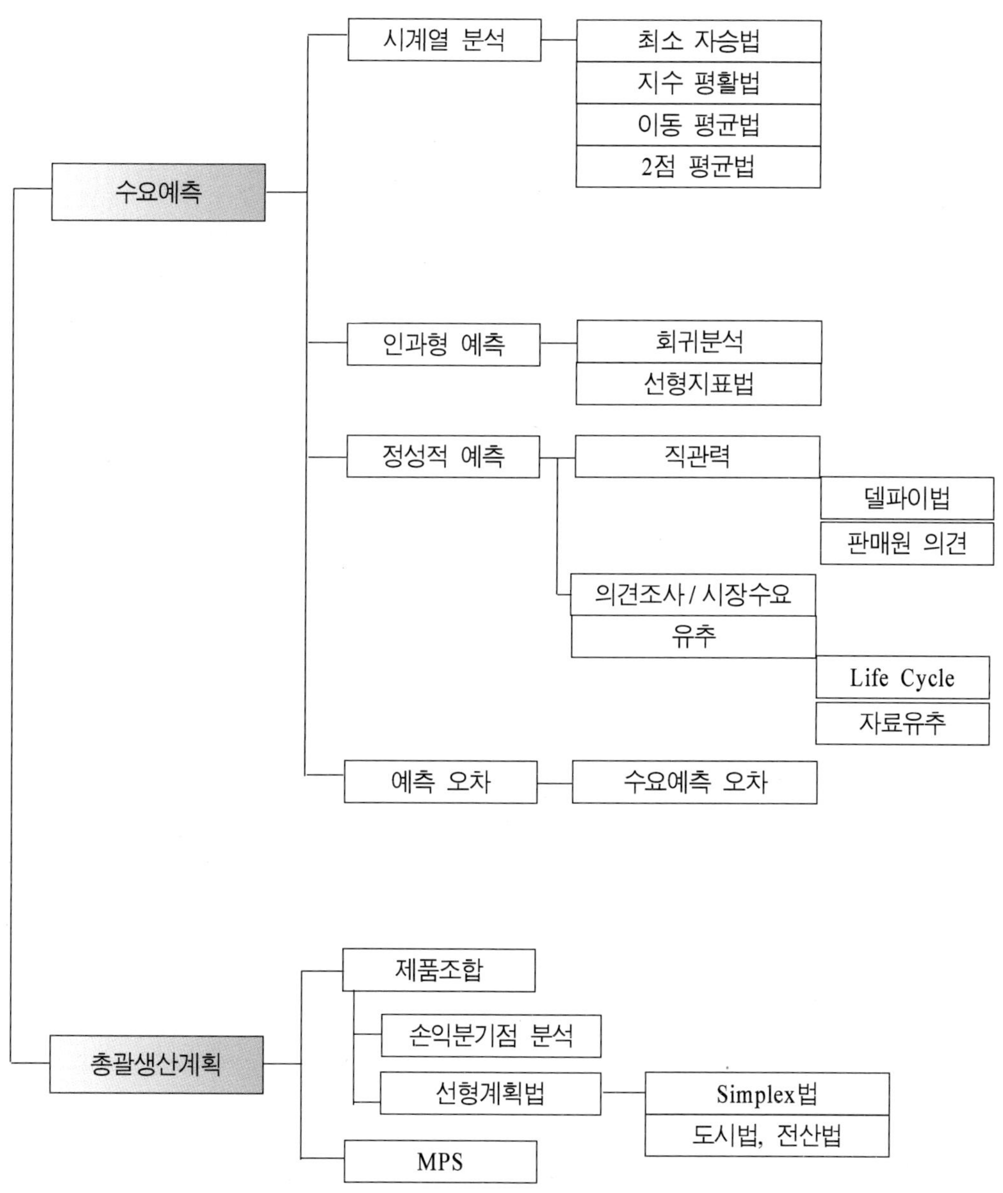
수요예측
시계열 분석
최소 자승법
지수 평활법
이동 평균법
2점 평균법
인과형 예측
회귀분석
선형지표법
정성적 예측
직관력
델파이법
판매원 의견
의견조사 / 시장수요
유추
Life Cycle
자료유추
예측 오차
수요예측 오차
총괄생산계획
제품조합
손익분기점 분석
선형계획법
Simplex법
도시법, 전산법
MPS

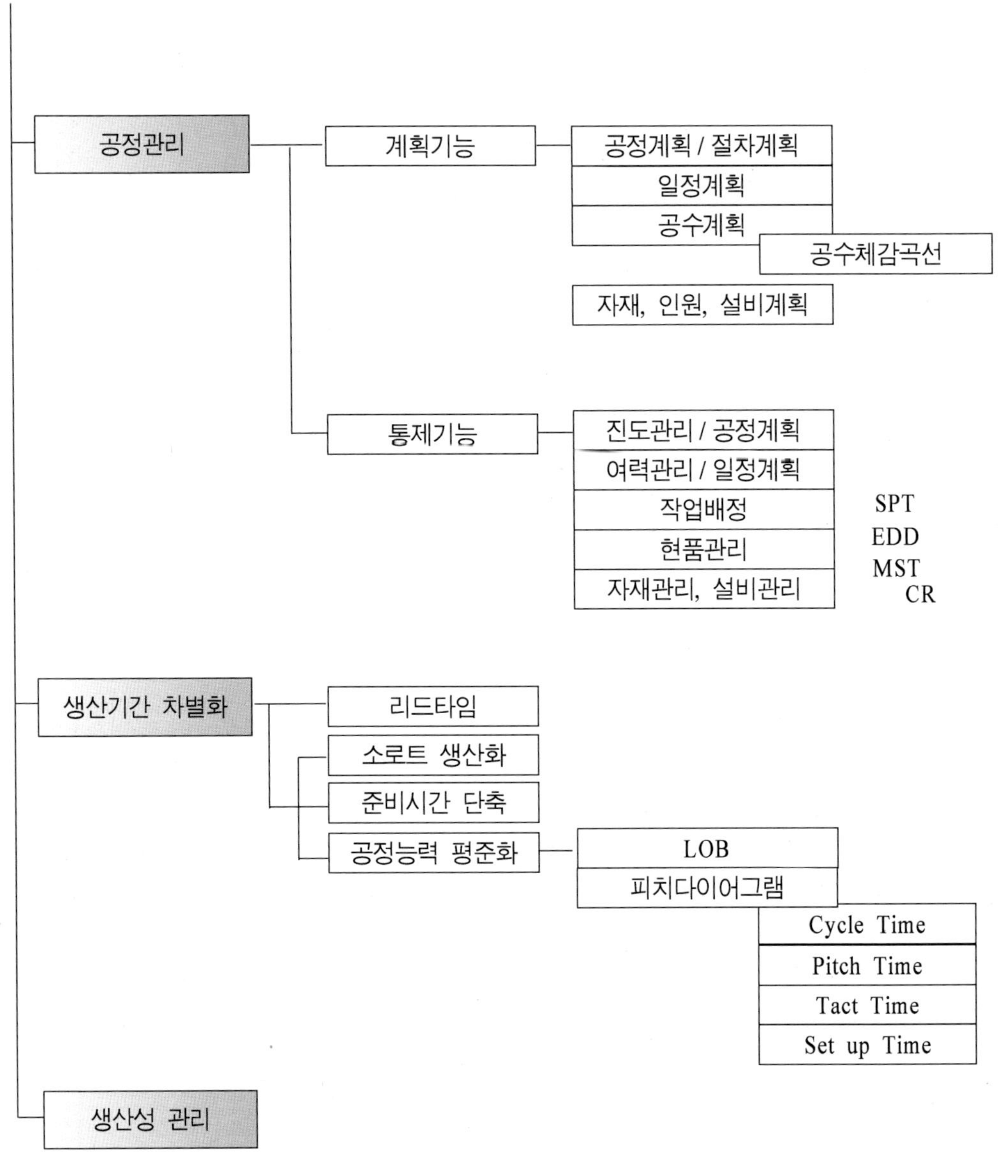
공정관리
계획기능
공정계획 / 절차계획
일정계획
공수계획
공수체감곡선
자재, 인원, 설비계획
통제기능
진도관리 / 공정계획
여력관리 / 일정계획
작업배정
현품관리
자재관리, 설비관리
SPT
EDD
MST
CR
생산기간 차별화
리드타임
소로트 생산화
준비시간 단축
공정능력 평준화
LOB
피치다이어그램
Cycle Time
Pitch Time
Tact Time
Set up Time
생산성 관리

방법연구
공정분석
작업분석
동작분석
서블릭
동작경제의 원칙
경로분석
작업측정
표준시간
정미시간
Rating
여유시간
여유율
내경법
외경법
측정방법
Stop Watch법
PTS법 / 표준자료법
MTM법
WF법
Work Sampling

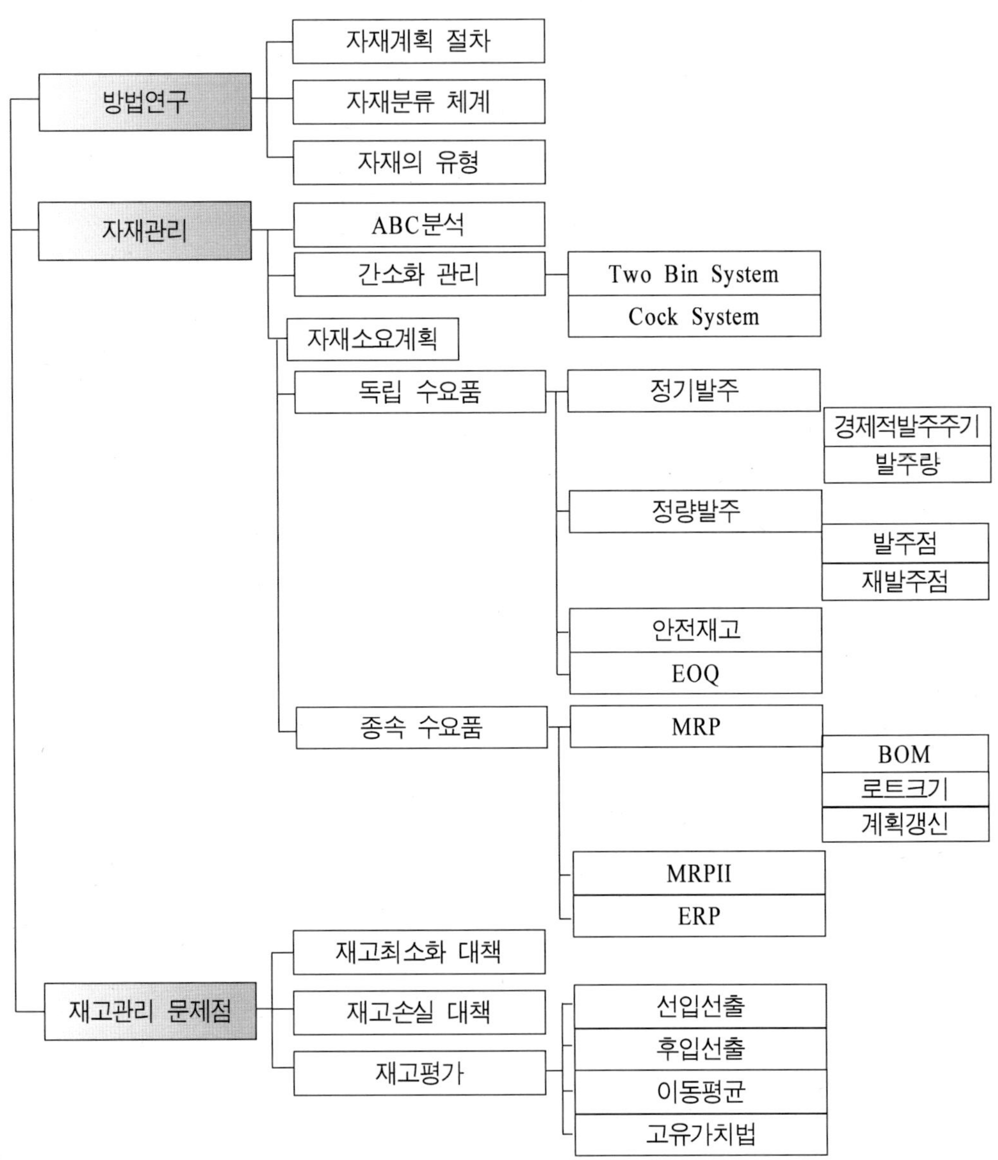
방법연구
자재계획 절차
자재분류 체계
자재의 유형
자재관리
ABC분석
간소화 관리
Two Bin System
Cock System
자재소요계획
독립 수요품
정기발주
경제적발주주기
발주량
정량발주
발주점
재발주점
안전재고
EOQ
종속 수요품
MRP
BOM
로트크기
계획갱신
MRPII
ERP
재고관리 문제점
재고최소화 대책
재고손실 대책
재고평가
선입선출
후입선출
이동평균
고유가치법

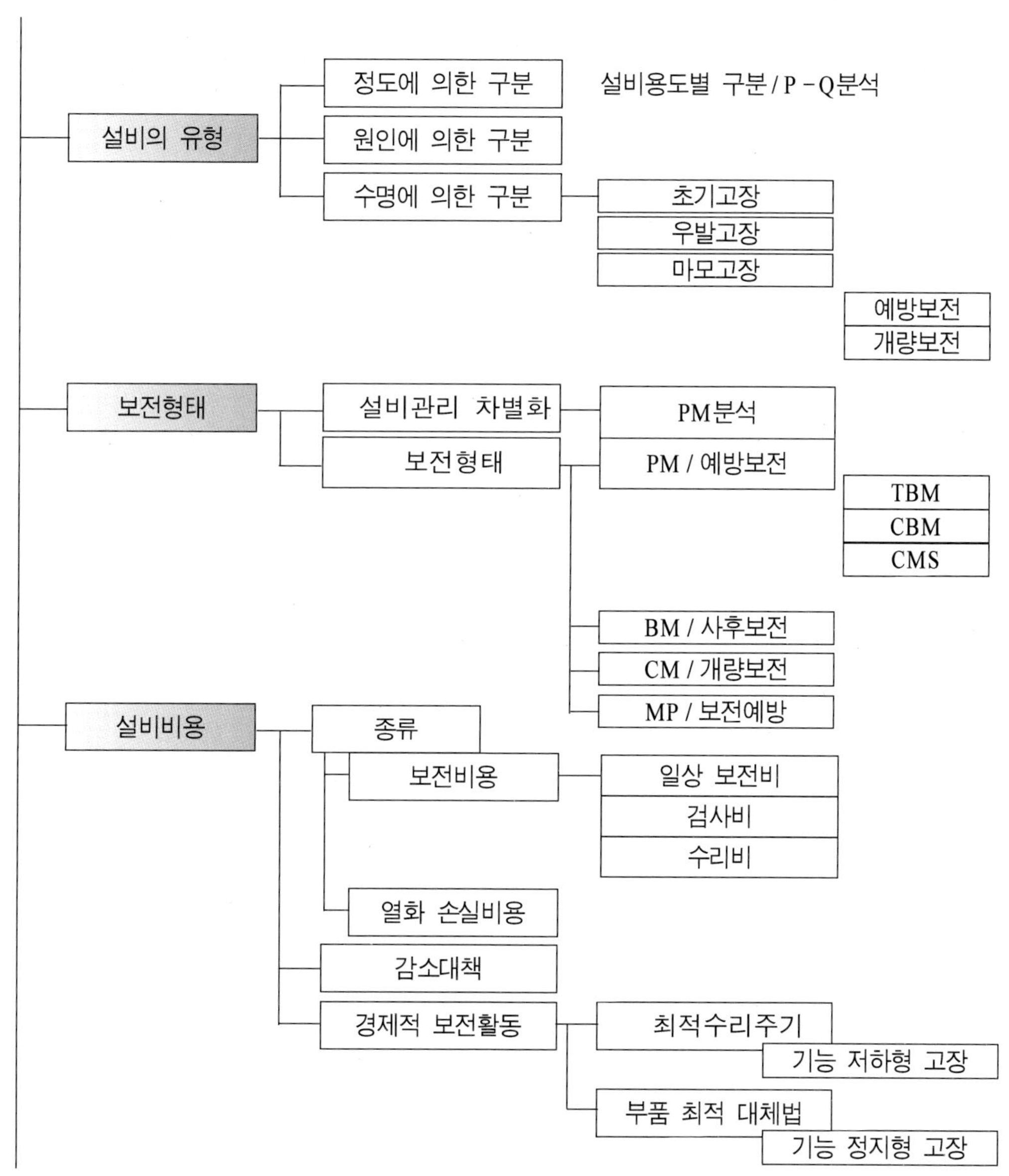

설비의 유형
정도에 의한 구분
원인에 의한 구분
수명에 의한 구분
설비용도별 구분 / P-Q분석
초기고장
우발고장
마모고장
예방보전
개량보전
보전형태
설비관리 차별화
보전형태
PM분석
PM / 예방보전
TBM
CBM
CMS
BM / 사후보전
CM / 개량보전
MP / 보전예방
설비비용
종류
보전비용
일상 보전비
검사비
수리비
열화 손실비용
감소대책
경제적 보전활동
최적수리주기
기능 저하형 고장
부품 최적 대체법
기능 정지형 고장

보전조직
기능
직접기능
관리기능
조직고려사항
기본형
집중보전
지역보전
부문보전
Combination Maintenance
보전조직 특징
운전과 보전업무
TPM
추진방법
5대 기둥
자주보전
계획보전
개별보전
초기유동관리
교육훈련
설비종합효율
가동시간
준비시간
불량Loss
설비지표
설비관리 목표
신뢰성
MTBF
고장률
보전성
MTTR
경제성
지표
가동률
작업능률
보전기록
MTBF분석
고장원인대책표

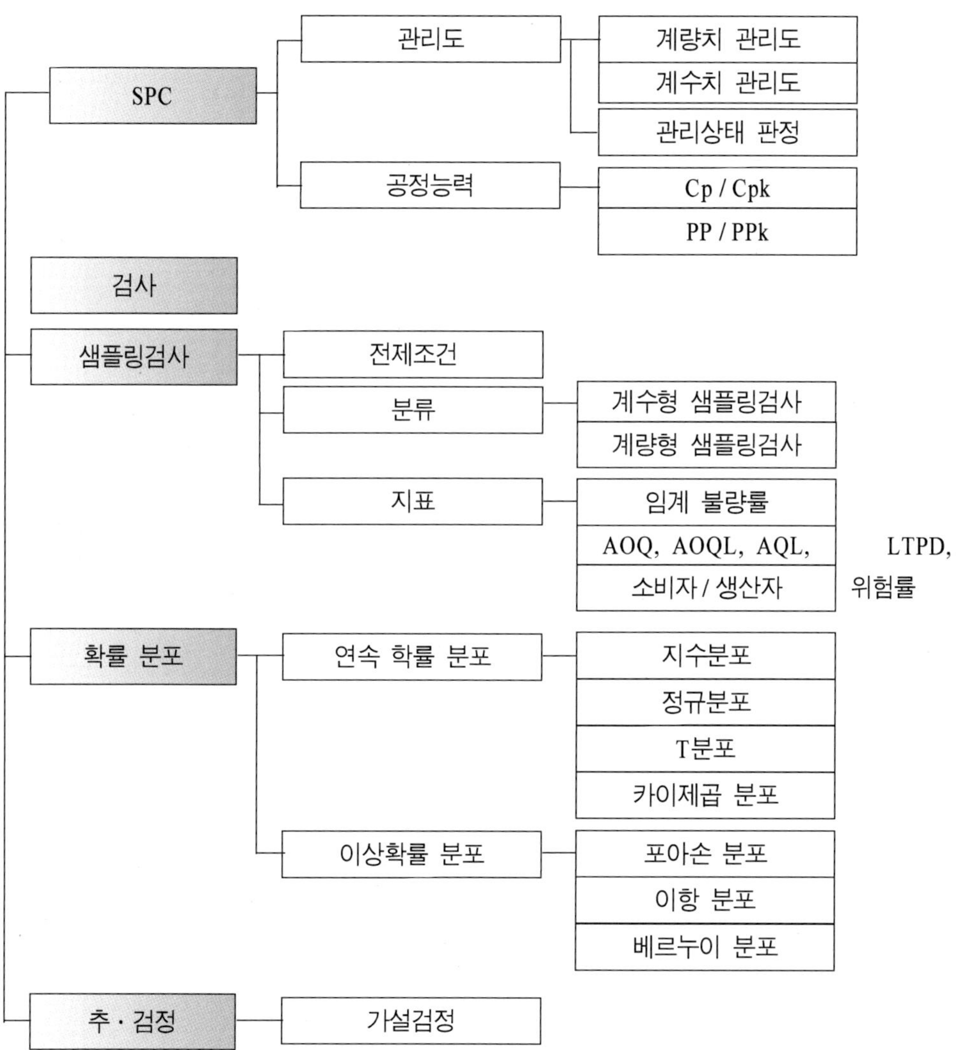

SPC
관리도
계량치 관리도
계수치 관리도
관리상태 판정
공정능력
Cp / Cpk
PP / PPk
검사
샘플링검사
전제조건
분류
계수형 샘플링검사
계량형 샘플링검사
지표
임계 불량률
AOQ, AOQL, AQL, LTPD,
소비자 / 생산자 위험률
확률 분포
연속 학률 분포
지수분포
정규분포
T분포
카이제곱 분포
이상확률 분포
포아손 분포
이항 분포
베르누이 분포
추 · 검정
가설검정

품질관리

품질비용
Q -Cost
실패비용
예방비용
평가비용
COPQ / COQ
결함비용
결함방지비용
예방·평가비용
신뢰성 공학
욕조곡선
고장률의 기본형
유용도
보전도 / MTTR
신뢰도 / MTBF
고장해석
D·P FMEA
FTA
품질혁신
품질진단
ISO 9000
TQM
6Sigma
개선활동
분임조
제안제도
7 Tool
ECRS

6Sigma 경영

전략
Vision
전략
BSC
PI
BPR
적용분야
영업
개발
생산
지원
개선Cycle
Define
COPQ
Measure
Analyze
Gage R&R
Improve
Control
지식경영
Project관리
수집, 공유, 활용, 성과
6Sigma 제도
Belt제도
성과보상
CTQ해결
승진 / 연봉제

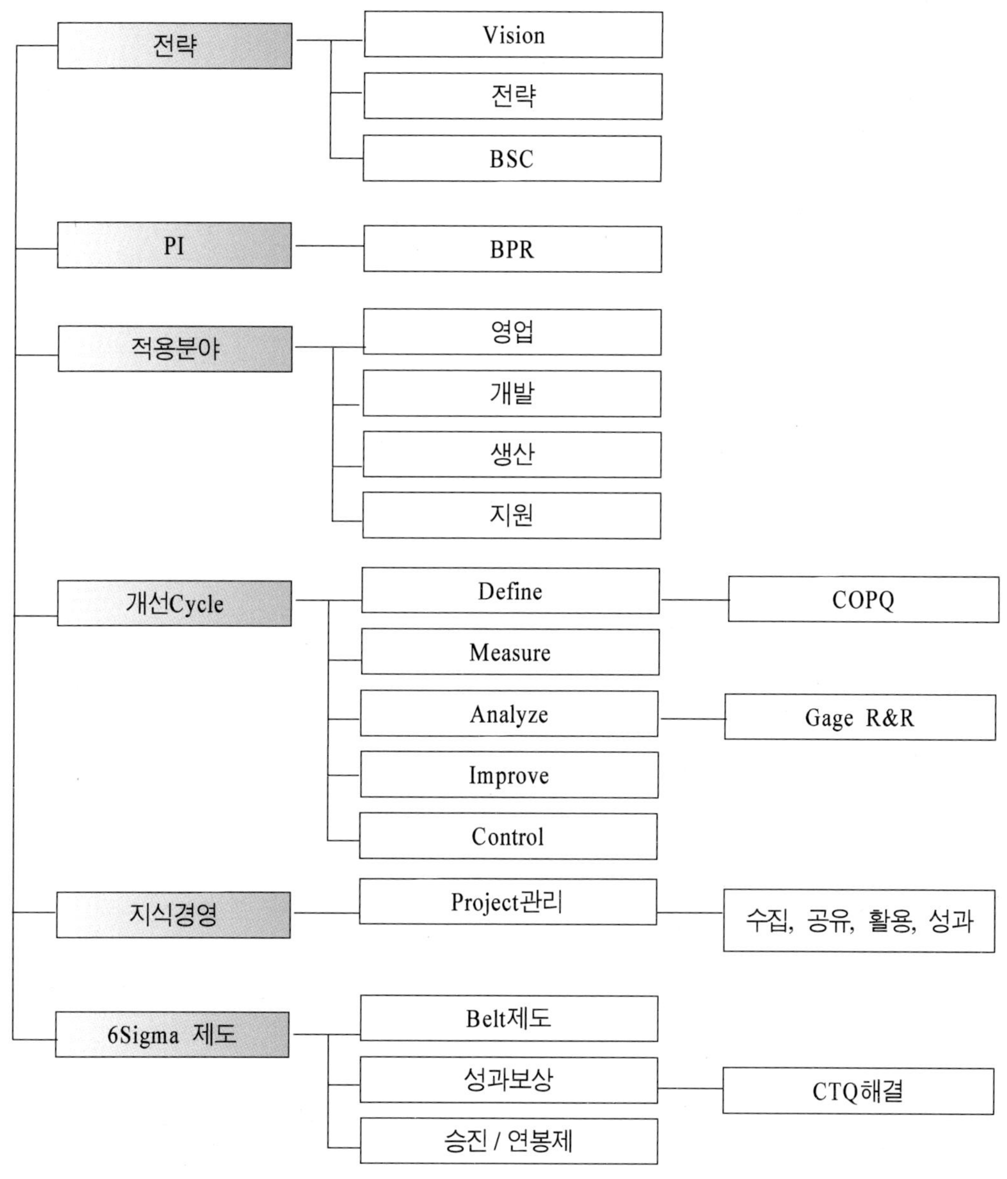

원가관리개념
협의의 원가관리
광의의 원가관리
원가절감과 원가관리
표준원가
표준원가 시스템
Target Cost
경영성과 분석
원가의 3요소
재료비
노무비
제조경비
원단위, 수 RTY
● 상기: 기획원가
● 설계: 목표원가
● 공정: 표준원가
원가견적
제조직접비
제조간접비
특수원가
기회원가
차액원가
매몰원가
변동원가
준평균법
손익분기점
한계비용 / 한계이익
손익분기점

고객Need
Need 파악기법
품질특성
Kano
제품설계 과정
MGPP & TD
Idea 창출
제품선정
예비설계
최종설계
TRZI
감성공학
개발Process개선
가치분석
동시설계
동시설계
품질기능전개
Robustness
제조용이성설계
환경친화성설계
VE
CE
QFD
제품설계 고려사항
제품수명
자원배분
제조물책임
PL
Design Score Card

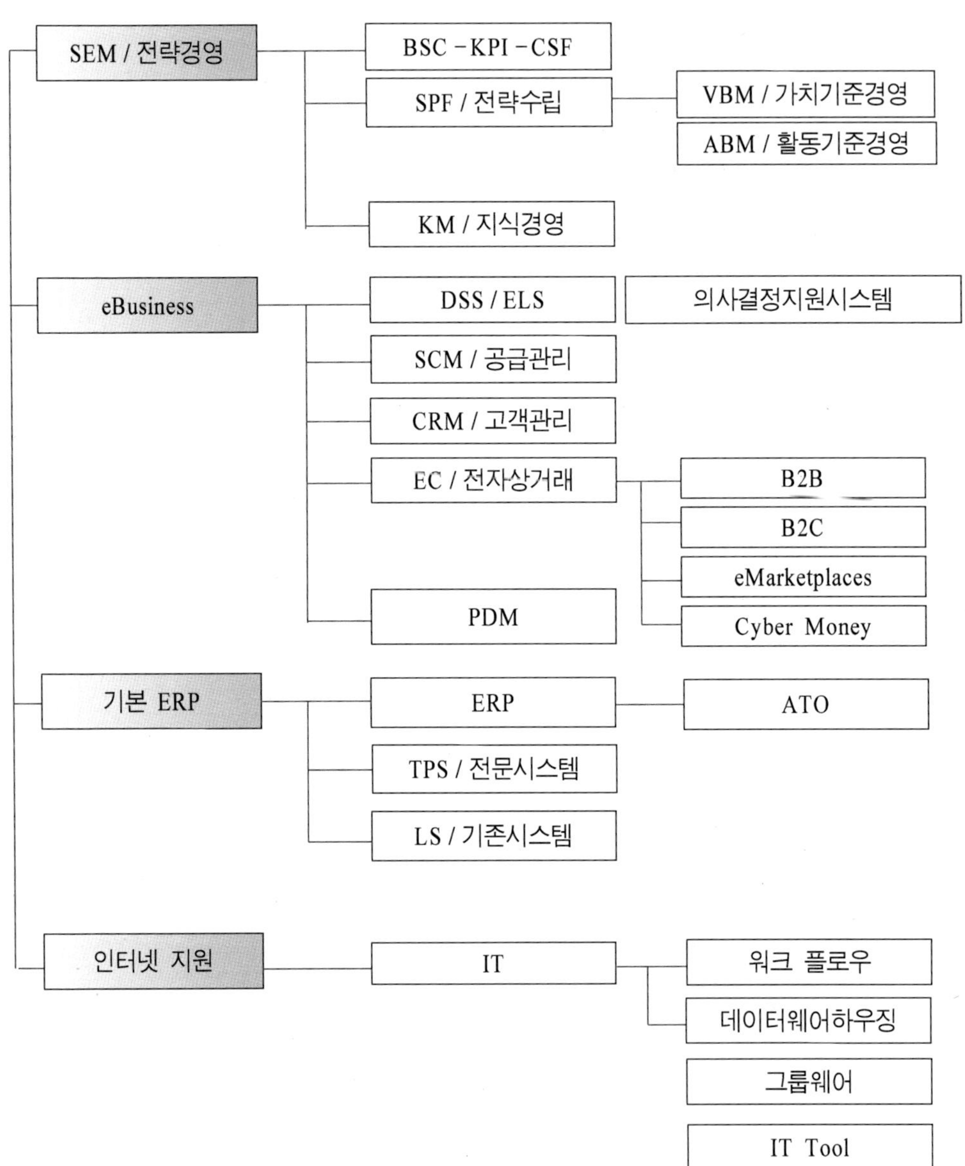

SEM / 전략경영
BSC - KPI - CSF
SPF / 전략수립
VBM / 가치기준경영
ABM / 활동기준경영
KM / 지식경영
eBusiness
DSS / ELS
의사결정지원시스템
SCM / 공급관리
CRM / 고객관리
EC / 전자상거래
B2B
B2C
eMarketplaces
Cyber Money
PDM
기본 ERP
ERP
ATO
TPS / 전문시스템
LS / 기존시스템
인터넷 지원
IT
워크 플로우
데이터웨어하우징
그룹웨어
IT Tool

최근 기출문제 빈도 분석

부문		기출문제	출제점유율
생산계획 / 관리	1	총괄생산과 대일정계획(Master Production Schedule)의 연관관계 그리고 대일정계획 수립 시 고려되어야 할 요소와 그 결과를 설명하시오	27%
	2	생산계획 및 생산통제의 의의와 그 체계를 구분하여 주요내용 설명	
	3	Mass Customization에 대하여 정의하고 도입이 필요한 이유를 설명하시오	
	4	제품 라이프 사이클에 따른 생산전략 유형을 기술하시오	
	5	선형계획법이 주로 응용되는 분야 4가지를 기술하시오	
	6	Beach Head 전략에 대해 설명하시오	
	7	수요에 영향을 미치는 요인에 대하여 설명하시오	
	8	임금수준과 노동 생산성의 관계를 설명하시오	
	9	Global Marketing을 위한 생산공급체제에서 제품 플랫폼(Product Platform)의 선정은 주요성공 요건이다. 제품 플랫폼의 의미를 정의하고 전략유형 3가지 이상을 기술하시오	
	10	생산능력을 결정할 경우, 전략과 고려해야 할 요인에 대해서 설명하시오	
	11	직무확대와 직무충실화를 비교 설명하시오	

부문		기출문제	출제점유율
생산계획 / 관리	12	사업전략의 세 가지 유형인 저원가 전략, 차별화 전략, 시장집중화 전략에 대해 설명하시오	27%
	13	PERT와 CPM 차이 비교(3가지씩)	
	14	수율과 원단위의 정의 및 관계	
	15	유연생산시스템(FMS)	
	16	P-Q분석의 정의, 방법 및 배치에 대하여 기술하시오	
	17	선형계획법(LP)의 정의, 적용분야 및 해법의 종류에 관하여 설명하시오	
	18	공장의 생산성에 대하여 다음 사항을 논하시오 1) 생산성의 의미 2) 생산성 측정모형의 종류와 산식 3) 생산성 향상여부를 측정하는 방법	
	19	예측 생산시스템에서 수요예측 → 생산준비 → 부하 및 일정계획 수립 → 생산진도관리 → 생산실적분석의 각 단계별 관리자의 역할에 대하여 기술하시오	
공장 설계	1	신규공장을 설계하는 경우, 생산공정을 선정할 때 고려해야 할 요인에 대해 설명하시오	4%
	2	공장입지 선정과정을 설명하시오	
	3	기업이 Project Management를 실시할 경우 고려해야 할 영역별 프로세스 구성요소에 대하여 설명하시오	
라인공정 작업관리	1	TPS의 7대 낭비에 대하여 기술하시오	28%
	2	공장의 대기로스(Loss) 발생원인과 대책	
	3	요소동작과 단위동작의 정의 및 차이비교	
	4	가동률과 작업능률을 향상시키는 기법을 적용하여 해결해야 하는지를 설명하시오	
	5	Lean 생산방식을 정의하고 그 특성을 기술하시오	
	6	일관생산방식(Conveyor)과 모듈(Module)생산방식의 개념 및 특징에 대해 비교 설명하시오	
	7	연합작업분석(Man-Machine)의 작성 및 활용방법	
	8	라인생산의 운영 효율화를 위하여 라인을 재편성하고자 할 때, 이의 일반적인 순서와 단계별 핵심 실시내용에 대해 기술하시오	
	9	카이젠(改善: 개선) 생산방식과 TOC(Theory Of Constraints: 제약이론)의 융합필요성	

부문		기출문제	출제점유율
라인공정 작업관리	10	A가전사는 냉장고 조립라인의 Tack Time을 ¨ö로 줄이려고 한다. 개선활동을 하기 위해 협업팀(CFT)을 편성하는 데 어떤 관련부서로 구성하며 이 팀원들의 업무를 분장하시오	28%
	11	제조공정 중 공정대기 현상의 발생원인 및 해결방안을 설명하시오	
	12	제조 생산성 향상을 위해서는 공정 수의 감축이 주요과제이다. 공정 수 감축을 위해 선행해야 할 개선활동 5가지 이상을 기술하시오	
	13	정미시간의 개념에 대해 설명하시오	
	14	TPS에서 흐름생산의 핵심요소(3가지 이상)	
	15	피치타임의 정의 및 공식	
	16	TOC에서 동시생산의 정의, 기본원칙 및 관련용어에 대하여 설명하시오	
	17	워크 샘플링(Work Sampling)법의 정의와 장단점에 대해 기술하시오	
	18	라인생산에 있어서 생산라인을 효율화하기 위한 라인 재편성의 절차를 논하시고 라인편성효율의 산출방식을 기술하시오	
	19	Cell생산방식의 정의, 장점, 적용 시 전제조건 및 효과에 대하여 설명하시오	
	20	수요패턴(극소량, 다품종소량, 소품종다량, 표준품다량)에 따라 적합한 설비배치 방식의 관계를 나타내고 각 설비배치 방식별 공정관리 특징에 대하여 논하시오	
자재 관리	1	집중구매, 분산구매의 장점 2가지	7%
	2	RFID(Radio Frequency Identification)도입의 기대효과	
	3	자재 및 구매관리에서 Two-bin 시스템의 적용이 용이한 자재 및 협력업체 선정기준에 대해 기술하시오	
	4	Two-Bin System의 개념 및 적용	
	5	자재나 부품의 아웃소싱을 실시하는 목적을 논하시고, 협력기업과의 관계를 교섭력 의존관계와 공동생산자 관계로 구분하여 특징을 비교하시오	
설비 관리	1	FMECA 접근 방법 2가지	11%
	2	파국고장(Catastrophic failure)과 열화고장(Degradation failure)	
	3	준비교체시간의 정의와 준비교체의 낭비요소 및 준비교체시간 단축을 위한대책에 관해 기술하시오	

부문		기출문제	출제점유율
설비 관리	4	설비의 고장대책 다섯 가지 중점항목	11%
	5	예방보전비용과 사후보전 비용의 주요항목	
	6	설비보전에서 직접기능을 분류하여 설명하시오	
	7	설비의 7대 로스와 설비종합효율 공식과의 관계를 설명하시오	
	8	가용도(Availability), MTBF, MTTR, λ, μ, 고장도수율, 고장강도율 척도를 신뢰도와 보전도 관계로 설명하시오	
원가 관리	1	대차대조표에서 무형고정자산의 개념, 항목, 특징에 대해 설명하시오.	7%
	2	원가의 본질적 정의와 원가의 종류를 체계적으로 구분·분류하고, 제조기업에서 판매가격까지 원가구성 5단계를 '원가구성도'로 도시화(作圖)	
	3	BEP를 활용한 원가전략에 대해 기술하시오	
	4	설비투자의 경제성 평가 개요 및 종류를 설명하시오	
	5	사업의 손익 분기점 분석에 대하여 다음사항을 기술하시오 1) 고정비, 변동비, 한계이익 2) 손익분기점의 산출방식과 의의 3) 민감도 분석을 위한 변수와 의의	
품질관리	1	품질 및 생산성 향상을 위한 기법 중 10가지만 선정하여, 각기 그 용도를 설명하시오	9%
	2	Fool Proof와 Fail Safe의 정의	
	3	SPC의 공정능력 지수와 MSA의 주요기법을 오차의 두 구성요소의 개념(정확도와 정밀도)을 이용하여 설명하시오	
	4	Q-Cost 산출의 의의와 분류	
	5	품질의 집(HOQ)의 개념	
	6	6시그마 개선단계와 품질분임조 개선단계를 연계해서 설명하시오(단 Bottom-up 과제일 경우)	
	7	S전자의 설비보전부서에서 근무하는 김 과장은 예산편성업무를 담당하고 있는데, 경영 혁신활동으로 '예산편성 소요일수'라는 CTQ를 찾아냈다. 마침 3/4분기 Rolling Plan을 하는 시점이었던지라 '예산편성 소요일수'를 측정할 수 있었고, '예산편성 소요일수 단축'이라는 과제를 등록하였다. 이 과제를 진행할 때 6시그마 개선활동 관점에서 비적합한 사유를 기술하시오.	

부문		기출문제	출제점유율
제품 개발	1	가치공학(VE)에 대하여 개념, 기본사고와 목적, 프로젝트 과제 추진단계 및 절차에 대해 기술하시오	8%
	2	TRIZ에 대하여 설명하시오	
	3	제조물 책임(PL: Product Liability) 대책을 기술하시오	
	4	신제품 개발 시에 QFD의 Design Planning 단계에서 고객요구 파악 및 요구 품질전개에 대해 설명하시오	
	5	VE의 개념, 목적 및 추진과정에 대하여 기술하시오	
	6	제조용이성 설계(Design for Manufacturability: DFM)에 대하여 정의하고 필요한 개념과 방법론을 설명하시오	
용어 설명	1	SCM	
	2	USN(Ubiquitous Sensor Network)	
	3	고유가용도, 성취가용도, 운용가용도의 정의	
	4	Blue Ocean 전략과 Red Ocean전략 비교설명	
	5	다운사이징(Downsizing)전략, 리엔지니어링(Re-engineering), 라이트 사이징(Rightsizing) 전략에 대한 개념과 구체적인 사례	
	6	MOT(Moment of True)	
	7	CPC(Collaborate Product Commerce)	
	8	가치창출을 위한 블루오션(Blue Ocean)	
	9	MOR(Maintenance Repair & Operating)	
	10	MTS(Make to Stock)	
	11	핵심성과지표(KPI)	
	12	제품포트폴리오 관리의 필요성	
	13	R&BD(Research & Business Development)의 정의	
	14	누적수율(Rolled Throughput Yield)의 정의	
	15	프로세스와 시스템의 정의	
	16	직능식(Functional)조직의 장점(2가지)	
	17	개선의 4대원칙(ECRS)	
	18	BSC성과지표 간의 인과관계 분석에 관하여 설명하시오	

4 부문별 주요항목 분류

1. 생산이란

생산요소(투입)를 유형, 무형의 경제재(산출물)로 변환시킴으로써 호응을 산출하는 과정. (생산을 통해 가치를 증식시키고 효용을 창출하는 것)

- 생산의 목적: 고객의 만족과 경제적 생산
- 생산시스템은 최소의 투입비용으로 산출가치의 최대화를 이루도록 생산활동을 전개

  경영과 생산: 재무활동 → 생산활동 → 판매활동의 순환과정

  생산시스템의 목표: 신속성, 확실성, 유연성, 원가

생산시스템의 기능

변환기능: 형태변환, 기능변환, 장소변환, 행위변환, 소유변환 → 효용산출

관리기능: 계획, 조직, 통제기능 → 경제적 생산

2. 생산관리

생산관리란: 생산 목적인 고객만족을 경제적으로 달성할 수 있도록 생산활동이나 생산과정을 관리하는 것

→ 적질의 제품을, 적기에, 적량을, 적가로서 생산/공급할 수 있도록 이에 필요한
  자원들을 효율적으로, 활용하여 이와 관련되도록 생산과정을 이룩하고 생산활
  동을 관리하는 것

광의의 생산관리
- 전체적인 생산관리로 공산품의 생산활동을 주 대상으로 다루었으나
- 현대에 생산의 비중이 2차 산업에서 3차 산업으로 옮겨감에 따라 생산관리 적
  용분야를 종래의 제품 생산활동과 서비스 생산활동을 포함하여 다루게 됨.

생산경영자의 역할: 기업의 목표달성을 위해서 생산자원을 효율적으로 관리하고
                  이를 경제적으로 이용함으로써 부가가치를 창출하는 역할
1) 양질의 제품/서비스를 경제적으로 제공하기 위한 효율적인 생산활동 전개
2) 시장수요에 맞추어 제품을 적절한 시기에 적절한 양을 생산
3) 구성원들의 개발 및 동기부여
4) 생산자원의 효율적인 배분과 활용
5) 기업목적 달성을 위한 기업 내 다른 기능과의 유기적인 관계유지

3. 생산관리의 체계

가. 생산관리의 접근방법

- 생산시스템적 접근
- 관리과정적 접근: 계획, 조직, 통제
- 생산요소 및 목표/기능 지향적 접근: 공정, 생산능력, 재고, 작업자, 품질
- 경제력 강화 입장의 절충적 접근: TGM, CI, JIT

나. 생산관리의 문제

구분 — 계층에 따른 구분 — 전략적 결정: 최고경영충
　　　　　　　　　　　　　관리적 결정: 중간관리층
　　　　　　　　　　　　　업무적 결정: 하부관리층

　　　　기간에 따른 구분 — 장기적 결정: 시스템 설계
　　　　　　　　　　　　　단기적 결정: 일전계획, 재고관리

● 장기적 의사결정문제: 생산시스템의 설계

(1) 제품 / 서비스의 설계 및 설정

(2) 부분품 / 서비스의 내용 설계

(3) 생산공정의 선정 및 설계

(4) 시스템 입지의 결정

(5) 시설 및 설비배치의 결정

(6) 생산에 종사하는 작업자의 직무설계

(7) 효율적인 관리시스템의 구축문제

(8) 생산시스템의 종합조정 문제

단기적 의사결정문제: 생산시스템의 운영 및 관리

(1) 생산계획의 문제 – 수요예측 → 생산계획, 일정계획

(2) 일정관리의 문제

(3) 서비스의 관리문제

(4) 재고관리의 문제

(5) 품질관리의 문제

(6) 시스템의 신뢰성과 보전에 관한 문제

(7) 인력관리에 관한 문제

(8) 생산시스템에서 발생하는 원가의 관리 내지는 절감문제

생산시스템의 분류

1. 생산형태의 분류

1) 수요 정보 면의 분류: 예측 계속생산과 개별 수주생산
2) 생산의 반복성: 개별생산, 로트생산, 연속생산
3) 품종과 생산량: 다품종소량, 소품종다량 생산
4) 생산 흐름의 연속성: 단속생산, 연속생산
5) 생산량과 기간: 프로젝트 생산, 개별생산, 로트생산, 대량생산

◇ 생산형태의 분류 ◇

수주 및 생산시점	생산의 반복성	품종과 생산량	생산의 흐름	생산량과 기간
주문생산	개 별 생 산 소르트생산 중·대로트생산	다품종소량생산	단속생산	프로젝트생산 개별생산 로트(뱃치)생산
예측생산	연 속 생 산	중품종중량생산 소품종다량생산	연속생산	대량생산

◇ 주문생산과 예측 생산의 특징 ◇

특 징	주문 생산	예측 생산
재품특성	고객이 제품시방 결정 제품의 종류 다양 고가(高價)	생산자가 제품시방 결정 품종의 한정 저가(低價)
생산설비	범용설비 사용	전용설비 사용
수행목표의 중요도 (주요평가기준)	① 납 기 ② 품 질 ③ 원 가 ④ 생산능력의 이용도	① 원 가 ② 품 질 ③ 생산능력의 이용도 ④ 고객 서비스
운영상의 주요문제	생산활동의 관리 납기관리	예측 및 계획생산 재고관리

◇ 단속생산과 연속생산의 특징 ◇

특 징	단속생산	연속생산
생산시기	주문 후 생산(주문생산)	사전생산(예측생산)
품종과 생산량	다품종 소량생산	소품종 다량생산
생산속도	느리다	빠르다
단위당 생산원가	높 다	낮 다
운반설비	자유경로형	고정경로형
기계설비	다목적 범용설비	특수목적 전용설비
설비투자액	적 다	많 다
마케팅활동	주문 위주로 전개	수요예측에 따라 전개

개별 수주 생산과 예측계속 생산의 비교

1. 개별 생산

  중소규모의 제조업에서 많이 볼 수 있는 생산형태는 개별생산 또는 소로트 단속 생산으로 이들은 대부분 고객의 주문에 따라 전개된다.
  단속 생산형태의 개별 생산은 양산에 의한 규모의 경제를 기대할 수 없기 때문에 대량생산이 어려운 제품에 유리하다. (생산수량이 적고 제품이 크고 고가인 경우)

특 징
수요변화에 대한 탄력성이 크다
  1) 생산할 제품과 서비스의 시방을 고객이 정한다.
  2) 생산시방이 주문에 따라 상이하므로 다양한 제품을 생산할 수 있고 범용설비가 유리하다.
  3) 작업자와 감독자는 생산에 대한 풍부한 경험과 지식이 필요하다.
  4) 운반하물의 형태가 다양하고, 경로와 운반방법이 상이하여 주로 자유경로형 운반설비를 이용한다. 따라서 공장 내 통로가 대량생산에 비해 넓은 것이 보통이다.
  5) 공정별 처리 시간이 주문에 따라 다르므로 생산의 흐름이 원활하지 못하여 재공품이 발생한다.
  6) 생산예측이 곤란하므로 원자재의 계획구매가 어렵다.
  7) 주문별 가공시간의 예측이 어려우므로 정확한 일정계획보다는 납기에 맞출 수 있도록 생산착수 및 진도관리에 중점을 둔다.
  8) 제품생산을 달리할 때마다 필요한 자재의 준비, 치공구의 설계, 작업할당, 생산 계획의 수립 및 추진절차가 바뀐다.

9) 생산관리에 많은 시간이 소요되며 대부분 비정형적인 의사결정을 하므로 전
   산처리가 쉽지 않다.

2. 연속생산

기계공업적 연속생산(대량생산)과 장치산업적 연속생산(흐름생산)으로 구분하며,
정해진 생산 공정을, 일정한 생산속도로, 적은 종류의 제품을, 대량 생산한다.
소품종 다량생산으로 특징으로는
- 생산의 흐름이 연속되므로 어느 한 곳에 고장 발생 시 전체 공정의 정지로 많
  은 손실 발생 → 높은 신뢰성 요구
- 전용설비로 대량생산하므로 규모의 경제에 의한 제품단위량 원가의 절감
- 다양한 수요에 대응한 제품생산에서 유연성이 적다.

3. 기계공업적 연속생산의 특징

자동차 공업, 전자, 전기 제품 등의 가공, 조립산업의 형태이다.
1) 제품의 가공, 조립에 알맞도록 제품 중심의 설비배치
2) 전용설비: 자동차 공장에서는 부품의 이동과 가공조립을 자동으로 수행하는 트
   랜스퍼머신 이용
3) 전용설비의 투자액이 거액이므로 신중한 투자결정 필요
4) 고장으로 인한 유휴 손실이 상대적으로 크므로 예방보전에 철저
5) 일정량의 원자재, 생산 중의 재공품 외에는 제품재고가 거의 없다
   → 제품재고는 판매량과 함수관계
6) 연속 생산은 통상 분업화하여 작업수행 → 작업자의 숙련도가 낮아도 된다.

7) 동작연구 또는 시간연구의 수단이 적용될 수 있다.

장점 — 규모의 경제실현으로 단위 코스트가 낮다.
　　　 — 연속작업으로 설비, 사람의 유휴시간이 거의 없다.
　　　 — 분업화에 의한 반복 작업으로 숙련도가 낮아도 된다.
　　　 — 전용 컨베이어 등으로 운반코스트 절감

단점 — 제품변화에 대한 적응력이 약하다.
　　　　 (수요가 다양하거나 수명이 짧은 제품은 부적합)
　　　 — 수요변화에 대한 조업도 조정 폭이 적다.
　　　 — 작업자의 결근이나, 일부 기계의 고장으로 전체 공정이 정지된다.

4. 장치산업적 연속생산의 특징

석유, PVC, 유리, 시멘트, 비료, 제지, 비누, 설탕 생산라인이 해당된다.
1) 거액의 설비투자
2) 공장이 건설되면 변경이 곤란하므로 생산시스템의 결정에 신중 필요
3) 투입된 원료가 이동하면서 가공됨
→ 물자의 공간이동률이 높다.
→ 고장정지 시 공정 내의 원료가 전부 못 쓰게 되고 장치 전체를 보수하는 피해
　 발생
→ 설비의 신뢰성이 높아야 한다.

◇ **장치산업과 가공·조립산업의 특징 비교** ◇

특 징		장치산업	가공·조립산업
제품·시장 특성	고객수 제 품 중간제품 수요	소 수 적 다 높 다	다 수 많 다 낮 다
생산자원의 특성	자본과 노동의 구성 에너지 및 원자재 소비 자동화 수준 생산성의 유연성 설비의 신뢰성 요구	자본 집약적 에너지 다소비 높 다 적 다 높 다	노동 집약적 원자재 다소비 낮 다 많 다 낮 다
기타 제조 특성	제품의 관리 생산데이터의 취함 수율의 변화성 부산물	집단관리(ex:뱃치별) 용 이 높 다 많 다	개체관리(ex:단위별) 곤 란 낮 다 적 다

※ 이 표는 양자 간의 상대비교를 한 것임

5. 로트(뱃치) 생산시스템

개별생산과 연속생산의 중간형태로서 공작기계 제조, 단조, 주조, 의류, 제화제조, 가구제조, 도자기 제조업이 이에 해당된다.

생산의 성격을 규정하는 것은 생산로트의 크기

→ 소로트 생산은 개별 생산에 가깝고 대로트 생산은 연속 생산에 가깝다.

　(생산의 유연성은 로트가 커지면 감소한다)

→ 로트가 커지면 시스템은 범용에서 전용으로 변하면서 컨트롤시스템이 충실해진다.

　(생산로트가 커져도 반복성이 없이 1회 주문으로 끝나면 시스템의 전용화 곤란)

→ 작업자나 감독자의 경험 및 기술수준 높아야 한다.

　동일 주문의 반복 시 예측 생산 가능

→ 예측생산의 가장 큰 문제는 재고문제이다.

공정 간의 부하가 연속생산처럼 안정되지 않으므로 공정 대기품 발생 및 설비가 자리 대기 현상이 발생한다.

◇ 생산방식별 특징의 비교 ◇

생산방식별	제품 및 공정의 관련 상황					
	제품생산량	제품다양성	자동화 / 전용설비율	기계준비빈도	노동숙련	단위당원가
프로젝트생산	매우 적다	높다	매우 낮다	불분명	높다	높다
개별생산	적다	높다	낮다	높다	높다	높다
로트 / 뱃치생산	중간	중간	중간	중간	중간	중간
대량생산	많다	낮다	높다	낮다	낮다	낮다
연속흐름생산	매우 많다	매우 낮다	매우 높다	낮다	낮다	낮다

① 프로젝트생산(project production)

② 개별생산(job shop production)

③ 로트(뱃치)생산(lot or batch production)

④ 연속(대량 / 흐름)생산(mass or flow production)

◇ 생산활동별 생산방식 ◇

생산 형태	생산활동별		생산방식
	제조활동	서비스활동	
단속 생산	프로젝트 생산: Ex) 교량, 댐, 고속도로건설 등 대규모 공사	프로젝트 사업: Ex) 미사일개발, 조력발전 타당성 조사	프로젝트 생산
	개별생산: Ex) 맞춤구두, 의류, 선박, 청부주택, 특수공작기계	맞춤 서비스: Ex) 진료, 자동차수리, 건축설계, 기업진단, 외서번역, 전세버스	개별생산
	로트생산: Ex) 금속, 기계가공업, 주물, 의류, 구두, 가구, 도자기	표준화한 서비스	로트생산
연속 생산	① 기계공업적 연속생산(대량생산) ex) TV, 자동차, 전구, 볼트, 너트 ② 장치산업적 연속생산(흐름생산) Ex) 맥주, 비료, 석유, 종이, 시멘트	Ex) 즉석식품(커피, 햄버거)판매, 냉면 전문, 세탁, 보험가입자의 정기 건강진단, 은행예금창구의 서비스, 정기노선버스, 열차의 운행, 주민등록 사무	연속 (대량/ 흐름) 생산)

※ 현실적으로 한 사업장에 단일의 생산방식만을 적용할 수 있는 경우는 드물다.

다품종 소량 생산의 특징과 관리(생산형태의 추이)

1. 다품종 소량 생산과 소품종 다량 생산의 상호 접근

● 추 이
- 다품종 소량 생산시스템은 경제적 생산을 위해 품종을 줄이고 생산량을 늘리려 하며 소품종 다량생산시스템은 다양화를 통하여 판도를 넓히려 함

  '표준화로 경제적 생산을 달성하면서 다양한 수요를 흡수할 수 있다'
- 적은 수의 부품으로 다양한 제품을 생산하여 수요변동에 유연하게 대응 다품종 소량생산

● 다품종 소량생산

시스템은 양산이 곤란하므로 경제적 생산이 어렵다. 따라서 다양한 수요를 충족시키면서도 경제적 생산을 실현하고자 함.
- 요소표준을 활용한 표준화
⇒ 제품은 표준화되지 않아도 구성부품을 표준화하여 공용화 또는 기성품화하여 이들의 전체 조립과정에서만 다양화하는 것
- GT를 착용하여 가공의 유사성에 따라 부분품을 Group라 함으로써 가공 Lot를 크게 함
- IE의 적용으로 가공준비 시간단축으로 단위량 가공시간 단축 및 생산능률 증대
- JIT, FMS, CIM 등 적용

생산과 마케팅의 변화추이

구 분 ＼ 사 회	산업화사회	현 대	미 래
수요의 성격과 마케팅	수요의 동질성 (비차별적 마케팅) Mass marketing	수요의 이질성 (차별적 마케팅) Target marketing	수요의 개별성 (데이터베이스마케팅) One to one marketing
생산형태 생산방식 생산수단 생산추이	소품종다량생산 대량생산 3 S 전문화	다품종소량생산 모듈러 생산 그룹테크놀러지 공용화	적품종적량생산 셀형생산시스템(CMS) 유연생산시스템(FMS) 유연화 / 다양화

2. 다품종 소량 생산의 특징과 관리 기법

● **현 상**

- 가전, 석유, 신발, 식음료 등 국내외 소비자 욕구의 다양화 및 수출선 다변화로 다품종 소량화
- 컬러TV, 전자레인지 등 주요 수출품이 90년도 초 컨테이너를 채울 수 있는 주문량만 생산했으나 최근 100대 이하의 주문도 환영
- 스웨터, 드레스 셔츠, 속옷류 등은 주문량이 1 / 10수준으로 감소하였으나 가공단가는 상승
- 토플러는 "현대는 마이크로 마케팅을 추구해야 한다."

● **사회적 환경변화**

- 소득수준의 향상과 소비자 의식의 다양화
- 고학력화와 고령화
- 국제 분업 및 현지 생산에 따른 제품의 다양화
- 기업 간의 경쟁격화

● 다품종 소량생산 추구의 목적

1) 사회적 환경변화에 적응

2) 경쟁력의 강화 도모

◇ 다품종 소량생산의 요인 ◇

다품종화의요인	관련요인	고객	경영자	영업	기술자	실 례
다각경영	공통판매루트, 공통기술	△	◎	○	△	미싱, 가전용품, 프린터, 공작기계
기술혁신	국제경제, 기술개발의 진전	○	○	△	◎	대형발전기, 원자로, 초고속 여객기, 컴퓨터
시장확대	고객수요의 다양화	×	○	○	△	화장품, 의류, 시계, 가전제품
상품의 계열화	계열품종의 다양화	△	○	○	△	카메라, 복사기, 공작기계, 액세사리
소량 수요	주문생산	◎	△	△	×	발전용 수차, 고층빌딩, 교량
고객의 기호적응	사회, 심리적 요인, 국민성	○	△	△	×	백색피아노, custom car
수리	애프터서비스	◎	○	○	×	차량수리공장, 병원
미숙한 생산방식	기업규모	×	◎	○	○	영세기업

다품종 소량생산의 특징

1) 생산품목의 다양성: 생산제품의 종류가 많고 생산량이 적으며 품목별로 납기가 다르다.
2) 생산 공정의 다양성: 자재로부터 제품에 이르기까지의 변환과정이 다양하고 물품의 흐름, 즉 생산 공정이 제품(주문)에 따라 다르다.
3) 생산능력의 부족: 다양한 수요와 수요변동 때문에 설비의 과부족이 생기고 생산능력이 크게 부족한 경우에는 잔업이나 하청에 의존해야 한다.
4) 고객수요의 불확실성: 고객이 주문하는 제품의 규격과 수량 납기의 변경이 빈번하며, 사외조달품의 납기지연이 자주 생긴다.
5) 자재확보 및 일정계획의 곤란: 주문변경에 따른 규격변경, 계획변경으로 적질·적량·적기의 자재확보와 적절한 일정계획 수립이 곤란하다.
6) 생산계획 및 관리의 복잡성: 생산공정 및 일정에 대한 계획이 불확실하기 때문에 현장에서의 작업실시가 복잡, 다양하며 설비의 고장, 작업자의 결근, 숙련도 부족, 불량품 발생 등이 많이 일어나기 쉽다. 따라서 면밀한 계획보다는 경험과 직감에 의존하는 경우가 많아 관리하기가 힘들다.

다품종 소량생산 기업의 생산관리상 문제점

1) 품종이 많고 생산량은 소량이므로 공정이 복잡하여 설비능력 면에서 부족현상이 많이 생길 수 있다.
2) 품종이 다양하여 준비작업이 많고 이에 따라 가동률이 저하되고 불량이 늘어난다.
3) 품종이 많고 생산량이 적은 관계로 생산이 불안정하고 검사기준 등이 불충분하여 불량이 많이 생긴다.
4) 생산제품이 자주 변하므로 초기 조정기간(새로 작업을 착수해서 안정될 때까지)이 길어지고 작업능률이 떨어져서 불량이 늘어난다.
5) 특급오더가 빈발함으로써 일정계획 상에 차질을 가져와 납기지연 현상이 자주 일어난다.
6) 품종이 다양하고 생산량이 적고 납기가 촉박하여 자재의 염가구입은 물론 적기, 적량 조달이 어렵다.

다품종 소량생산의 관리기법

1) 관리 개념적 접근방식

        IE

        GT

        부품 중심 생산

2) 관리 과정적 접근 방식

- 계획형 접근방식 ─┬ MRP
               ├ 로트스케줄링
               └ 모듈러 생산
- 실시형 접근방식 ─┬ 유연배치와 다가능공화
               ├ FMS
               └ 유연
- 통제형 접근방식 ─┬ JIT생산, 동시생산
               └ 온라인 생산관리

의사결정 · 모델

1. 의사결정의 특징

- 경영 의사결정은 P, D, C, A 기능을 중심으로 전개
- 계획결정 분야 → 생산시스템의 설계
  - → 단기적이며 전술적인 결정문제
- 생산의사결정은 모델, 계량적 방법, 트레이드 오프분석, 시스템즈 어프로치를 적용

2. 의사결정의 과정

- 문제해결 또는 목적달성을 위해 수단으로 제시된 해결방안, 즉 대체안 중에서 최선의 것을 선택하는 활동
- 스티븐슨의 7단계 의사결정과정
  - (1) 문제의 정의
  - (2) 목표 및 평가기준의 제시
  - (3) 대체안의 개발
  - (4) 대체안의 분석평가
  - (5) 최적대체안의 선택
  - (6) 선택된 대체안의 실행
  - (7) 실행결과의 검토
- 합리적인 의사결정을 위해서는 문제가 뚜렷해야……문제의 해결로 얻으려는 목적이 무엇인지 밝혀 문제를 명확하게 인식 → 문제와 관련된 결정요인, 제약요

인 인식

- 해결방안을 제시하기 전에 이를 평가할 평가기준이 바르게 제시되어야 한다.
  (비용, 이익, 수익성, 생산성)
- 대체안의 개발은 경험보다는 창의적 사고가 필요함 → 문제에 대한 지식과 관리
  기능 요소에 초점. 다각적 모색
- 대체안의 분석평가 → 합리적 의사결정을 목적으로 계량분석 모델 이용
- 대체안의 선택은 의사결정과정에서 가장 중요한 단계로서 차선책으로 만족하는
  경우도 있음 → 판단기준이 가치전제에 치우치면 의사결정자의 가치관에 좌우됨

3. 의사결정에 사용되는 모델

세 가지 유형 ┌ 물리적 모델
            │ 도식모델
            └ 수리모델 – 선형계획, 대기행렬, 시뮬레이션

물리적 모델: 실체물을 간략화한 시각적 모형(형상모델)
도식모델: 그래프, 도표 등 형태로 현실을 나타내는 모델

┌ 물리적 모델보다 추상적
│ 그래프 모델: 변수를 선의 길이로 나타냄. 변수 간의 계량적 관계표시
└ (손익분기로, 간트차트)

도표모델: 자재, 작업 및 정보의 흐름을 도표화(조립공정도, 경로도)
수리모델: 시스템의 작용 및 특성, 현실상황 등을 수식으로 나타낸 모델 → 여러 요
          인들 간의 상호관계를 수학적 조작에 의해 규명

4. 생산문제의 모델화 과정

(1) 문제의 정의: 문제와 관련된 변수와 그들의 관계를 밝힌다.
(2) 평가기준의 제시: 유효성 척도가 되는 평가기준을 정한다.
(3) 모델의 작성: 문제의 내용을 정의하는 변수의 함수관계를 이용하여 유효 척도를 나타내는 모델을 만든다. (관리 가능변수와 관리 불가능변수 구분)
(4) 모델의 해를 구함: 작성된 모델로써 평가기준을 가장 만족시키는 해결방안을 구한다. (유효성 척도의 값이 최대 또는 최소가 되는 변수의 값)

5. 계량분석 모델의 한계점

(1) 복잡한 경영현상을 단순한 수리모델로 나타내는 것은 거의 불가능
(2) 계량분석모델은 여러 통계자료를 필요로 하므로 정확한 통계자료 없이는 바람직한 결과 도출 불가능
(3) 여러 요인 간의 일정한 함수관계를 전제로 하므로 경영현상의 구조적 변화가 심할 경우에는 유용성이 어려움
(4) 인간행위의 요소 모두를 모델에 반영하기 힘들기 때문에 조직행위적 수리모델의 제시가 곤란함
※ 문제를 단순 추상화하는 것은 정확성을 다소 희생하는 대가 필요

6. 시뮬레이션 모델

• 개념: 수리모델에 의해서 최적해를 찾기 힘든 <u>비정형적 결점</u>에서 문제해결을 위한 '<u>체계화된 시행착오</u>'의 방법. 즉 <u>모의실험</u>을 행하는 것이 시뮬레이션이다.

대부분의 의사결정 문제들은 불확실한 요소들을 내포하고 있으므로 이들을 고려한 모델을 작성하거나 최적해를 구하는 것은 어렵다. 이런 경우 현실의 시스템을 모사할 수 있는 시뮬레이션 모델을 작성하여 여기에 발생할 수 있는 여러 상황에 관한 값을 입력시켜서, 이들 여러 값에 따라 결과가 어떻게 변하는가를 시뮬레이션으로 예측하여 가능해를 검토할 수 있다.

- 효과: ① 실제로 야기되는 위험이나 큰 부담이 없이 실제 상황을 체험
  ② 복잡하고 동태적인 현상을 모델화하여 다룰 수 있다.
  ③ 복잡한 상관관계를 고려하여 시스템의 동태적인 현상을
     예측 → 합리적인 의사결정
- 목적: ① 수식화의 곤란을 극복
  ② 실험을 곤란하게 하는 자연적, 현실적, 시간적 제약 극복
- 한계: ① 체계적이지만 기본적으로 '시행착오의 방법'이므로 많은 계산과반복실
     험 소요
  ② 최적화 기법이 아니므로 '최적해'를 보장하기 힘들다.
  ③ 경영 시뮬레이션에서 수요시장, 가격, 기술변화 등 상황예측이 곤란함.
     ⇒ 시뮬레이션으로 종속변수를 구해도 '오차'가 커서 최적의 결정이 어렵다.

- 적용분야
  ① 결정문제가 너무 복잡하여 해석적 수리모델로 문제를 정식화할 수 없는 경우
     (기업 전체의 경영전략, 경영방침의 결정)
  ② 결정모델을 구축해도 최적해를 이끌어 내거나 시스템장해의 행동을 예측하
     는 결정률이 없는 경우
  ③ 최적화 기법으로 다루기에는 문제가 너무 크고 복잡하다든가, 문제해결에
     앞서 실험이 필요한 경우
  ④ 실제로 행하는 것이 시간적, 공간적, 자연적 제약으로 불가능하거나 고가의
     희생을 필요로 하는 경우(소비자 행태의 추정, 시스템의 설계)
  ⇒ 고성능 컴퓨터로 확정적 모델로는 다루기 힘든 비정형적 의사결정 문제에
     주로 적용

1. 전략적 경영: 전략의 수립, 실행과 평가 등 전략을 실제로 전개해 나가면서 전
   략목표를 달성하는 총괄적 경영과정

전략의 수립	① 환경변화에 따른 기회와 위협을 분석 ② 강점과 약점을 분석 ③ 이념과 사명을 확인 ④ 조직의 목표를 결징 ⑤ 목표달성을 위한 전략 수립 ⑥ 전략 실행을 위한 전략 수립
전략의 실행	⑦ 실행계획 수립 ⑧ 예산반영 ⑨ 세부절차 결정
성과의 평가·통제	⑩ 실행성과를 평가 및 통제

2. 경제력 강화를 위한 생산전략

차별적 경쟁 능력
　－주어진 자원들을 이용하여 업무나 활동을 월등하게 수행하는 능력

- 경제전략 ┌ 원가우위
  │ 차별화: 제품을 차별화(제품, 기술, 서비스, 브랜드, 기업이미
  │   지차별화 등) → 원가우위 희생가능
  └ 집중화: 특정시장집중전략 → 한정된 자원으로 효과적인 목표
      달성

경쟁우위 요소

① 일을 바르게 행하면 ‒ ‒	품질 우위(quality advantage)에 이른다
② 일을 빠르게 행하면 ‒ ‒	신속성 우위(speed advantage)에 이른다
③ 일을 제때에 행하면 ‒ ‒	확실성 우위(dependability advantage)에 이른다
④ 상황에 맞춰 변화하면 ‒ ‒	유연성 우위(fle×ibility advantage)에 이른다
⑤ 일을 저렴하게 수행하면 ‒ ‒	원가 우위(cost advantage)에 이른다

생산시스템의 경쟁우위목표

경쟁우위요소생산	목 표
낮은 가격	원 가
높은 품질	품 질
신속한 제공(배달)	신속성
납기 준수(정확한 배달)	확실성
제품 및 서비스의 혁신	유연성(새로운 제품 / 서비스)
다양한 제품 및 서비스	유연성(제품 / 서비스 믹스)
제품 / 서비스의 수량 및	유연성(수량 / 납기)
타이밍을 맞추는 능력	

- 경제우위요소는 → 생산기능과 관계
- 상호보완적으로 지속개선
- 트레이드 오프관계에서는 우선순위에 따라 전개

* 경쟁우위 요소의 우선순위

- 경쟁우위 요소들은 지속적 개선(CI) 기법이나 시스템 통합(SI), 기능 간 통합 등
  을 통하여 상호 보완적으로 추진하는 것이 효과적이지만, 자원이 제약되거나
  직접적인 Trade-off 관계에 있는 요소들은 우선순위에 따라 전개하는 것이 바
  람직하다.

- Krajewsky & Ritzman의 경쟁 우선순위

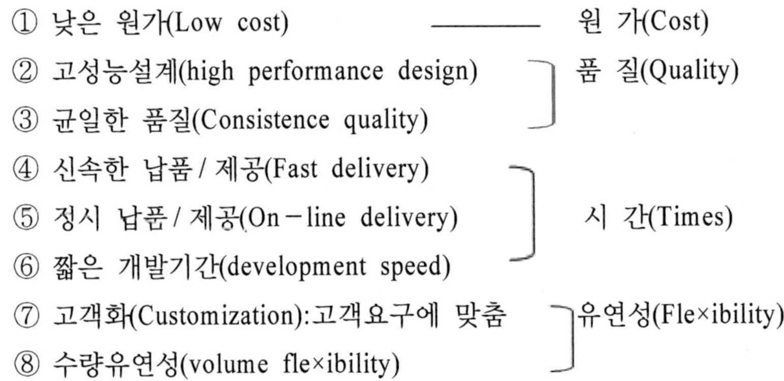

초우량 기업의 생산전략

변화와 경쟁 뒤에는 항상 불확실성과 위기가 도사리고 있다. 격변의 시대를 맞으면서 오늘 한국의 대표적인 기업들이 21세기 초에도 성공적인 기업으로 살아남아 있으리라는 보장은 없다. LG경제연구원이 세계적인 초우량 기업 25개 기업을 탐방하여 작성한 사례연구결과를 보면 그들은 다음과 같은 공통점을 지니고 있다.

첫　째, 고객만족을 위해 최선을 다하고 있다(마케팅－TQM－생산전략): 도요타, 인텔 등 세계적인 기업에서는 고객만족을 궁극적인 목표로 내세우고 있다.

둘　째, 인재를 중요시한다(인적자원전략): 모토로라, GE, 제록스 등에서는 인재개발을 위한 교육훈련에 막대한 시간과 돈을 투자하고 있다.

셋　째, 기술을 중시한다(R&D, 생산전략): 경쟁자들보다 앞선 핵심기술을 확보하기 위해서는 위험을 감수하고 도전적이며 미래지향적이어야 한다.

넷　째, 일찍부터 세계화에 매진하였다(세계화전략): 가장 미국적인 일본기업으로 대표되는 소니(Sony)는 50년대 후반 미국시장을 개척할 당시부터 현지화의 필요성을 인식하고 이를 실천하였다.

다섯째, 사회적 책임을 충실히 이행하고 있다(경영전략): 우량 기업들은 깨끗한 환경 만들기와 사랑받는 기업이 되기 위해 노력한다.

초우량 생산기업(world－class manufacturer)은 경쟁전략 중에서 생산전략을 중요한 경쟁수단으로 여기고 있다. 생산전략의 관점에서 볼 때, 이들 초우량 생산기업은 다음 사항에 치중하고 있다.

① 변화하는 환경의 예측과 이에 대한 기술 및 능력의 개발
② 신제품 개발에 대한 기능 간 협력
③ 설계개량을 중심한 시설개선
④ 설계개량을 중심한 시설개선
⑤ 제조능력을 증대시키는 공정기술의 활용
⑥ 인적자원의 능력개발에 대한 집중 노력
⑦ 불량예방과 지속적 개선 위주의 품질방침

생산전략의 대상

1. 생산전략의 정의: 기업전략이나 사업전략의 하위전략으로 기업 내지 사업의 경
   쟁우위를 도모하기 위해 생산기능의 전반적인 방향을 설정하
   는 생산의사결정

2. 생산전략의 주요 문제
   ① 기존제품의 개량 및 신제품의 개발·혁신
   ② 생산능력의 규모결정, 능력의 확장 / 축소의 시기와 방법
   ③ 생산시설의 규모와 입지 및 전문화의 정도
   ④ 공성 및 실비의 기술 / 공법, 자동화의 수준
   ⑤ 수직적 통합: 외부공급자의 이용범위
   ⑥ 노동력: 작업자와 기계의 과업배분(인사 부분에서 중요), 교육훈련, 고용안정
   ⑦ 품질관리: 무결점의 수준, 품질방침, 불량예방, 품질관리 및 개선 방법
   ⑧ 자재 / 재고관리: 공급업자 정책, 관리의 집중화와 분산화의 정도, 재고수준

• 왜(Why) 생산하는가?	→ 생산목적(생산방침)
• 무엇(What)을 생산하는가?	→ 생산대상(제품 및 서비스 설계)
• 언제(When) 생산하는가?	→ 생산시기(생산일정)
• 어디(Where)에서 생산하는가?	→ 생산장소(입지선정·설비배치)
• 어떻게(How to) 생산하는가?	→ 생산방법(공정설계·직무설계)
• 얼마나(How many) 생산하는가?	→ 생산규모(규모의 결정·능력계획)

◇ 생산전략 결정의 범주 ◇

의사결정 유형	범 주	결정 예
생산구조 결정	생산능력 시설 공정기술 수직적 통합 / 공급자	설비의 생산량, 투자시기, 유연성의 정도 입지, 시설규모, 시설의 기능, 설계 설비의 유형, 자동화 수준, 공정배치 다른 사업과의 연결, 통합방향, 균형
생산하부구조 결정	인적 자원 품질관리 생산계획 / 자재관리 신제품개발 성과 측정 및 보상 조직 / 시스템	작업자의 기능수준, 임금수준, 안전 예방 대 평가활동의 비중, 품질관리 메커니즘, 전문화 수준 자체제작과 구매, 재고계획 및 관리, 공급자 및 하청 방침 순차적 대 병행적 개발, 팀의 활용 개인 대 집단성과 성과측정 방법 조직구조, 라인과 스텝의 관계

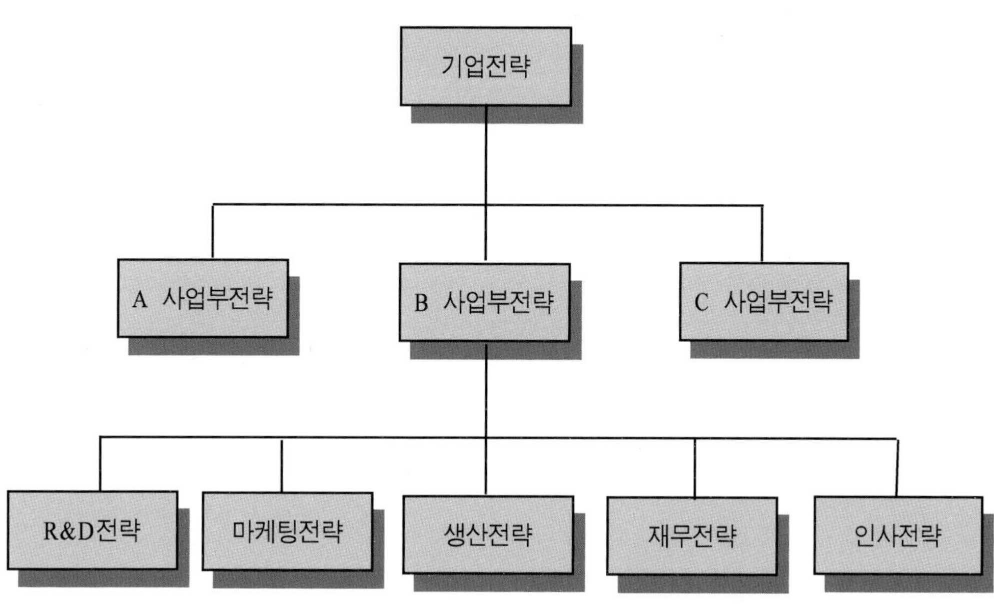

기업전략과 기능별 전략(생산전략)의 관계

고객의 요구
외부환경분석
기업능력평가
(전략적 비전)
기업전략
(전략적 비전)
기업전략
경제우위요소
• 가격
• 품질
• 확실성
• 신속성
• 유연성
생산전략
생산구조의 설계 범주

-생산능력
-시설 / 설비
-공정기술
-수직적 통합
하부구조의 결정 범주
-품질
-생산계획 및 자재관리
-신제품 개발
-인적 자원
-조직 및 관리구조
-성과측정

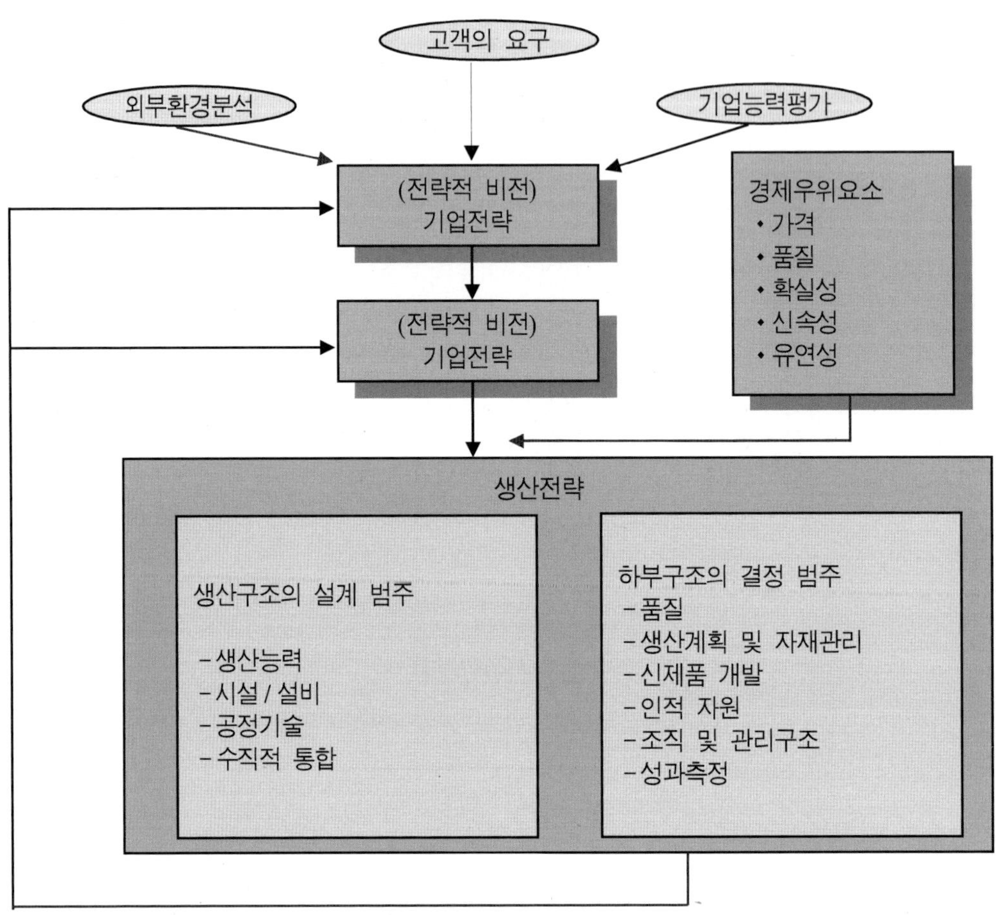

생산전략의 기본 틀

1. 수요예측의 필요성

• 수요예측으로 기대하는 생산상의 효과
① 수요변화에 대응하는 생산계획을 수립할 수 있다.
② 불필요한 설비투자를 피할 수 있으며 생산능력을 최대한 활용할 수 있다.
③ 생산에 필요한 생산 자원들을 제때에 확보하고 고용을 안정시킬 수 있다.
④ 과다재고 및 재고부족으로 인한 손실을 줄일 수 있다.
⑤ 고객의 요구(품질, 수량, 가격, 시간, 장소)를 예측하여 적절히 대처함에 따라 고객서비스 개선가능

2. 예측의 실행단계

① 예측의 목적과 용도를 정의한다.
② 예측대상과 항목을 결정한다.
③ 예측기간을 결정한다. -장기, 중기, 단기
④ 적합한 예측방법을 선택한다.
⑤ 예측에 필요한 자료를 수집한다.
⑥ 예측을 실시한다.
⑦ 예측결과를 토대로 예측에 사용된 자료와 방법의 타당성을 검토한다.

⑧ 검토결과가 만족스러우면 예측결과를 실행한다.

3. 수요예측의 방법

가. 종 류

−정성적 예측법: 기술예측이나 신제품을 출시할 때와 같이 예측자료가 불충분할
　　　　　　　때 사용(질적 예측)
−시계열 분석: 시계열을 따라 과거의 자료로부터 그 추세나 경향을 분석하여 장
　　　　　　래를 예측 시계열 자료수집이 용이하고 변화하는 경향이 뚜렷할
　　　　　　때 사용
−인과형 예측법: 수요는 환경요인 또는 다른 요인과 관계가 있다는 가정하에 수
　　　　　　　학적인 인과관계 모델을 만들어 수요를 예측. 인과모델을 만들기
　　　　　　　위해서는 오랜 준비가 필요하며 미래의 전환기 예측에 유리함.

나. 주관적 예측(정성적 예측)

• 소수의 전문가, 구성원들의 의견을 종합하여 간편하게 예측, 저비용, 전문 기
술이 필요 없음
• 구성원의 주관에 의존하므로 개인의 능력차에 의해 상이한 예측결과. 정확도
미흡

◇ 주관적 예측기법의 비교 ◇

기 법	예측방법	용 도	정 확 도		예측 비용
			장기 예측	단기 예측	
Delphi법	전문가의 직관예측	기술예측·장기수요 예측	양~우	양~우	중~고
위원회합의법	전문가집단의 직관예측	생산시설 및 능력예측	불량	불량~	저~고
판매원의견법	판매원의 직관예측	시장 및 수요예측	불량	양	저
경영자 판단	경영자의 직관예측	시장 및 수요예측	불량	양	저
시장조사법	소비자 의견조사	시장 및 수요예측	수	양	고
라이프사이클 유추법	라이프사이클 유추	생산시설 및 능력의 장기예측·장기수요예측	양~미	양~미	저~중
자료유추법	자료유추	〃 〃	양~미	불량 불량	중

* 정확도는 수·우·미·양·불량으로 나누어 상대 비교한 것임

** 예측비용은 고·중·저로 나누어 상대 비교한 것임

시계열 분석

1. 시계열적 변동

추세(경향)변동, 순환변동, 계절변동, 불규칙(우연)변동

2. 시계열 분석의 의의

- 시계열을 따라 제시된 과거자료로 부터 그 추세나 경향을 파악하여 장래의 수요를 예측하는 것
- 시간이 독립변수가 되며 수요량은 종속변수가 됨
- 특징: 과거에 발생된 수요와 관련된 시계열성

3. 종 류

- 전기 수요법: 가장 최근의 수요실적을 장래의 수요 예측치로 보는 법
- 2점 평균법: 전반기의 중앙시점 값과 후반기의 중앙시점 값을 연결하여 평균
- 최소 자승법: 수요의 추세변동 분석
- 이동 평균법: 계절변동의 분석
- 지수 평활법: 단기의 불규칙 변동분석

4. 최소 자승법

- 관찰치와 추세치의 편차의 제곱의 합이 최소가 되도록 동적 평균선을 그리는
  방법
- 주기변동, 계절변동, 불규칙 변동의 고려 없이 추세변동만으로 수요예측

$$Y = a + bX$$

$$b = \frac{\sum_{i=1}^{n} (X_i - \overline{X})(y_i - \overline{y})}{\sum_{i=1}^{n} (X_i - \overline{X})^2}$$

x: 기간(연도, 월)

y: 수요량

$\overline{x}$: 기간의 평균

$\overline{y}$: 수요량의 평균

$$a = \overline{y} - b\overline{X}$$

- 장단점
  - 수시로 신속하게 수요예측을 할 수 있다.
  - 계절변동과 같은 오르내림은 나타내기 곤란함

5. 이동평균법

- 과거 일정기간의 실적을 평균하여 차기의 수요를 예측하는 방법
- $F_t = \dfrac{\sum A_{t-1}}{n} \times (계절지수)$ (Ft: t기의 예측치, At−1: t−1 기의 실적치, n: 기간의 수)

$$계절지수 = \frac{기간별\ 실제수요치}{기간별\ 이동편균치}$$ 경기변동, 계절변동이 민감한 제품에 적용

－최소 자승법에 비해 추세의 움직임을 충실하게 반영할 수 있으나 일정기간의
  평균치를 적용하므로 계절의 변동을 충분히 반영하지 못함

6. 지수 평활법

－과거의 실적 중 기간에 따라 최근의 것일수록 가중치를 많이 부여하여 최근의
  경향을 반영하는 예측법
－종류
      단순지수평활법(1차 지수평활): 전기의 예측치와 실적치 차를 일정비율로
                    추가하는 방법
      2차 지수 평활법: 수요변화에 대한 민감도를 높이기 위해 추세 조정치 적용

차기 예측치＝前期 예측치＋α(전기 실적치－전기 예측치)
      α: 지수평활 계수
      수요변화가 심할 때 0.3
      수요변화가 적을 때 0.01

－이동평균법 및 최소 자승법에 비해 단기간(최근)의 실적치만으로 수요예측가능
－단기 예측법으로 많이 활용하고 있으며, 재고관리 및 서비스 활동에 이용.

7. 인과형 예측법

• 정의: 수요변화에 영향을 주는 기업 내부 및 환경요인(변수)들을 수요와 관련
  시켜서 인과형 모델을 만들어서 수요예측을 하는 것.

※ 인과형 모델: 제품의 수요와 이에 영향을 주는 인자와의 관계를 수리적으로 나
　　　　　타낸 모델

· 적용: 중기예측에 긴요하다.
· 종류:

　　회귀분석: 단순회귀모델, 중회귀모델

　　상관분석: 회귀식과 변수 간의 관계 검증에 사용

· 절차: 수요에 영향을 주는 독립변수를 정리한다.

　　수요와 변수와의 관계를 밝혀 관계식을 구축한다.

　　예측모델의 타당성을 통계적으로 검증한다.

8. 예측기법의 선정

· 예측기법들은 예측기간의 길이, 예측대상, 적용분야에 따라 장·단점을 고려하
  여 선정
· 고려요소

　① 실적 자료의 유용성과 정확성

　② 예측상 기대되는 정확도의 정도

　③ 예측비용

　④ 예측기간의 길이

　⑤ 분석 및 예측 소요시간

　⑥ 예측에 영향을 주는 변동요소의 복잡성

－재고관리 → 단기예측 → 시계열분석

－총괄생산계획 → 단·중기예측 → 시계열·인과형 예측

－공장입지, 공장계획, 제품개발 → 장기예측 → 정성적 방법

－제품개발·도입기: 시장조사·델파이법

　성장기·안정기: 시계열·회귀분석

◇ 예측기법의 적용분야 ◇

예측기법	이용자료	예측기간	예측비용	적용분야
델파이법	전문가의견	장기	중 이상	기술예측 · 장기수요예측 · 신규사업계획 · 제품개발 · 시설계획
시장조사법	소비자의견	중 · 장기	고	시장 및 수요예측 · 신규사업계획 · 제품개발 시장전략
자료유추법	유사상황자료	중 · 장기	중	장기수요예측 · 신규사업계획 · 제품개발
인과형예측				
회귀분석	모든 변수의 과거자료	중기	중	제품 및 서비스의 수요예측 · 판매전략 · 생산계획 · 시설계획
계량경제모델	모든 변수의 과거자료	중 · 장기	중	경제 상황예측 · 시장전략 · 생산 및 시설계획
시계열분석				
최소자승법	과거(장기간)의 실적치	중 · 단기	서	수요예측 · 재고관리 · 일정계획
이동평균법	과거(장기간)의 실적치	단기	저	재고관리 · 일정관리 · 가격결정
지수평활법	최근 실적치와 예측치	단기	저	수요예측 · 생산계획 · 일정계획

1. 각각의 제품에 대해 그 제품이 차지하는 생산량의 점유율을 기준으로 분류하여 A, B, C 그룹으로 나누고 이에 따라 제품의 차별과 관리를 한다.

2.

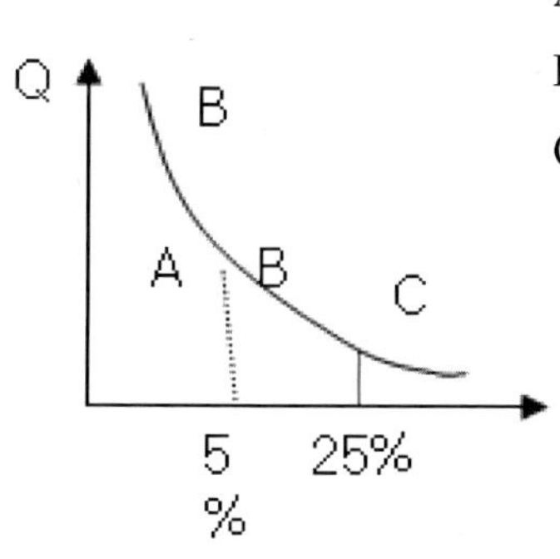

A그룹: 생산수량 70% 이내, 품종 5% 간소화관리
B그룹: 생산수량 71~95% 이내, 품종 25% 적정화
C그룹: 생산수량 96% 이상, 품종 70% 집중화

• A그룹은 비교적 양산제품으로 루틴한 관리가 가능하므로 관리의 간소화를 한다.
• B그룹은 적정한 관리가 필요하므로 일상수준의 관리를 한다.
• C그룹은 생산빈도가 낮거나 생산량이 적으면서도 변화폭이 커서 관리의 집중화가 필요하다.

3. 배치에 활용
 ・ A그룹은 소품종 다량으로 제품별 배치
 ・ B그룹은 혼합형
 ・ C그룹은 소품종 다량으로 공정별 배치

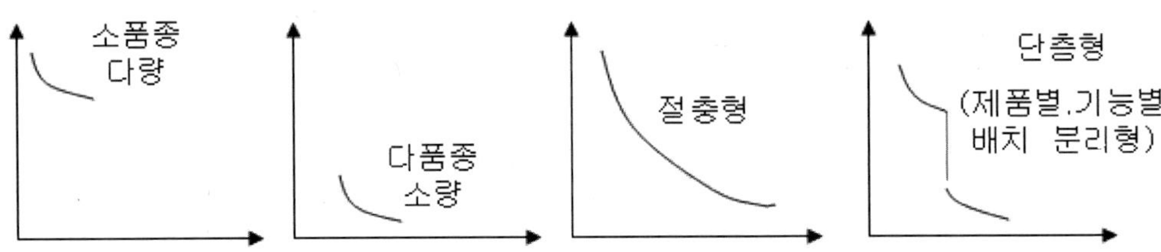

1. 의　의

　프로젝트 수행에서 자원(시간, 인력, 자금, 설비, 자재)에 여러 가지 제약이 따른다. 따라서 주어진 일정 내에서 프로젝트를 수행하기 위해 최소의 자원이 투입되고 충분히 활용되어야 하는데, 자원의 소요량과 투입가능한 자원량을 조정하고 자원의 유휴비용을 최소화함으로써 자원의 효율을 높이고 프로젝트를 원활하게 수행되도록 하는 것이 자원배당의 목표이다.

2. 자원배당 시 고려사항

- 인력의 변동을 피한다.
  인력의 변동으로 인한 인원의 모집, 고용, 훈련 등은 시간과 비용이 필요하며, 일단 고용된 인원은 필요 없을 때 바로 해고하기도 어렵다. 따라서 작업기간 중 최소의 변동으로 체감적인 방법으로 인력을 조절할 필요가 있다.
- 한정된 자원을 선용한다.
- 자원의 고정수준을 유지한다.
- 자원의 일정계획을 효율적으로 세워야 한다.

3. 구 분

가. 일정이 고정되었을 때

- 일정이 고정되었을 때는 자원의 투입량을 조절한다.
- CP상의 작업들은 여유가 없으므로 주 공정이 아닌 활동들의 일정을 조정한다.
- 자원배정 우선순위
- 여유시간이 가장 적은 활동
- 활동의 소요시간이 짧은 활동

나. 투입자원이 제한된 경우

- 자원의 유용성이 극히 제한된 경우에는 CP상의 활동이라도 지연시키지 않을 수 없다.
- 전체 공기가 어느 정도 지연될 수 있는가를 고려하여 허용된 지연기간 내에서 일정을 조정한다.

4. 분석적 기법

- 프로젝트를 각기에 자원의 소비, 부분완료 등 그 상태가 변화하는 과정으로 생각한 분석방법 → 다이나믹 프로그램 모델
- 프로젝트를 변수와 제약의 집합으로 보고 소요의 목적 함수를 최적화하는 요소의 크기 결정 → 정수선형 계획법
- 최적의 스케줄을 구하기 위하여 프로젝트에 그려지는 여러 가지 형태를 조사하는 방법

5. Branch and Bound Method(분기한정법)

가. 정의: 분기한정법은 기본적으로 유한 혹은 무한의 점으로 이루어진 실행가능
　　　해의 공간에 있어서 최적해를 조직적으로 탐색하는 방법

나. 방법: 실행가능 공간 Ω을 부분집합 Ω_1, Ω_2, ……로 분할한 후 몇 개의 부분
　　　공간을 검토하여 최적해의 '가능성 없음'으로 판정하여 대상에서 제외
　　　한다. 이와 같은 작업을 반복하여 최적해를 찾아간다.

設例: **우선순위 규칙의 적용**

납기, 작업시간, 여유시간이 각기 다른(<표 A>참조) A, B, C작업의 처리순서를
정하고자 ① 선착우선(FCFS), ② 최소작업시간우선(SOT), ④ 최소납기우선(DD), ⑤
최소여유시간우선(S) 규칙들을 적용하여 진행시간(flow time)과 지연시간을 산정 비
교한 것이 다음의 <표 B>이다.

〈표 A〉

일정의 평가기준

작 업	납 기	작업시간	여유시간
A	4	1	3
B	7	5	2
C	2	2	0Z

〈표 B〉

우선순위 규칙별 효과 측정

규칙별작업순서		작업시간	진행시간	납 기	지연일수
① 선착순	A	1	1	4	0
	B	5	6	7	0
	C	2	8	2	6
	(평 균)		(5.0)		(2.0)
② 최소작업시간	A	1	1	4	0
	C	2	3	2	1
	B	5	8	7	1
	(평 균)		(4.0)		(0.7)
④ 최소납기	C	2	2	2	0
	A	1	3	4	0
	B	5	8	7	1
	(평 균)		(4.3)		(0.3)
⑤ 최소여유	C	2	2	2	0
	B	5	7	7	0
	A	1	8	4	4
	(평 균)		(5.7)		(1.3)

이에 따르면 ②와 ④의 규칙이 진행시간이 짧고 지연시간도 유리하다.
A·B·C작업의 긴급률(CR)은 각기 A=4/1, B=7/5, C=2/2로서
CR의 작기에 따라 작업순서를 정하면 C·B·A가 된다.

다. 인과형 예측법

• 정의: 수요변화에 영향을 주는 기업 내부 및 환경요인(변수)들을 수요와 관련시
  켜서 인과형 모델을 만들어서 수요예측을 하는 것.

※ 인과형 모델: 제품의 수요와 이에 영향을 주는 인자와의 관계를 수리적으로 나
  타낸 모델

• 적용: 중기예측에 긴요하다.

• 종류:

• 회귀분석: 단순회귀모델, 중회귀모델

• 상관분석: 회귀식과 변수 간의 관계 검증에 사용

• 절차: 수요에 영향을 주는 독립변수를 정리한다.
　　　 수요와 변수와의 관계를 밝혀 관계식을 구축한다.
　　　 예측모델의 타당성을 통계적으로 검증한다.

라. 예측기법의 선정

• 예측 기법들은 예측기간의 길이, 예측대상, 적용분야에 따라 장·단점을 고려하여 선정

• 고려요소
　　① 실적 자료의 유용성과 정확성
　　② 예측상 기대되는 정확도의 정도
　　③ 예측비용
　　④ 예측기간의 길이
　　⑤ 분석 및 예측 소요시간
　　⑥ 예측에 영향을 주는 변동요소의 복잡성
　　－재고관리 → 단기예측 → 시계열분석
　　－총괄생산계획 → 단·중기예측 → 시계열·인과형 예측
　　－공장입지, 공장계획, 제품개발 → 장기예측 → 정성적 방법
　　－제품개발·도입기: 시장조사·델파이법
　　　성장기·안정기: 시계열·회귀분석

1. 정 의

생산예정표에 의하여 결정된 생산량에 대하여 작업량인 공수를 구체적으로결정하고 이것을 현인원이나 기계설비능력을 고려하여 양자의 조정을 시도하는 것.

2. 작성단계

가. 부하계획: 부하계획은 부하율을 최적으로 유지할 수 있도록 하는 작업량의 할당 계획이다.

① 부품별, 공정별 단위당 소요공수를 부품별 부하표로 나타낸다.

② 부품별 소요공수에 1개월의 생산량을 곱하여 공정별 작업량을 계산한다.
(공정별 부하 집계표)

부품별 부하표

(부품 1개당 소요 작업시간)

품 \ 기계	선 반	밀 링	보 링	연마반	합 계
갑	0.32	0.28	0.16	0.20	0.96
을	0.34	0.24		0.18	0.78
병	0.36	0.26	0.20		0.80

◇ 공정별(기종별) 부하집계표 ◇

	1개월 생산수량	선 반		밀 링		보 링		연 마 반	
		기준공수	공 수	기준공수	공 수	기준공수	공 수	기준공수	공 수
갑	400	0.32	128	0.28	112	0.16	64	0.20	80
을	200	0.34	68	0.24	48				
병	300	0.36	108	0.26	78	0.20	40	0.18	54
합계			304		238		104		134

나. 능력계획: 능력계획은 부하계획과 함께 표준능력과 실제능력과의 비율을 최적으로 유지할 수 있는 現有能力의 계획으로 일정의 작업을 수행하는 데 필요한 시간에 인적능력이나 기계설비 능력을 곱하여 표시한다.

① 작업능력 = 작업자 수 × 능력환산계수 × 월 가동시간 × 가동률
  (능력환산계수: 숙련자 1, 미숙련자 0.5)
② 기계능력 = 월 가동일수 × 1일 실 가동시간 × 가동률 × 기계대수

다. 부하와 능력의 비교

월별 기계능력 계산표

기계별	대 수	1개월 가동일수	1일 실 가동시간	가동률	기계능력
선 반	2대	25일	8시간	0.9	360시간
밀 링	1대	25일	8시간	0.9	180시간
보 링	1대	25일	8시간	0.9	180시간
연마반	1대	25일	8시간	0.9	180시간

3. 합리적인 공수계획 수립방안

    (1) 부하와 능력의 균형화

    (2) 일정별 부하변동을 방지

    (3) 적성배치와 전문화를 촉진

    (4) 부하와 능력 양면에 어느 정도의 여유를 예측

각 기계의 여유능력은 다음과 같다

$$\text{능력} - \text{부하} = \text{여력}$$

선 반: $360 - 304 = 56$공수

밀 링: $180 - 238 = 8$(능력부족)

보 링: $180 - 104 = 76$

연마반: $180 - 134 = 46$

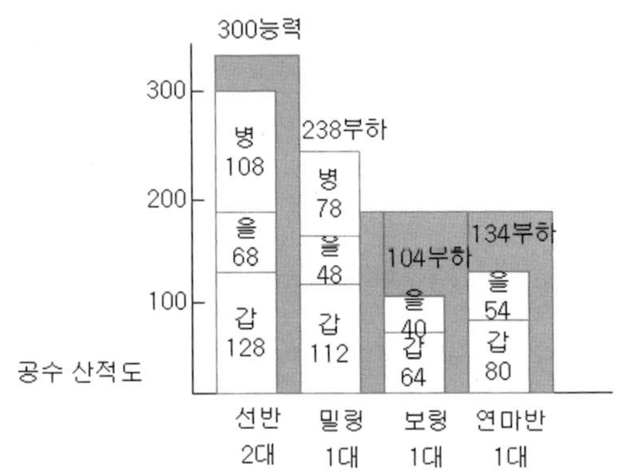

1. 정 의

작업노력에 의한 능률의 유지와 향상을 위한 작업능력 관리의 한 방식

* 정해진 표준작업 방법에 따라서 움직이는 작업자의 생산성은 작업 Performance, 즉 육체적 노력에 의해 결정된다.
* PAC는 Performance를 현재 수준보다 향상시키고 그것을 계속 유지 지속하기 위한 관리방식

2. 특 징

* 과학적인 표준시간에 의한 Performance의 측정
* 제일선 감독자의 지도력
* Performance 직위 책임별 분리
* Performance에 관한 분석적 보고
* 일일 적정 배치를 위한 기동부문 운영
※ PAC의 표준시간은 과학적 표준시간에 의한 방법으로 결정한다.

3. 실시방법

① 도입계획 수립

② 표준시간 설정: 표준화, 측정기술훈련, 표준시간 설정

③ 시스템 입안: 보고시스템

④ 현상조직결정: 감독자의 직무, 적정배치, 지도훈련

⑤ 생산량 제한 요소강화: 품질, 일정계획, 공정편성, 설비

⑥ 감독자에 의한 작업지로 실시

⑦ 실적 검토회의 실시: 주회의, 월회의

4. 실시효과

－노동생산성의 향상, 설비의 실질능력 증대

－감독자, 관리자의 질적 향상, 노동력 관리의 충실화

－작업자의 Moral 향상

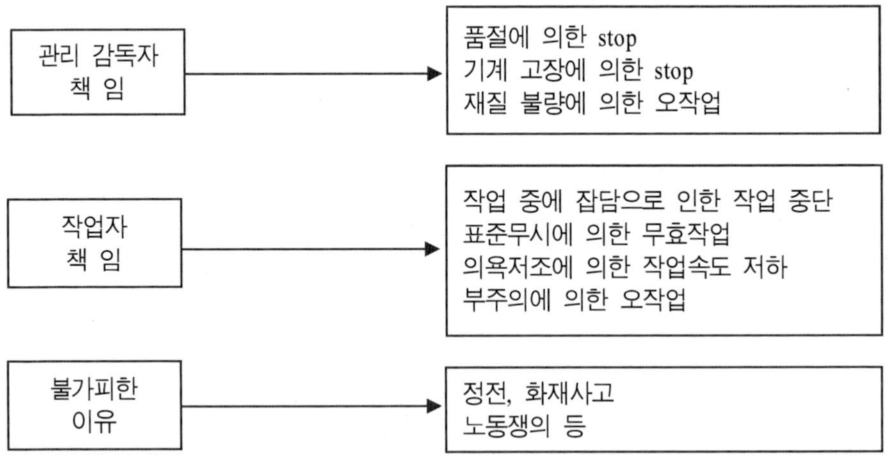

◇ 노동생산성과 설비생산성 비교 ◇

설비 생산성	설비생산성 관련지표	노동 생산 성	노동생산성 관련지표
설 비 종 합 효 율	(시간가동률) × (성능가동률 × (양품률) $\dfrac{\text{양품 수} \times \text{기준 Cycle Time}}{\text{부하시간}}$	작 업 공 수 효 율	(실동공수효율) × (실동률) = $\dfrac{\text{표준공수}}{\text{작업공수}} \times 100$
시간 가동률	$\dfrac{\text{가동시간}}{\text{부하시간}} \times 100$	실동률	$\dfrac{\text{실동공수}}{\text{작업공수}} \times 100$
속도 가동률	$\dfrac{\text{기준 Cycle Time}}{\text{실제 Cycle Time}} \times 100$		
실질 가동률	$\dfrac{\text{완성 수} \times \text{실제 C / T}}{\text{가동시간}} \times 100$		
성능 가동률	(속도가동률) × (실질가동률) $\dfrac{\text{완성 수} \times \text{기준 Cycle Time}}{\text{가동시간}}$	실 동 공 수 효 율	$\dfrac{\text{표준공수}}{\text{실동공수}} \times 100$

근무시간: 출근부터 퇴근까지 시간
부하시간: 근무시간 – 계획휴식시간
가동시간: 부하시간 – 유실시 간
실가동시간: 완성 수 × 실제Cycle Time량, 불량품 포함
표준시간: 완성 수 × 기준Cycle Time6
이론시간: 양품 수 × 기준Cycle Time

작업공수(재적공수 – 휴업공수) + 추가공수(추가공수: 잔업, 특근 등)
실동공수: 작업공수 – 유실공수
(품절, 기종교체 등)
표준공수: 생산량 × S / T
양품만 해당

◇ PAC관련 지표의 산출공식 ◇

구분	지표항목	단위	산출공식
A	재적공수	분	재적인원 × (480분 − 휴식시간)
B	휴업공수	분	해당인원 × (결근, 출장, 공가 등)
C	취업공수	분	재적공수 − 휴업공수
D	추가공수	분	해당인원 × (잔업, 특근, 지원 주고받음 시간)
E	작업공수	분	취업공수 + 추가공수
F	유실공수	분	해당인원 × (관리, 감독자 책임의 손실시간)
G	실동공수	분	작업공수 − 유실공수
H	표준공수	분	Σ(기종별 표준시간 × 기종별 생산 수)
I	환산 생산 수	개	H ÷ 대표 MODEL 표준시간
J	실 률	%	G ÷ E × 100 또는 (E − F) ÷ E × 100
K	실동공수효율	%	H ÷ G × 100
L	작업공수효율	%	H ÷ E × 100 또는 J × K
M	인당 생산 수	개	480분 × L ÷ {대표 MODEL ST × (1 − S / T 단축률)}
N	추가 작업률	%	(E ÷ A × 100) − 100
O	평균재적인원	명	A ÷ 정상근무일수 ÷ (480 − 휴식시간)
P	평균작업인원	명	E ÷ 정상근무일수 ÷ (480 − 휴식시간)
Q	직접률	%	직접A ÷ 총A × 100
R	잔업 및 특근율	%	(잔업 + 특근공수) ÷ A × 100

1. 직무분석(Job Analysis)의 개념 및 목적

1) 직무분석의 개념

직무에 관한 제반 정보를 수집하여 직무별로 분석하는 것으로 해당 직무에 대한 직무기술서(Job description)와 직무명세서(Job specification)를 산출하는 것을 목적으로 한다.

2) 직무분석의 목적

　① 조직의 합리화를 위한 기초 작업
　② 채용, 배치, 이동, 승진 등 기준을 만드는 기초가 됨
　③ 업무개선의 기초
　④ 인사과의 기초 작업
　⑤ 훈련 및 개발의 기준이 됨

3) 직무분석의 방법 및 절차

　(1) 직무분석방법
　　① 면접법
　　② 관찰법
　　③ 중요사건 기술법

④ 질문법

(2) 직무분석 절차

① 배경정보의 수집

② 분석되어야 할 대표 직위의 선정

③ 직무정보의 획득

④ 직무 기술서 작성 및 직무 명세서 작성

4) 직무기술서와 직무 명세서

(1) 직무기술서

① 과업 중심적

ㄱ. 오리엔테이션과 교육훈련 및 실적평가 시 사용

ㄴ. 내 용: 직무명칭, 직무활동과 절차, 수행되는 과업, 고용조건, 직무위
치, 승진, 이동

(2) 직무명세서

① 사람 중심적

ㄱ. 모집 및 선발에 사용

ㄴ. 직무수행에 필요한 인적 특성(능력, 경험, 자격요건을 서술)

○ 직무평가(Job Evaluation)

1. 직무평가는 직무의 임금을 결정하기 위하여 직무의 상대적인 가치를 비교, 분석하는 과정임.
   직무급제도(동일노동, 동일임금)의 기초

2. 직무평가방법

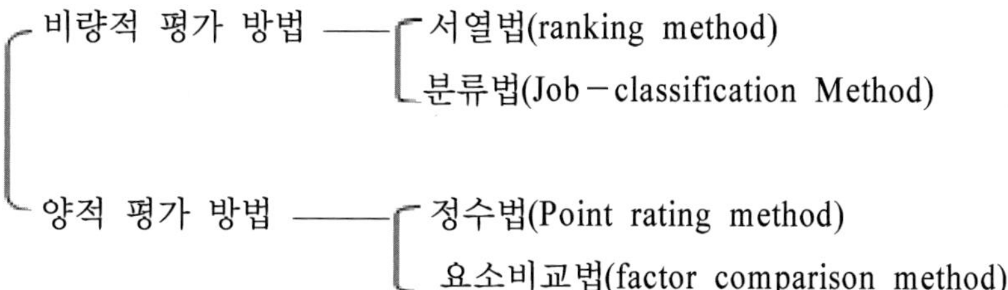

1) 서열법
   ① 가장 간단하고 사용하기 쉬운 방법
   ② 직무를 상호 비교하여 그 순위를 결정하는 법
      장 점: 직무 간의 차이가 명확한 경우거나 평가자가 모든 직무를 잘 알고
            있을 경우 용이함
      단 점: 직무의 수가 많고 그 내용이 복잡한 경우는 비효율적임

2) 분류법
   ① 사전에 만들어 놓은 제 등급(grade 1급, 2급⋯⋯6급 등)에 각 직무를 적절히
      판정하여 맞추어 넣는 평가하는 방법
      장 점: 서열법과 마찬가지로 간편함

단 점: 분류 자체에 객관성이 없을 경우 직무배정이 비합리적임

3) 정수법

① 평가요소를 선정하고 각 평가요소에 대해 그 중요도에 따라 가중치를 부여
한 후 각각의 직무를 각 평가요소를 기준으로 정수배정 후 총계하여 각 직
무의 상대적 가치를 평가하는 방법

장 점: 공장의 기능적 부분에서 가장 널리 사용

4) 요소 비교법

① 기준직무를 선정

② 평가요소를 결정

③ 평가요소에 따라 기준 직무를 비교하여 서열을 정함

④ 기준직무의 현재 임금을 할당 후 평가하고자 하고 직무를 요소별로 임금

○ 직무확대와 직무 충실화

1) 직무확대(job enlargement)

① 수평적 직무부하

② 지나친 전문화나 분업화에 따를 인간성 상실을 극복하기 위한 것

③ 작업의 흐름 속에서 기본 작업의 수를 증대시키는 것

2) 직무 충실화(job enrichment)

① 수직적 직무부하

② 직무가 질적으로 개편되도록 하는 것

③ 작업자에게 자신의 성과를 계획, 실행, 통제할 수 있는 자주성과 책임을 보
다 많이 부여

10   **생산성 관리 대책**

1. 생산성 개념과 노동생산성

1) 생산성이란

$$생산량 = \frac{생산량(\text{Output})}{투입량(\text{Input})}$$

2) 인적 생산성

투입량을 사람으로 했을 경우, 생산량에는 생산수량이나 생산중량, 생산금액 등이 있고 생산성의 관리에는 다음과 같은 식으로 표시가 가능하다.

$$노동생산성 = \frac{생산량}{투입된\ 인원공수}$$

생산성의 관리에는 시간의 단위(공수)가 보편적으로 사용되고 있다.
　　가) 1공수당 생산량 ------------- (예) 1인당 몇 개
　　나) 단위수량당 공수 ----------- (예) 1개당 몇 공수

　　　* 人・日(또는 기계・日) MAN DAY(MACHINE DAY)
　　　* 人・時(또는 기계・時) MAN HOUR(MACHINE HOUR)
　　　* 人・分(또는 기계・分) MAN MINUTE(MACHINE MINUTE)

3) 인적생산성의 두 가지 측면

$$\text{인적생산성} = \frac{\text{생산량}}{\text{표준시간}} \times \frac{\text{표준시간}}{\text{실소요시간}}$$

인적생산성 = 제조방식(METHOD) × 실시효율(PERFORMANCE)

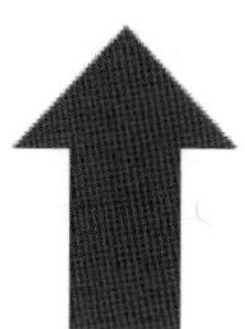

창조적 사고의 산물 　　　　실시자의 능력·노력

(정태적) 　　　　(동태적)

예를 들면,

音樂 = 樂曲 × 指揮 · 演奏結果

演劇 = 脚本 × 演出 · 演技結果

고수준의 생산성 = 제조방식의 개발 × 고수준의 PERFORMANCE 관리

(표준시간을 단축한다) (표준시간 차이를 최소로 하고 유지한다)

2. 시간관리의 필요성

1) 시간관리의 목적

(가) 다섯 가지 시간로스

① 내용이 충실하지 못한 데서 발생하는 로스

② 관리자, 감독자의 관리 부족에서 오는 로스

둘째는, 일을 처리하는 방식의 미비나 관리자, 감독자의 관리 부족에서 발생하는 로스이다. 예를 들면 다음과 같은 것이다.

- 재료나 또는 전 공정에서 부품이 오지 않기 때문에 대기하고 있다.
- 기계가 고장 났기 때문에 고칠 때까지 대기한다.

③ 작업방법이 불충분하기 때문에 생기는 로스

셋째는, 작업목적을 달성하기 위한 것이라 하지만, 현재하고 있는 작업방법이 불충분하기 때문에 생기는 로스로서, 예를 들면 다음과 같은 것이다.

- 작업순서나 내용에 서툴기 때문에 시간이 걸린다.
- 작업영역의 레이아웃에 익숙하지 않아 운반에 시간이 걸린다.

④ 작업자 자신의 기능부족에서 생기는 로스

넷째는, 부하에 대한 감독자나 리더의 작업지도 부족이나 작업자 자신의 작업능력과 기능 부족에 의해 생기는 로스로서, 예를 들면 다음과 같은 것이다.

- 작업미스에 의해 불량품을 만든다.
- 불량품을 수리한다.
- 부착부품을 잃어버린다.
- 작업 중 순간순간 쉬기 때문에 생산량이 오르지 않는다.
- 작업 스피드가 오르지 않고 생산량이 오르지 않는다.

⑤ 제품설계상의 로스

다섯째는, 작업목적을 달성하기 위하여 필요한 조건이 제품설계 중에 들어있지 않기 때문에 생기는 로스로서 예를 들면 다음과 같은 것이다.

- 가공하기 어려운 형상이나 조립하기 어려운 구조로 되어 있기 때문에 시간이 걸린다.
- 필요 이상으로 엄격한 공차나 완성정도를 요구하기 때문에 시간이 걸린다.

이상의 로스공수와 작업시간 구성을 종합하면 다음 [그림 1]과 같다.

종합 능률	작업 능률	실 동 률	작업공수		
			실동공수		관리자 책임손실 공수
			책임공수	작업자 책임손실 공수	

작업공수＝재적공수－휴업공수＋추가공수
실동공수＝작업공수－유실공수(관리자 책임손실공수)
표준공수＝Σ (표준시간 × 양품생산량)

－관리자 책임손실공수

　•결근, 지각, 조퇴, 예정 이외의 회의, 행사

　•계획적인 조업중지(생산계획의 변경 등), 재료대기, 작업대기, 설비고장 등

－작업자 책임손실공수

　•작업자의 미숙련(숙련도 Loss), 노력부족, 불량재작업 일시대기 및 정지, 편성
　Loss

(나) 작업시간과 LOSS 공수

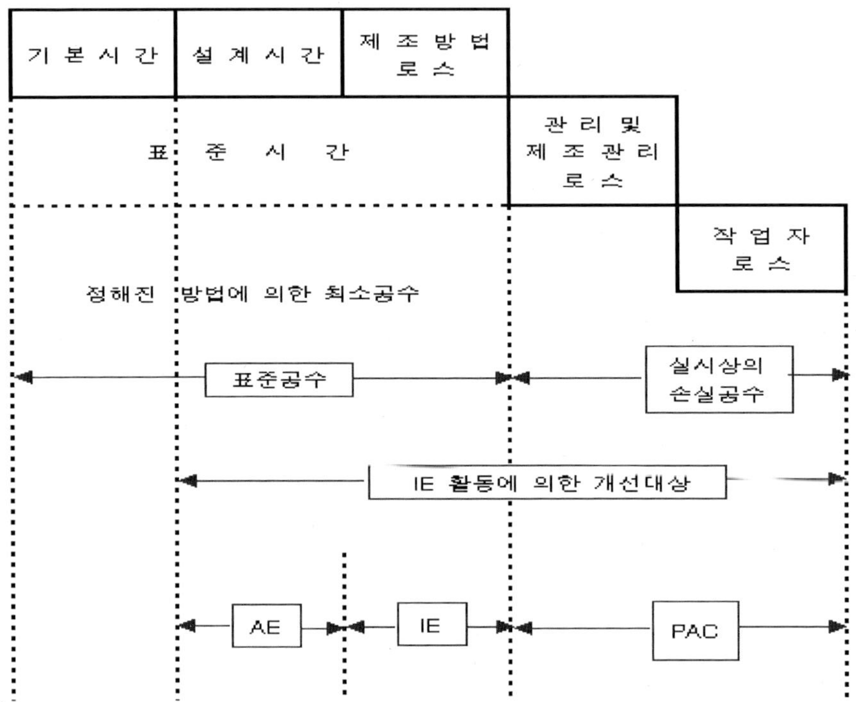

2) 작업능률(Performance) 향상방안

(가) 작업능률(Performance) 향상이란?

－작업능률(Performance)이란 작업자가 표준화된 작업방법으로 일할 때 기능이
나 노력을 기울이는 정도

－작업능률(Performance) 향상이란?

작업자의 노력과 기능부족의 공수 Loss를 줄이려는 노력이다.

(나) 작업능률(Performance) Loss의 발생요인

－작업에 대한 작업자의 노력

－작업자의 기능, 작업환경

(다) 작업능률(Performance) Loss의 발생 구조도

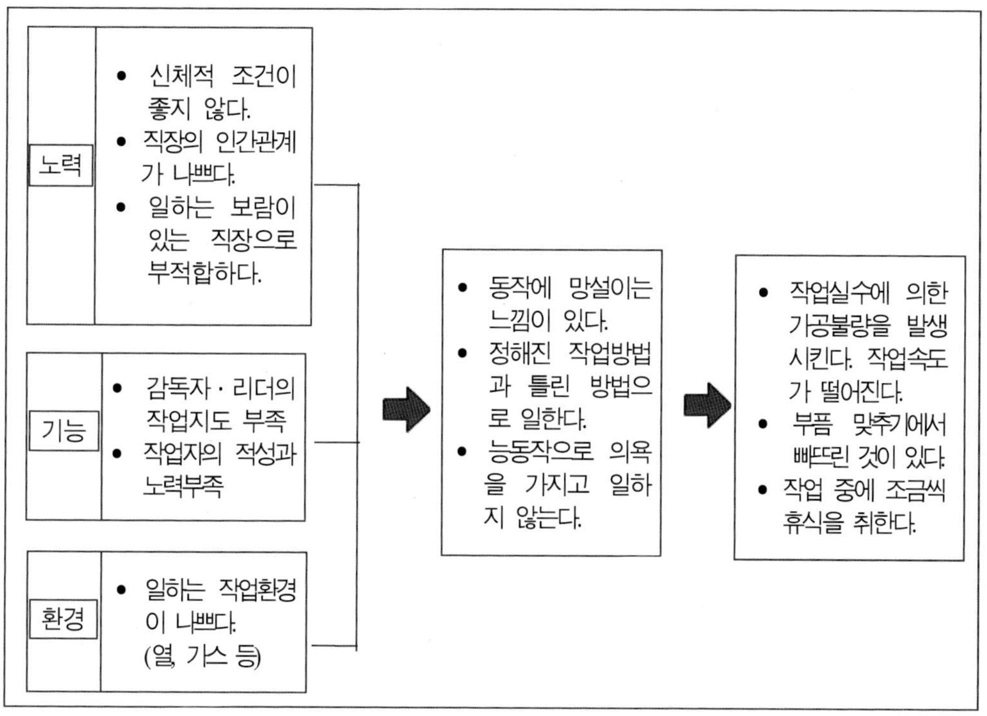

(라) 높은 작업능률(Performance) 수준 도달 후의 과제

　　1) 정확한 표준시간 유지를 위한 시스템과 훈련

　　2) 표준시간, PAC시스템, 경영시스템과 결합한 개선

　　3) 인원계획, 조업도 계획의 중요성

　　4) 제일선 감독자의 처우 및 육성강화 검토

　　5) 전원 참가에 의한 개선운동의 검토

　　6) 표준시간의 열화 방지를 위한 표준시간 적용확대와 시스템

6) 공수관리

(가) 목 적

생산성의 체계적인 관리 및 분석방법을 표준화함으로써 공수효율의 분석관리, 적정인원의 산출기준, 목표 생산량의 결정, 생산능률의 원인분석 등 제반 생산성의 정도를 비교 평가하여 생산성의 향상을 달성하는 데 있다.

(나) 용어의 정의

일반 용어

㉠ 생산성: 경영요소의 투입(INPUT) 요소에 대한 산출(OUTPUT)의 성과를 의미한다.

㉡ 공수: 사람이나 기계가 할 수 있는 또한 한 일의 양의 수치로 표시한 것으로서 가감승제의 처리가 가능하며 단위는(MAN MIN)을 사용한다.

㉢ 표준시간: 규정된 작업조건하에서 규정된 작업방법으로 평균숙련과 기능의 작업자가 정상속도로 규정된 질의 제품 1단위를 생산하는 데 소요되는 시간을 말한다.

㉣ 생산량: 공정 최종검사에서 합격한 제품수량을 말한다.

㉤ 정상작업시간: 1일 480분(8Hr) 근무시간 중에서 휴식시간을 제외한 시간이다. 즉(480 − 휴식시간)

(다) 생산성 지표의 구조

작업공수
(재적공수 – 휴업공수 + 주가공수)
실동률
작업공수효율
실동공수
(작업공수 – 유실공수)
관리·감독자 책임공수
실동공수효율
표준공수
(S / T × 생산량)
작업자 책임공수
작업공수효율
실동률
실동공수효율
표준공수
작업공수
실동공수
작업공수
표준공수
실동공수
부문 전체의 종합효율지표
라인 및 공정의 가동상태, 즉 관리, 감독자의 노력도
작업자의 노력도, 숙련도, 감독자의 지도력의 정도를 나타내는 척도

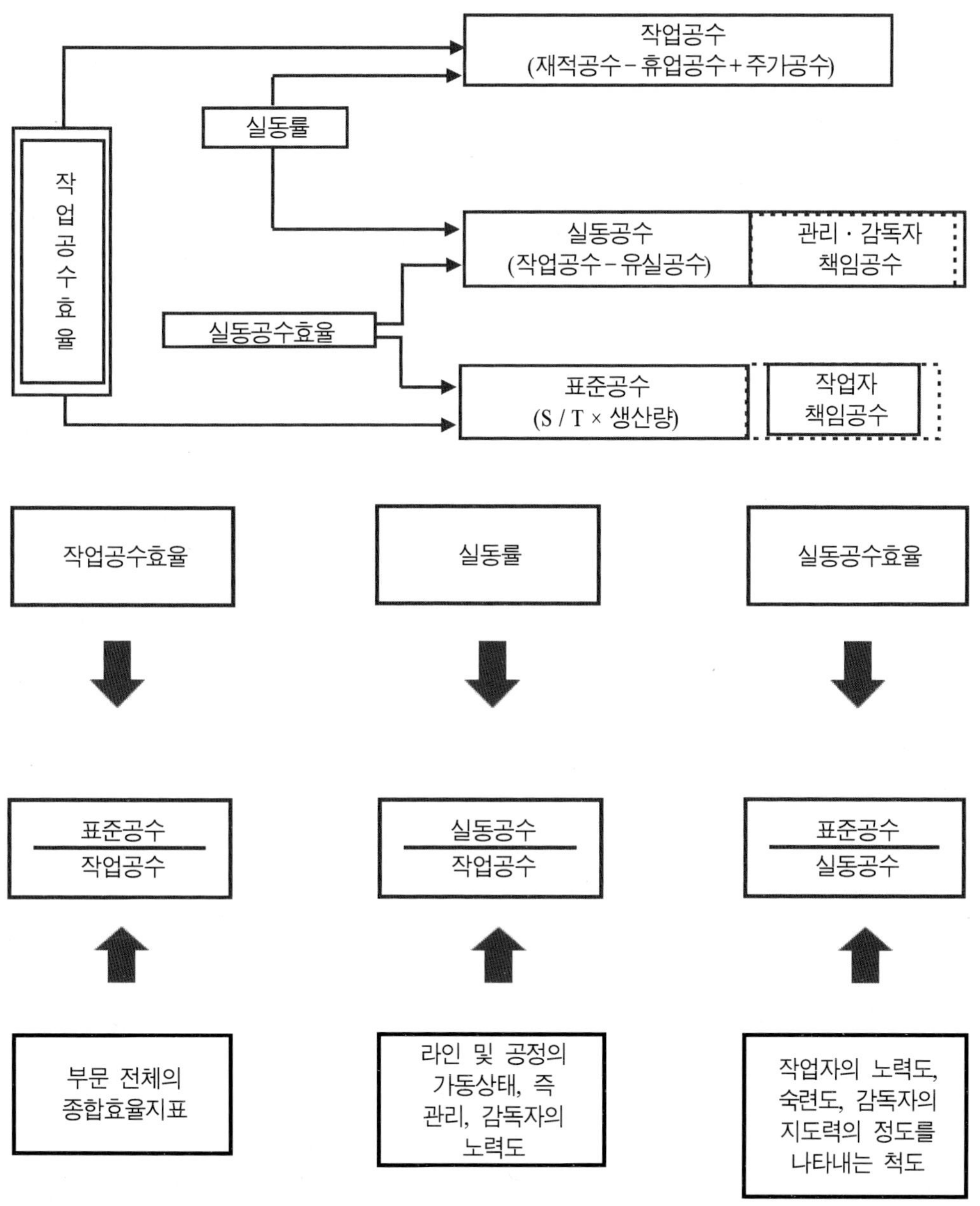

11　공장설계

1. 공장설계 기능

1) 제품설계 – 기능설계: 계속적 수요창출
　　　　　제조설계: 재료＋부품
　　　　　판매설계: 제품의 모양, 사용의 용이성
　　　　※ Valuc Engineering과 인간공학의 이용
2) 제조공정의 결정
3) 기계 및 설비의 결정
4) 생산량의 결정
5) 생산방식의 결정
6) 공장입지의 선정
7) 공장배치의 설계
8) 부대설비의 선정: 급수, 배수, 동력, 운반설비 등
9) 부대시설의 결정: 주차장, 식당 등 복지후생 및 편의시설

2. 공장설계의 원칙

1) 통합의 원칙
2) 최단이동의 원칙

3) 적정공간의 원칙

4) 흐름의 원칙

5) 신축성의 원칙

6) 만족과 안전의 원칙

3. 공장설계의 절차

시장연구
1. 생산할 제품
2. 판매 가능량
제품개발 및 설계
1. 제품의 설계시범
2. 사용재료
3. 제조방식
제조계획과 작업연구
1. 제조순서와 방법
2. 필요한 기계와 치공수
3. 표준시간
기본방침 결정
1. 생산방식
2. 생산량 및 공장규모
3. 기계소유량
4. 공간소유량
5. 자금계획
입지 및 부지선정
공장배치설계
공장 배치

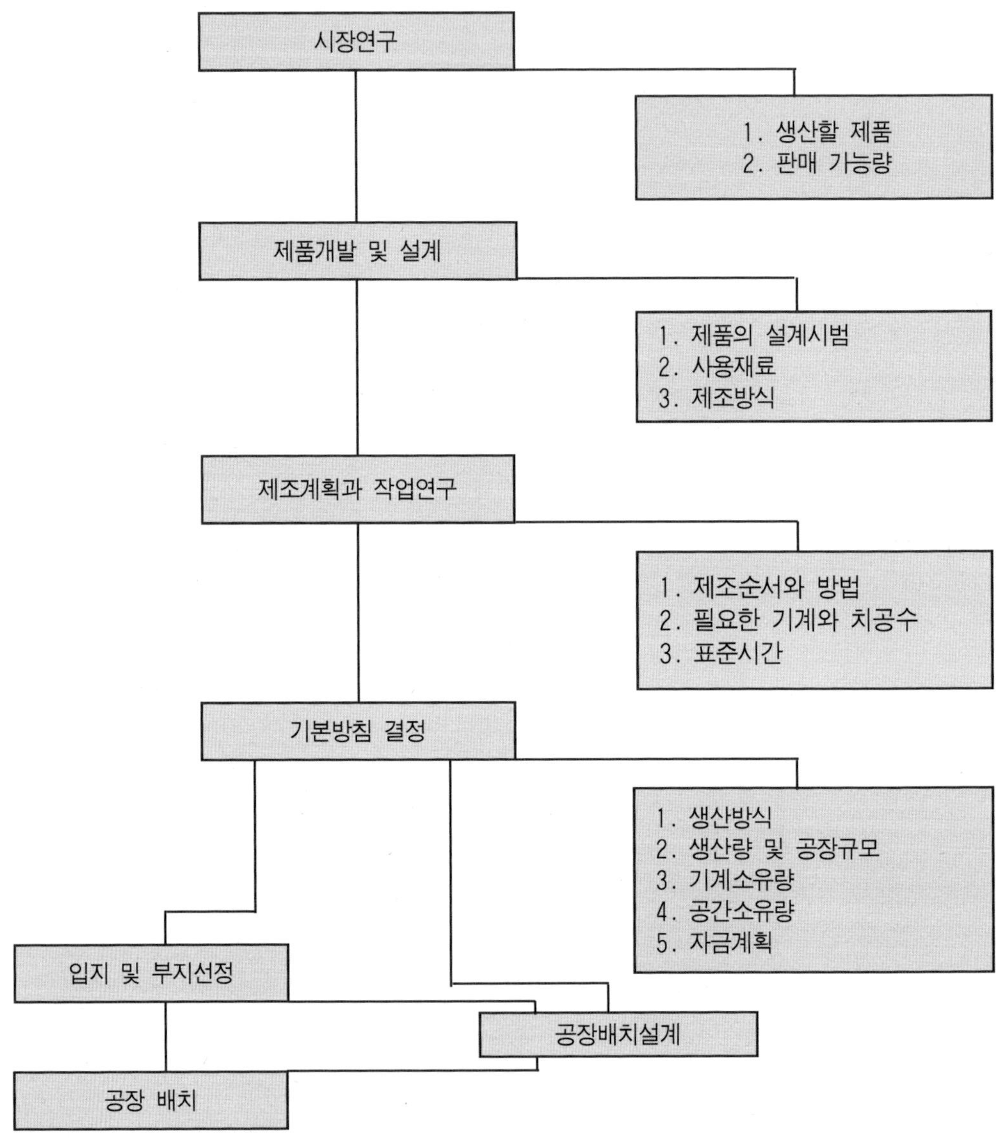

4. 기본방침의 결정방법

1) 생산량의 결정방법

(1) 판매 가능량과 가동률에 의한 방법

$$시간당생산량 = \frac{연\ 판매\ 가능량}{연\ 작업가능시간}$$

$$불량률을\ 고려한\ 시간당\ 생산량 = \frac{시간당\ 생산량}{(1-불량률)}$$

$$불량률과\ 비가동률을\ 고려한\ 시간당\ 생산량 = \frac{불량률을\ 고려한\ 시간당\ 생산량}{(1-비가동률)}$$

(2) 손익분기분석에 의한 방법(BREAK-EVEN ANALYSIS)

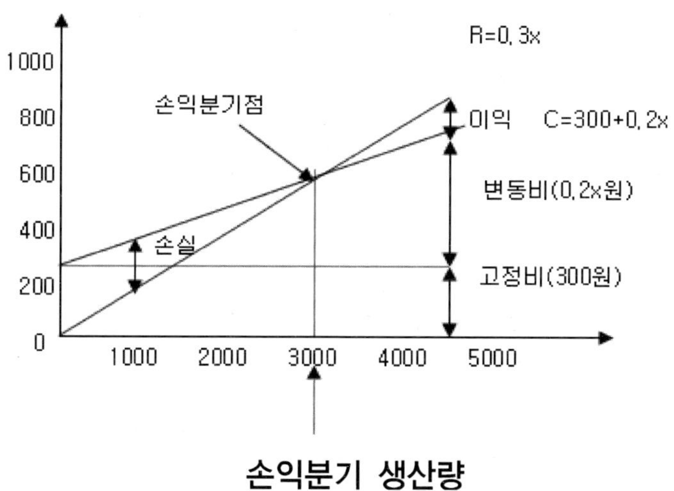

(3) 선형계획법(LP – Linear Programming)에 의한 방법
Mathematical Programming
a) Objective function(목적함수)
b) Constraint functions(제한함수)
c) Decision variables(결심변수)

2) 공간소요량의 산출방법

(1) 현장 중심법(Production center method)
① 기계 소요공간
② 자재 및 가공품의 소요공간
③ 기계보전 소요공간
④ 공구 보관실 소요공간
⑤ 강의실 등 부대시설 소요공간

(2) OR의 대기 행렬이론(Queuing Theory)

5. 공장입지의 선정방법

① 자연적 입지인자
② 경제적 입지인자
③ 사회적 입지인자
④ 공장부지 선정요건
⑤ 계량적 분석방법: OR의 수송문제
경제성 공학의 투자비용 분석

12 | 공장 배치

1. 의 의

공장배치란 공장에서의 건물, 시설물, 기계, 작업자들에 대한 배치문제를 하는 것으로서, 적절한 공장배치는 기업의 생산활동을 효과적으로 유도해 나가는 데 절대적으로 필요한 것이다. 공장배치는 제조공정, 자재의 흐름, 시설설비의 경제적 배치를 결정할 뿐만 아니라 건물 설계의 기초적 역할을 하게 되는 것이다.

2. 배경(공장배치의 문제가 있을 때 발생하는 증세)

- 불필요한 운반이나 이동이 존재한다.
- 창고와 작업현장이 복잡하다.
- 운반거리가 멀다.
- 운반코스트가 높다.
- 작업장소와 통로가 혼잡하다.
- 생산지연 시간이 길다.
- 작업능률이 저조하다.
- 생산공정의 균형이 이루어지지 못한다.

3. 목　표

- 생산공정의 흐름을 원활화
- 자재의 운반 및 취급 용이
- 배치의 융통성
- 재공품의 최소화와 자금 활용의 최대화
- 석비투자의 감소와 전체 소요 면적의 경제적 이용
- 노동력의 효과적 이동

4. 영향요인

- 제품
- 공정
- 생산량
- 작업장과 시설
- 설비용량
- 자재

5. 공장배치의 4단계

① 입지선정
② 개략적인 배치계획
③ 상세한 배치계획
④ 배치계획의 실시

6. 시설배치의 과정

시설배치의 과정을 체계적으로 제시한 사람은 머더(Richard Muther)이다.
그는 SLP(체계적 배치계획)에서 배치계획의 과정을 4단계로 나누어 제시하였다.

  (1) 입지계획: 시설이 배치될 지역의 위치를 정한다.

  (2) 기본배치: 배치될 지역의 전반적인 배치를 한다.

  (3) 상세배치: 설비가 배치될 지역에 설치할 시설 및 설비의 실제 위치를 정한다.

  (4) 설치: 상세배치도에 따라서 실물을 설치한다.

여기서 중요한 단계는 시설 배치안의 작성과정이 되는 (2)와 (3)의 단계로서

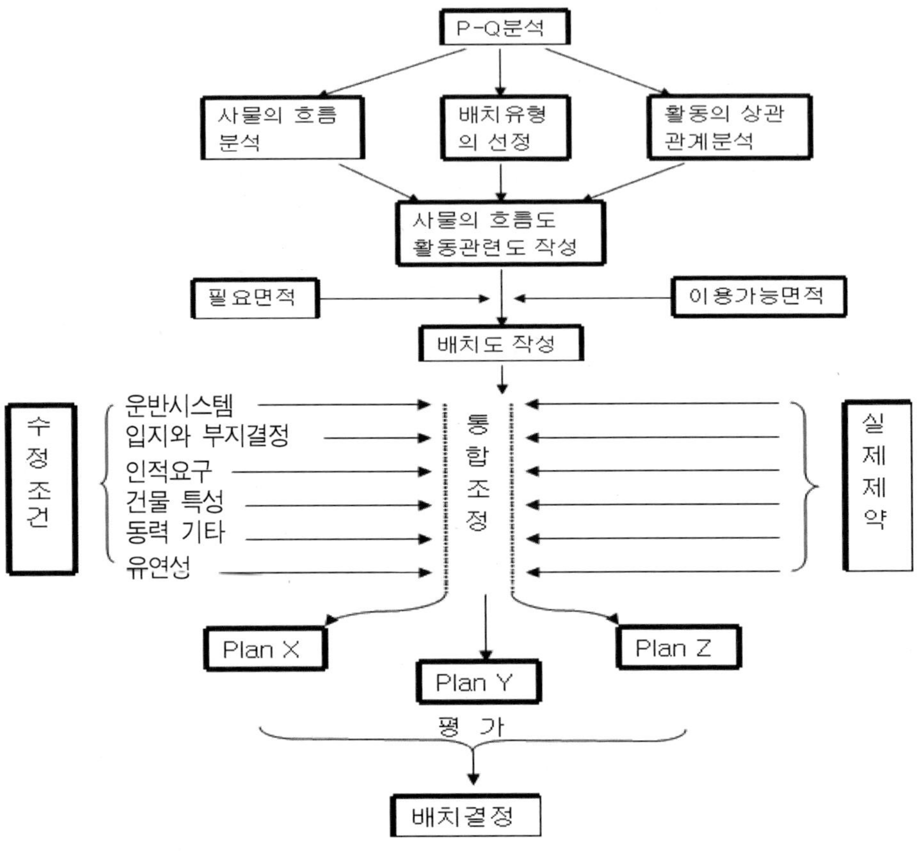

-SLP의 배치과정-

① 생산품목과 생산량으로 P-Q분석을 행하여 배치유형을 정한다.

② 원자재나 가공물의 흐름을 분석한다(양적 분석).

③ 활동의 상관관계를 분석한다(질적 분석).

④ 제품의 흐름도(마일 차트나 선후공정도) 내지 활동 관련도를 작성한다.

⑤ 필요면적과 이용가능면적을 고려하여 배치도(평면도)를 마련한다.

⑥ 수정조건과 실제상의 제약을 검토하여 배치도(평면도)를 마련한다.

⑦ 배치도를 작성한다.

1. 기본 유형

- 제품별 배치(라인배치)
- 공정별 배치(기능별 배치)
- 위치 고정형 배치(프로젝트 배치)

2. 제품별 배치

- 대량생산, 연속 생산시스템의 배치형태
- 특성의 제품을 생산하는 데 필요한 설비와 작업자를 제품의 생산과정순으로 배치
- 전용설비를 사용하므로 주문생산에 부적합
- 소기의 성과를 내기 위해서는

생산량
제품수요의 안정
제품의 표준화
부품의 호환성

◇ **제품별 배치** ◇

장 점	단 점
① 대량생산으로 단위당 생산코스트가 낮다 ② 운반거리가 짧고 가공물의 흐름이 빠르다 ③ 기계와 작업자의 이용률이 높다 ④ 재고와 재공품이 적어 저장면적이 작다 ⑤ 일정계획이 단순하며 관리가 용이다 ⑥ 작업이 단순하여 작업자의 훈련 및 감독이 용이하다	① 변화(수요변화·제품·생산방법의 변경 등)에 대한 유연성이 떨어진다 ② 전용설비의 투자와 배치에 돈이 많이 든다 ③ 기계고장·재료부족·작업자 결근 등은 전체공정에 영향을 미친다 ④ 적은 수량의 제조는 고정비 부담이 크다 ⑤ 작업이 단조로워 직무만족이 떨어진다

3. 공정별 배치

- 기계공장의 일반적 형태
- 범용 설비를 기능별로 배치

◇ **공정별 배치** ◇

장 점	단 점
① 변화(수요변화·제품 및 작업순서의 변경 등)에 대한 유연성이 크다 ② 범용설비의 투자와 배치에 돈이 적게 든다 ③ 기계고장·재료부족·작업자 결근 등에도 생산량 유지가 용이하다 ④ 소량 제조 시 제품별 배치보다 유리하다 ⑤ 다양한 작업으로 직무만족을 증진시킨다	① 대량 생산 시 제품별 배치보다 불리하다 ② 운반거리가 길고 운반능률이 떨어진다 ③ 물자의 흐름이 더뎌 재고나 재공품이 많아 이들의 투자액과 저장면적이 많이 소요된다 ④ 설비와 작업자의 이용률이 낮다 ⑤ 주문별로 절차계획, 일정계획 등이 다르므로 관리가 번잡하다

4. 위치 고정형

- 제품이 크고 복잡한 제품
- 선박·토목건축 등 공사구조물이 한곳에 고정되고 자재와 기계 설비를 현장에 옮겨서 가공

장 점	단 점
① 생산물 이동을 최소한으로 줄일 수 있다 ② 다양한 제품(작업)을 신속성 있게 제조할 수 있다 ③ 크고 복잡한 제품(구조물)생산에 적합하다	① 제조현장까지 자재와 기계설비를 옮기려면 많은 노력·시간·비용이 소요된다 ② 기계설비의 이용률이 낮다 ③ 고도의 숙련을 요하는 작업이 많다

○ 혼합형 배치

1. 셀형 배치(Celluar layouts)

- 공정별 배치의 유연성과 제품별 배치의 효율성을 혼합
- GT배치 또는 Group별 배치로 불리기도 한다
- 작업장과 기계를 유사한 생산흐름을 갖는 제품들로 그룹화하여 셀 단위로 배열하는 것
- GT의 개념에 입각하여 여러 기계를 셀이라 부르는 작업 센터를 그룹화하여 부품부류별로 가공하는 것
- 금속가공, 조립, 컴퓨터 칩 제조 및 조립작업에서 적용되며 다품종 소량생산에서 제품별 배치의 장점을 적용가능하게 한다.

장 점	단 점
① 흐름이 일정하고 이동거리가 짧아 운반시간/비용이 적다	① 재배치하는 데 추가비용이 소요된다
② 가공물의 흐름이 원활하여 재공품이 적다	② 가공물 흐름의 균형을 이루기가 쉽지 않다
③ 유사부품을 모아서 가공하므로 준비시간이 짧다	③ 부품에 따라 분류가 애매한 것들이 있다
④ 빨리 가공할 수 있어 납기가 단축된다	④ 다기능공의 양성과 관리가 힘들다
⑤ 반복작업으로 관리와 생산자동화가 용이	⑤ 시설 이용률이 떨어질 수 있다

2. U자형 배치

- 일본에서 작업단순화와 지속적 개선사상을 토대로 공정별 배치를 개선한 것
- 작업자가 융통성 있게 작업을 할 수 있다.
- 장점
  - 작업장이 밀집되어 있어 공간 소요가 적다.
  - 작업자의 이동이나 운반거리가 짧다.
  - 모여서 작업하므로 작업자들의 의사소통 증가
  - 이웃부서와 반대편 라인과도 연관을 가지므로 작업의 유연성 증가

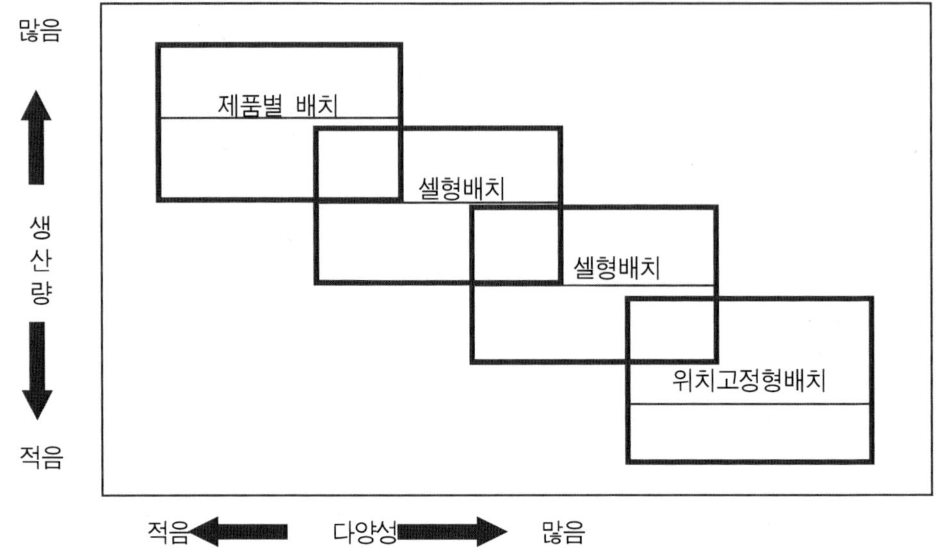

생산량과 다양성에 따른 배치유형

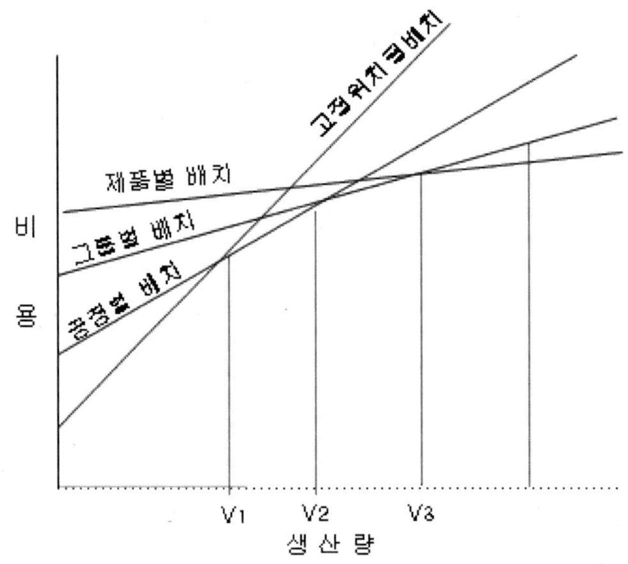

배치유형별 비용비교

1. 배치분석

  공정별 배치에서 공정이나 작업장의 최적배열을 가늠하는 결정변수는 운반코스트로서, 운반코스트가 최소가 되는 지점에 각 공정을 배열하는 것이 최적 배열의 한 방법

$$TC \ = \ \sum_{i}\sum_{j} Cij \ Nij \ Dij = 최소$$

TC: 전체 운반코스트
Cij: i에서 j까지 단위당 운반코스트
Nij: 일정기간 중 i에서 j까지 운반
　　량 or 운반횟수
Dij: i에서 j까지 운반거리

Cij Nij의 값은 일정기간 같다고
보고 상수로 간다
Dij는 배치안에 따라 달라지므로
Dij는 최소로 배역을 모색

2. 도시해법

  운반거리를 최소로 하는 공정배열 방법 중 가장 쉬운 것으로 From Chart(마일 차트)를 이용한다.

3. 절　차

(1) 운반횟수 총괄 표 작성: 인접거리는 1, 건너뛰면 2.
　　⇒ 필요 정보: 작업순서, 운반경로, 운반량(횟수)

(2) 마일 차트에 의한 배열

(3) 운반효율의 분석 검토

　　⇒ 운반효율＝운반거리 × 운반횟수

　　⇒ 운반거리가 1 이상 되는 부분(서로 인접되지 않은 부문)을 찾는다.

(4) 재배열

　　⇒ 서로 인접되어 있지 않은 부분 간의 거리를 좁히는 방안 강구

(5) 이상적인 배열안 제시

(6) 블록 다이어그램에 의한 공간 편성

　　⇒ 통로, 운반설비, 기계가 차지하는 면적, 작업장소 등을 고려하여 배열안을
　　평면도에 나타낸다.

4. FROM TO CHART(유입 유출표, Cross Chart)

－ 거리를 표시하면 'Travel Chart'
－ 여러 가지 작업과 기계 사이의 물량 이동을 명확히 나타냄으로써 복잡한 기능
　식 배치의 분석방법으로 적당

1. 입지결정의 영향력

① 가격 / 원가: 재료비, 노무비, 수송비, 세금, 토지가격: 소비지 거리에 따라 재고 감소가능
② 환경여건, 소비자와의 거리(변질성), 노동력의 품질
③ 확실성: 고객과의 거리에 따라 납기 및 신뢰성과 편이성 좌우
④ 유연성: 원자재 등 투입요소의 신속한 접근, 고객시장 근처에 있으면 고객요구에 대한 유연성
⑤ 시간: 운동거리

2. 입지 결정 과정

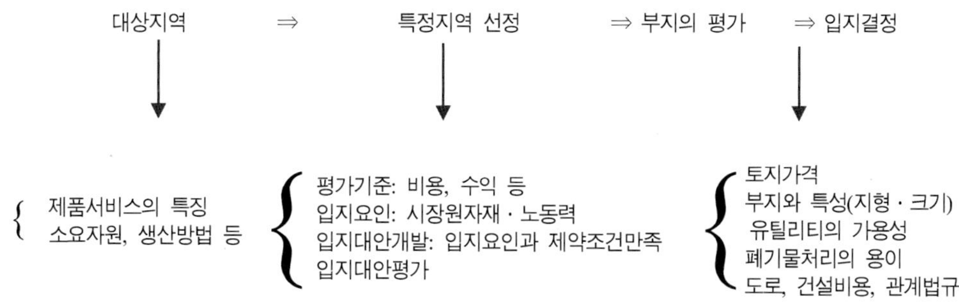

3. 입지요인

① 노동력과 노동환경: 노동력의 획득가능량, 노동력의 질, 임금수준
　　종업원의 가치관과 생활환경(교육, 주택, 생활비……) ⇒ 삶의 질

② 고객과의 접근성
　　- 원재료 수송비보다 제품수송비가 큰 제품(음료, 주류, 블록)
　　- 제조과정에서 부피나 중량이 증가하는 제품(가구, 음료)
　　- 변질되는 제품(빵, 생과자, 식료품)
　　- 파손되기 쉬운 제품(아이스크림, 병 음료, 유리제품, 가구류)
　　- 모양이나 유행이 자주 바뀌는 제품(패션의류, 의복, 장신구)

③ 원자재의 근접성: 채취산업, 천연자원이 존재하는 곳

④ 수송의 효율성: 수송거리, 수송요금, 수송수단

⑤ 공업용수의 양과 질

⑥ 기후조건

⑦ 토지가격: 전체 공장 건설비용의 10% 이하가 이상적
　　⇒ 도로, 동력, 상하수도 등 개발 조성비용, 토지조성비

4. 국내 산업의 입지환경

◇ 요소비용실태 국제비교 ◇

구 분	평균 차임금리	시간당 임금	공단분양가격	매출대비물류비	공장인허가 서류
국내공장	11.5%	$ 9.47	$ 148.94 / ㎡	8.8%	44.2개
해외 현지공장	7.6%	4.31	26.99	4.4	13.1
중국 현지공장	8.5%	0.61	35.21	4.7	9.6
동남아 현지공장	7.4%	0.84	22.03	3.3	25.6
선진국 현지공장	6.7%	15.37	18.49	4.1	7.2
기타 현지공장	6.7%	6.71	32.30	6.3	7.5

- 한국산업의 물류비 구성 -

수송비 72%				보관비 15%	포장비 2%	하역비 2%	일반관리 비 9%
자동차 46.8%	해운 21.6%	항공 2.3%	철도 1.3%				

국가공단　32개
지방공단 133개
농공단지 291개 } 499개 (1995)
도시공간　41개

◇ 아파트형 공장의 장·단점 ◇

대상	장점	단 점
입주자	기업활동의 연계성과 협동 공장부지 투자비용 절약 세제 및 금융 혜택 동업종·이업종과 정보 교류	독자시설 이용 불가능 소음·진동으로 환경 소란 노사분규 공동 몸살 인력 스카우트 행태 난무
시행자	토지개발 극대화 개발의 새로운 대안	영세기업의 부도 위험성(중도금 회수) 민감한 하자보수 처리

5. 입지결정의 평가 기준

- 공장입지의 평가기준은 '비용최소화 기준'이 일반적

⇒ 예상 투자 수익률＝예상수익 / 투자비용 × 100

- 총비용 비교법
  - 입지결정과 관련되는 추상적 비용과 기회비용을 모두 포함하지만 현실적으로 파악이 가능한 재료비·수송비·노무비 등 구체적 비용으로 결정
  - 비용이 최소가 되는 지역이라도 노동력의 공급이 부족하거나 원재료의 수송, 지역주민의 반발이 심하면 입지결정을 다시 고려한다.
- 손익분기도법
  - 입지비용을 고정비와 변동비로 구분하여 생산량의 변동에 따라 이를 비용의 변화를 나타내는 손익분기도를 이용하여 입지결정을 한다.
- 수송계획법
  - 복수공장의 입지결정
- 질적 요인의 분석
  - * 요인 평정법: 입지요인별 가중치가 부여된 요인 평정표에 요인별로 평점하여 산정한 요인별 점수의 합계가 가장 큰 대안을 선정

$$Si = \sum_{t=1}^{m} WiFij$$

$\begin{cases} Si = 지역\ j의\ 총점 \\ Wi = 입지요인\ 1의\ 가중치 \\ Fij = 지역\ j의\ 요인\ 1에\ 대한\ 평점 \\ n = 지역의\ 수 \\ m = 입지요인의\ 수 \end{cases}$

設例: **요인평정법에 의한 입지결정**

　대성유리㈜에서 신규공장을 세울 입지를 결정함에 있어 후보지역별로 요인평정표에 평가하였다. 이에 따르면 군산지역에 입지하는 것이 유리하다.

◇ **요인평정표** ◇

입지요인	가중치	군산지역		인천지역		양산지역	
		평점	점수	평점	점수	평점	점수
원자재 근접	.30	85	22.5	70	21.0	75	22.5
동력 및 에너지	.24	88	21.1	85	20.4	80	19.2
노동력	.20	83	16.6	70	14.0	75	15.0
시장 근접	.15	75	11.3	90	13.5	80	12.0
지역사회	.05	90	4.5	60	3.0	85	4.3
주거환경	.06	75	4.5	80	4.8	85	5.1
합　계	1.00		80.5		76.7		78.1

• 브라운 깁슨 모델: 양적 요인과 질적 요인을 함께 분석

　　필수적 기준
　　객관적 기준
　　주관적 기준

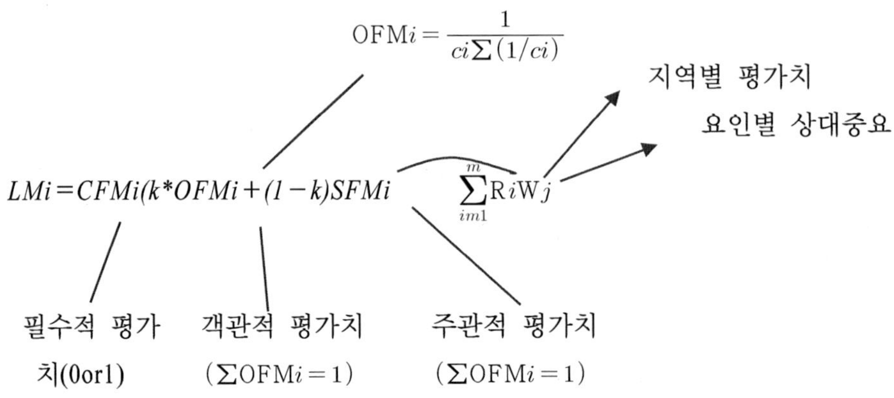

K: 객관적 요인의 결정계수$(0 \leq k \leq 1)$

設例: Brown - Gibson 모델에 의한 입지전정

서울 근교에 자리잡고 있는 삼익제지에서는 백상지의 수요가 늘어남에 따라 공장을 신설하고자 입지조사를 하였다. 후보지로 제시된 지방은 A지역(북한강 상류), B지역(낙동강 상류), C지역(금강 하류)으로 지역별 예상비용은 아래 표와 같다. 단, 객관적 요인은 주관적 요인의 4배가 되는 것으로 본다.

지역별	연간 비용(단위: 억 원)				Ci 비용합계	1 / Ci 비용의 역수
	노무비	수송비	세금	기타		
A지역	3.62	2.08	.25	4.00	9.95억 원	.100503
B지역	3.40	2.75	.30	4.00	10.45억 원	.095694
C지역	3.75	2.90	.40	4.00	11.05억 원	.090498
						.286695

(1) 위 자료로서 지역별 객관적 평가치(OFM)를 구한다.

A지역: $OFM_A = [(9.95)(.2867)]^{-1} = (2.8526)^{-1} = .35056$

B지역: $OFM_B = [(10.45)(.2867)]^{-1} = (2.9960)^{-1} = .33378$

C지역: $OFM_C = [(11.05)(.2867)]^{-1} = (3.1680)^{-1} = \dfrac{.31566}{1.00000}$

(2) 주관적 평가치를 산정하기에 앞서 입지요인의 상대중요도 지수 Wj를 구한다. 주관적 입지요인 중에서 종업원의 자녀교육·주택문제·지역사회의 문제들을 비교하여 본 결과 다음과 같이 판정되었다.

① 자녀의 교육문제와 주택문제는 모두 중요하다.

② 자녀의 교육문제와 지역사회 문제는 후자가 더 중요하다.

③ 주택문제와 지역사회 문제도 후자가 보다 중요하다.

요인별로 상대비교를 하여 상대중요도 지수(Wj)를 산정한 것이 아래 표이다.

(3) (주관적) 입지요인별로 A·B·C지역을 상대비교한 결과 각 지역의 평가지수 Rij는 다음과 같다.

◇ 입지요인별 상대비교 ◇

임지요인 j	상대비교				상대중요도
	(1)	(2)	(3)	계	wj
자녀교육	1	0		1	1 / 4 = .25
주 택	1		0	1	1 / 4 = .25
지역사회		1	1	2	2 / 4 = .50
계				4	1.00

◇ **지역별 주관적 평가치** ◇

입지요인 (j)지역별(1)	자녀교육		주　택		지역사회	
	상대비교 (1)(2)(3)	지역평가 지수(Rij)	상대비교 (1)(2)(3)	지역평가 지수(Rij)	상대비교 (1)(2)(3)	지역평가 지수(Rij)
A	1　1	2 / 4 = .50	0　　1	1 / 4 = .25	0　0	0 / 3 = 0
B	0　　1	1 / 4 = .25	0　　　1	2 / 4 = .50	1　　0	1 / 3 = .33
C	0　1	1 / 4 = .25	1　0	1 / 4 = .25	1　1	2 / 3 = .67

(4) 앞서 (2)(3)에서 구한 자료들로부터 지역별 주관적 평가치(SFMi)를 산정한다.

A지역: $SFM_A = (.50)(.25) + (.25)(.25) + (0)(.50) = .1875$

B지역: $SFM_B = (.25)(.25) + (.50)(.25) + (.33)(.50) = .3525$

C지역: $SFM_C = (.25)(.25) + (.50)(.25) + (.67)(.50) = \dfrac{.4600}{1.0000}$

(5) 각 지역의 입지선정 척도 LMi를 선정한다.

앞서 객관적 요인은 주관적 요인의 4배, 즉 전자가 0.8, 후자가 0.2이므로 이 경우 결정계수 K＝0.8이 된다. (1)과(4)에서 구해진 자료들을 ①식에 대입하면 각 지역의 LMi는 다음과 같다.

A지역: $LM_A = (.8)(.35056) + (.2)(.1875) = .3179$

B지역: $LM_B = (.8)(.33378) + (.2)(.3525) = .3375$

C지역: $LM_C = (.8)(.32566) + (.2)(.4500) = .3446$

C지역의 입지선정척도인 LMc 값이 가장 크므로 이를 선정한다.

6. 해외공장

- 해외 생산의 이유
  ① 비용우위
  ② 규모의 경제
  ③ 현지시장의 접근
  ④ 다양화와 위험분산
  ⑤ 정보 및 기술교류
- 특정국가의 요인
  ① 시장규모
  ② 투자환경
  ③ 기술수준
  ④ 경쟁국과의 거리
- 특정제품의 요인
  ① 수송코스트
  ② 경제적 생산규모
  ③ 필수품인가 고급품인가

※ 현지화의 문제

인도네시아의 라이신 공장

1989년 설립, 3년간 적자(7천만 달러 투자)

1993년 현지화 정책

　회교사원

　권한위엄 ⇒ 20% 한국연수

　주머니 손

현지정부의 정책

현지소비자의 선호

종업원 가동 및 문화적 측면

현지자원

15   S L P(Systematic Layout Planning)

1. 의 의

시설 및 설비배치문제는 운반거리나 코스트 같은 양적요인보다는 부문 간 위치와 같은 질적 요인이 중요시되는 경우가 있다. 가령 부문 간 의사소통이나 접근의 용이성을 강조하여 시설을 배치할 필요가 있을 때 양적요인보다는 질적 요인의 배치가 효과적이다.

이런 상황에서 각 부문활동의 상관관계를 고려하여 체계적으로 배치하는 방식이 SLP이다. SLP는 'Richard Muther'에 의해 제시된 탐색적 접근방식으로 전개되는 체계적 배치 계획이다.

2. 전개절차

(1) 물자의 흐름과 생산활동의 상호관계를 검토하여 부문 간 활동관련도를 작성한다.

(2) 필요면적과 이용가능 면적을 검토하여 면적관련도를 작성한다.

(3) 제약조건과 시설 및 설비의 면적을 고려한 최종 배치안을 작성한다.

3. 활동관련도(Activity relationship chart)

- 두 부문이 근접해야 될 필요성, (상대적 근접도)와 근접이유, 즉 강도가 기호로
  표시(활동관련표)
- 활동관련표가 작성되면 활동관련도를 작성

◇ 활동관련표에 표시되는 근접도와 강도 ◇

기 호	근접의 필요정도	도시방법		기 호	근접이유
A	절대 필요		적색	1	작업의 유형
E	특히 중요		황색	2	감독의 용이
I	중 요		녹색	3	공통기술의 사용
O	보 통		청색	4	공통설비의 사용
U	중요하지 않음		무색	5	접촉의 용이
X	바람직하지 않음		갈색	6	의사소통 용이

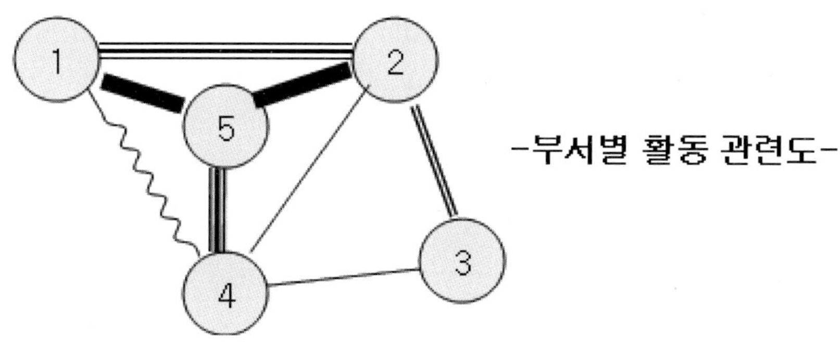

◇ 부서별 활동관련표 ◇

부(까지) 문 (부터)별	② 진찰실	③ X – Ray 검사실	④ 수술실	⑤ 간호원실	소요면적
접수실 ①	E / 1.5	U / 6	X /	A / 5,6	100 ㎡
진찰실 ②		I / 3,5,6	O / 3,5	A / 2,5,6	300
X – Ray 검사실 ③			O / 6	O / 5,6	100
수술실 ④				E / 3,5	200
간호원실 ⑤					100

<참고>

근접이유 — 1.5 / E

근접의
필요정도

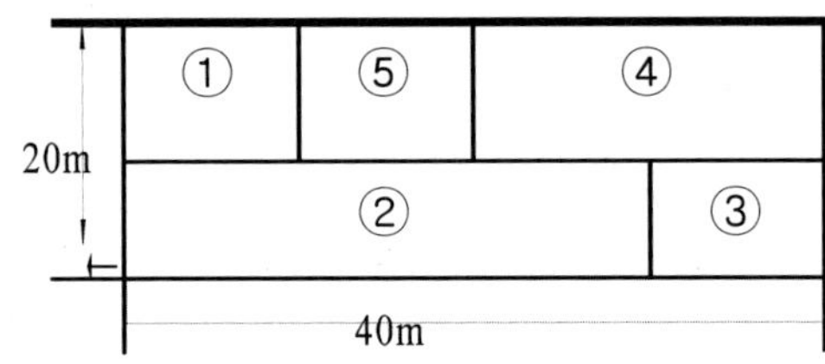

문제풀이

문제 1) SLP(Systematic Layout Planning)의 기법을 설명하고 전개절차 및 제조
공장 사무실의 예를 들어 배치도를 작성하시오.
단, 사무실의 면적은 40m × 20m이다.

답) Ⅰ. 정 의
 − 설비의 배치문제에 있어서 資材의 운반거리나 운반코스트보다는 다른 質的
要素들이 결정을 하게 된 경우, 즉 각 공정 간 의사소통이나 접근의 용이성
을 강조하여 시설을 비치할 必要가 있을 때 활동의 상관관계를 고려하여
체계적으로 배치하는 방식을 말한다.

 Ⅱ. 적용범위
 − 조립 및 가공공장의 설비배치 수송시설, 사무실 활동, 병원 및 서비스업 등
에서 주로 使用

 Ⅲ. 전개절차
 1) 資材의 흐름과 생산활동의 상호관계를 검토하여 공정간 활동 관련도 작성
 2) 필요면적과 이용 可能 面積을 검토하여 면적관련도를 작성
 3) <u>제약조건과 시설 및 설비의 공간을 고려한</u> 최종 배치안 제시
　　　↳ 어떻게 고려하는가? ⇒ 구체화

 Ⅳ. 평가分析
 1) 활동관계를 평가표현

A: 절대 필요

E: 특히 중요

I : 중 요

O: 보 통

U: 중요치 않음

X: 바람직하지 않음

2) 위치 결정 요인들을 찾아서 기록

 -작업의 유형, 감독이 용이, 자재 운반비부담, 업무상 빈번한 접촉, 공통
  기술의 사용, 의사소통 용이, 시설공동사용 등

3) 활동관련표 정리

기 호	근접의 필요성	圖示 방법		번 호	근접이유
A	절대 필요	☰	정색	1	작업의 유형
E	특히 중요	☰	황색	2	관리감독
I	중요	━	녹색	3	유사·공통기술 사용
O	보통	—	청색	4	공통설비·자료의 사용
U	중요치 않음		무색	5	접촉이 용이
X	바람직하지 않음	∿	갈색	6	의사소통이 용이

V. 배 치

 1) 부서별로 상대적 근접도 근접이유를 검토하여 작성한 활용관련도를 당사
  공장 사무실을 중심으로 작성 예시함

부문별	피막팀②	설비팀③	품질보증팀④	출하팀⑤	소요면적
압축팀	E / 1.5	U / 6	X	A / 5.6	100m²
피막팀		1 / 3.5.6	0 / 3.5	A / 2.5.6	300m²
설비팀③			0 / 6	0 / 5.6	100m²
품질보증팀④				E / 3.5	200m²
출하팀⑤					100m²

2) 건물의 면적과 소요면적을 고려한 배치안

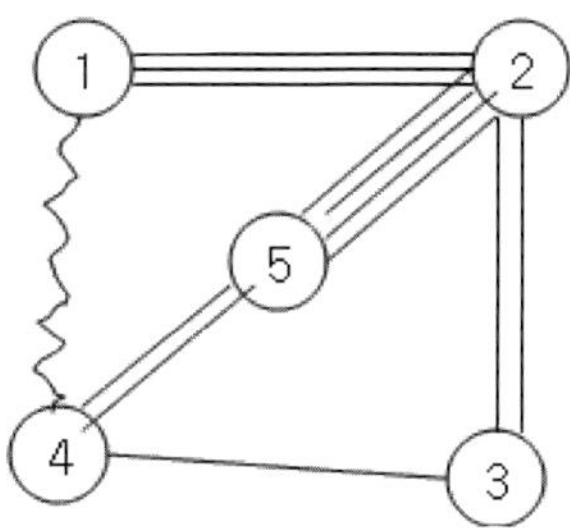

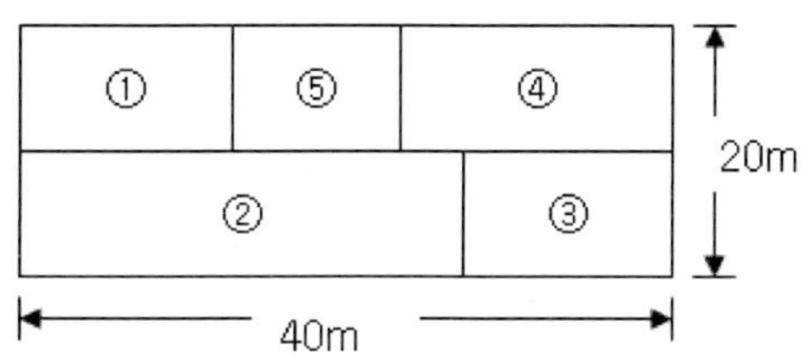

16 제품별 배치의 분석

1. 의 의

제품별 배치는 공정별 배치에 대해 흐름이 일정하다.

따라서 각 공정 간의 생산능력과 흐름이 균형을 이루지 못하면 공정품의 정체와 공정의 유휴가 발생 ⇒ 제품별 배치의 핵심은 전체 생산라인의 능력을 균형 있게 배열하는 라인 밸런싱의 문제

2. 라인 밸런싱의 절차

가. 예비단계

① 생산에 수반되는 작업 요소들을 파악한다.
② 각 작업의 소요시간을 파악한다.
③ 각 작업의 실행요소를 파악하여 선후 공정도를 작성한다.

나. 해 법

① 탐색법 ⇒ 가장 흔히 사용하며, 반드시 최적해는 아니지만 만족할 만한 실행가능해

② 시뮬레이션
③ 선형계획법
④ 동적 계획법

※ 탐색법의 배정규칙
① 후속작업의 수가 많은 것을 우선 배정
② 작업시간이 큰 것을 먼저 배정
③ 선행 작업의 수가 적은 것은 우선 배정
④ 후속작업시간의 합이 큰 것을 우선 배전

다. 가공·조립라인의 발란싱 과정

① 선후 공정도를 이용하여 작업 간 순차적 관계를 밝힌다.
② 목표 사이클 타임을 결정한다. (Ct = 1일 가용생산시간(T) / 1일 목표생산량(Qt))
③ 목표 사이클 타임을 충족시키는 최소 작업장 수(nt)를 결정한다.
   (nt = 과업시간의 합계 / Ct)
④ 과업을 작업장에 할당할 배정규칙을 정한다.
⑤ 과업을 작업자에게 할당한다.
⑥ 라인의 밸런싱 능률을 평가한다.

라. 조립공정의 라인 밸런싱

－ 두 가지 방법론
  ① 일정의 사이클 타임에 대해 작업장 수를 최소로 강구 ⇒ 설비배치의 문제
  ② 일정 수의 작업장에 대해 사이클 타임을 최소로 강구 ⇒ 일정계획상의 문제

設例: **탐색법에 의한 라인 밸런싱 분석**

A에서 F까지 6개의 작업장이 있는 전자제품 조립공정의 작업순서와 작업별 소요시간은 아래 그림의 선후공정도와 같다.

이 조립공정에서는 오전, 오후 각각 20분간의 휴식시간을 취하면서 1일(8시간)에 367단위의 제품을 조립할 계획이다. 조립공정의 능률이 높도록 작업장을 배치하려 한다.

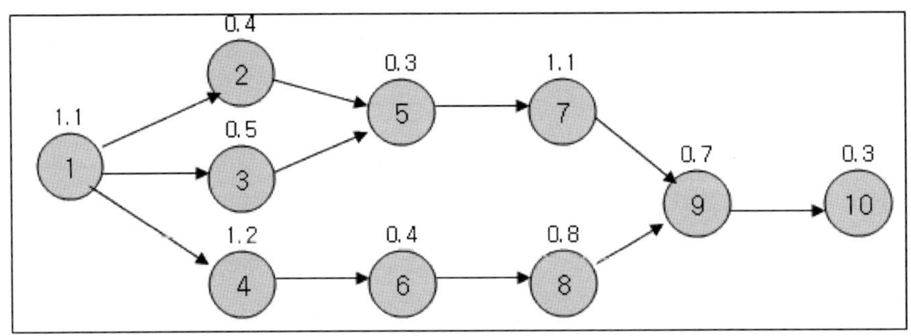

선후공정도

(1) 조립공정의 선후관계와 작업시간이 선후공정도(위 그림)에서 제시되었으므로, 제품 단위당 목표 사이클 타임을 ⑤식으로 구한다.

1일 가용시간(T) = 480 − 40 = 440분

1일 목표생산량(Q_1) = 367단위 / 일

$$단위당목표사이클타임(Ct) = \frac{1일\ 가용생산시간(T)}{1일\ 목표생산량(Q_1)} = \frac{440}{367} = 1.2분$$

(2) 목표 사이클타임 1.2분을 충족시키는 최소의 작업장 수를 ⑥식으로 구한다.

$$\text{작업장 수}(nt) = \cfrac{\text{과업시간의 합계}\left(\sum_{i=1}^{k} t_1\right)}{\text{목표사이클타임}(C_t)} = \frac{6.8}{1.2} = 5.7 \fallingdotseq 6$$

(3) 6개 작업장에 각각 사이클 타임 1.2분이 되도록 작업들을 배정한다(아래 그림 참조)(배정규칙은 '규칙 1'에 따르되 후속작업수가 같을 때에는 '규칙 2'에 따르기로 한다).

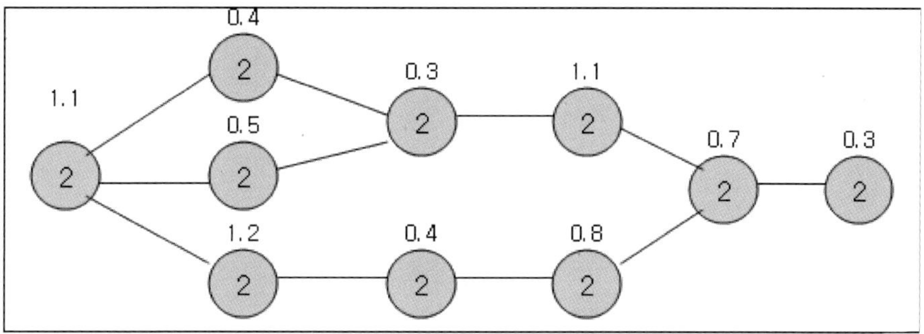

작업별 작업장 배치안

(4) 조립공정의 밸런싱 능률(E)을 ① 식으로 산정하여 개선의 여지를 검토한다.

$$\text{능률}(E) = \cfrac{\left(\sum_{i=1}^{k} t_i\right)}{nt} = \frac{6.8}{(6)(1.2)} = 94.4\%$$

컴퓨터에 의한 배치분류

1. 의 의

도시해법이나 활동관련 도표는 작업장이나 공정이 적을 때 사용하는 것으로, 공정 수가 많을 때는 바람직한 해를 구하기 어렵다.
이런 경우에는 컴퓨터를 이용하게 된다.

2. 구 분

- 개선방식: CRAFT(Computerized Relative Avocation of Facility Technique)
  ⇒ 양적 요인 분석 ⇒ 기존의 배치안을 토대로 개선안을 추구하는 방식
- 구성방식
  - CORELAP(Computer Layout Planning)
  - ALDEP(Automated Layout Design Program)
  - RMA COMP Ⅰ(Richard Muther and Associates Computer Ⅰ)

질적 요인 분석

3. 종 류

1) CRAFT

물자의 흐름을 중심으로 하여 전체 운반코스트가 최소로 되는 배치안을 선정하는 양적요인 중심의 컴퓨터 프로그램이다. 당초(1963) E. S. Buffa와 G. C. Armour에 의해 개발된 것으로 40개 부문까지 처리할 수 있는 기존의 배치를 개선할 경우에 유용한 배치 방식이다.

이 프로그램에는 다음 세 가지의 데이터가 주어져야 한다.

① 최초의 배치안(initial layout configuration)

② 부문(작업장) 간 운반횟수(local matrix)

③ 운반코스트(material handing cost matrix)

• 제약

- 운반코스트가 운반거리의 1차함수로 제시(운반코스트가 거리에 비례하지 않을 경우 문제가 됨)

- 물자의 흐름이 양부문의 중심에서 이루어진다고 가정

- 최적해(최소의 운반코스트)가 제시되지 못함

2) CORELAP

• 1967년 R. S. Lee와 S. M. Moore에 의해 개발

• 부문 간 활동관련표(SLP), 작업장의 수, 건물 및 각 부문의 면적 등에 대한 제약치를 입력사도로 하는 질적 요인 배치

• 근접의 필요정도를 수치로 바꾸어 각 부문의 종합 근접도(TCR)를 산출하여, TCR이 큰 부서를 중심으로 배치

3) ALDEP

- 1967년 IBM에서 개발
- 활동관련표, 부서의 위치, 건물의 크기, 층수 등 제약조건을 입력자료로 하는 질적 요인 배치 방식
- 임의로 한 부문을 선정하여 배치한 후, 나머지 부분을 근접도의 크기에 따라 배치하면서 선정과정을 반복
- 최적해가 아닌 근사해를 제시

※ 제약점: 질적 요인을 수치로 나타냄

<table><tr><td>**18**</td><td></td></tr></table>

물류관리(Logistics)

1. 정 의

모든 경제재에 대한 공급과 수요의 공간적, 시간적 불일치를 극복하면서 공급자와 수요자를 연결하는 이동과 보관에 관련된 제반 활동.

2. 목 적

1) 최소의 비용으로 고객에 대한 서비스를 최대로 하는 것.
   즉 적절한 품질과 수량의 물품을 적절한 시기와 장소에 최소의 비용으로 공급하는 것.
2) 고객요구에 경제적으로 부응하도록 수송과 보관뿐만 아니라 이에 수반되는 하역, 포장, 정보처리 등 물류 활동을 총괄적으로 계획하고 통제하는 것.

3. 물류시스템 합리화를 위한 다섯 가지 전략적 지침

1) 유물 중심적 추진 기반을 가져야 함
2) 시나리오를 갖고 추진 - 업무 매뉴얼
3) 장기적 경영 목표와 부합시켜 가면서 전사적으로 물류시스템을 추진

4) 정직한 상황을 기반으로 현장 위주로 추진

5) 추진결과 지표를 중심으로 추진

4. 물류시스템과 정보시스템의 연관성

1) VAN과 ISDN 등의 Network System

2) MRP & MIS 기업정보시스템

3) SCM의 기업 간 정보시스템

4) POS / POP 상황인식시스템

5) Article Number라는 물자인식도구

5. 기업활동에서의 물류목표

1) 정성적 외부목표

① 적절한 품질-VOC

② 적절한 수량-고객의 사용속도에 맞는 공급

③ 적절한 시기-사용하려는 시기

④ 적절한 장소

⑤ 좋은 이미지-물류담당자에게 고객의 불만 속에 신속하게 대처할 수 있는 권한부여

⑥ 적절한 가격

2) 정량적 내부목표

① 매출액 대비 물류비용 비율   (96년 7.2%)
② 재고자산 회전율   (96년 8.5%)
③ 주문인도 리드타임 / 제조 리드타임 / 출하 리드타임

주문 / 접수 / 계획 / 지시 / 준비 / 생산 / 포장 / 보관 / 출하 / 수송 / 하역 / 인도

주문리드타임   생산리드타임   출하리드타임

④ 재고금액 / 입·출하 운영률 / 재고대비 출하비율
⑤ 출하단계분석 / 공정단계분석
⑥ 보관용량 효율

보관용량 효율＝(실제보관용량 / 전체 보관가능 용량) × 100

⑦ 차량적 효율 / 팔레트 적재 효율 / 공차율

차량적재 효율＝(실제 적재량 / 차량 적재가능 공간) × 100

⑧ 창고평당 출하금액

창고평당 출하금액(연)＝연간 매출액 / 창고 보관 면적

⑨ 고객만족도 평가결과

19

운반시스템

1. 운반의 정의

운반(Material Handling)이란 물품을 들어올리고(Picking up), 내리고(Pulling Down), 이동(Moving)하는 것을 말한다.

2. 운반시스템의 문제

공장에 물자의 흐름이 원활하지 못하면 공장의 지연이나 작업지연으로 생산능률이 저하된다. 물자의 흐름을 좌우하는 것을 운반시스템으로 운반시스템의 문제가 생산시스템에서 중요한 것은 제조원가 중 운반코스트의 비중이 높다는 점이다. (매출액의 15% 상회)운반시스템의 효율향상과 운반코스트 절감을 위해서는

    ① 가급적 운반을 적게 하도록 시설 및 설비배치를 하며
    ② 경제적인 운반을 행할 수 있는 운반시스템을 선정하고
    ③ 운반효율이 높도록 운반설비를 운용하는 것

3. 운반시스템의 설계단계

① 외부 수송시설과의 연결
② 개략적인 자재취급 계획의 설계
③ 상세계획의 설계
④ 자재운반, 취급장치의 설치

화물상태의 예	활성지수	분석기호	화물상태의 예	활성지수	분석기호
땅(마루)바닥	0		차량	3	
용기 (Container)	1		컨베이어 (Conveyor)	4	
팰릿(Pallet)	2		파이프라인 (Pipeline)	5	

4. 운반개선의 원칙

가. 물품의 활성관계에 관한 원칙

※ 활성(Liveliness)이란 운반물품의 취급하기 쉬운 정도, 운반 중의 화물을 산 상태로 두는 것

(1) 활성화물의 원칙(Live load principle)
 - 화물을 운반하기 쉽게 산 상태로 두는 것, 즉 화물의 활성지수(Index of liveliness)를 높이는 것
 ▷ 일단 들어 올린 물건은 가급적 밑바닥에 내려놓지 말라는 것

(2) 단위화물의 원칙(Unit load principle)
 - 운반단위나 중량이 클수록, 단위당 운반코스트가 감소되며, 운반시간도 단축 (Unit load system, 컨테이너)

(3) 재취급의 원칙(Rehandling principle)
 - 재운반을 하지 말라는 것

(4) 팰릿차 방식(Palletization system)
 - 팰릿차로 운반함으로서 활성지수를 높임

(5) 트레일러 열차 방식

나. 자동차 관계에 관한 원칙: 인간 이외의 다른 힘을 운반에 사용하는 것

(1) 중력화의 원칙(gravity Principle)
 - 중력을 이용하여 동력이나 인력을 절감
 - 경사진 홀이나 슈트를 이용
(2) 기계화의 원칙(Mechanization Principle)
 - 인력운반을 기계화하여 효율증대
(3) 자동화의 원칙(Automation Principle)
 - 기계화원칙을 보다 발전
 - FMS, AGU(무인 반송차), 로봇, 트랜스퍼 머신 등

다. 대기관계에 관한 원칙: 사람, 기계의 대기와 헛운전을 피하는 것

(1) 팀워크의 원칙(Team Work Principle)
 - 구성원의 협동으로 시너지 효과
(2) 시계추 방식(Pendulum system)
 - 트레일러 방식에서 발전하여 동력차 1대로 트레일러 3조를 움직이는 방식
 - A조 이동 시, B차는 상차, C조는 하차하여 동력차가 쉬지 않고 운행
(3) 정시운반 방식(Diagram handling system)
 - 헛운반을 안 하도록 운행시간표를 정해 놓고 운반
(4) 가동률의 향상(Machine in Motion)
 - 운반설비의 가동률을 높이는 것

라. 운반경로에 관한 원칙

(1) 배치의 원칙(Layout Principle)
 - 배치의 적정화 의한 운반거리단축 및 운반의 간소화

(2) 흐름 또는 직선화의 원칙(Flow or straight line principle)

　 － 운반경로는 역행, 굴곡, 교차를 피하여 직선적인 흐름

마. 기　타

(1) 스피드화의 원칙
(2) 안전의 원칙
(3) 자중경감의 원칙(Dead weight principle)
(4) 보전의 원칙(Repair principle)

5. 운반설비의 종류

구분 장치별 분류: 컨베이어, 기중기, 크레인 등
운행방식별 분류: 고정 통로용 운반설비, 자유 통로용 운반설비 고정 통로용 운반설비

－중량이 무거운 물품이나 많은 물품을 일정한 통로로 계속 운반할 때 사용
－고정된 통로를 떠날 수 없으며, 설비의 이용 면에서 유연성이 적다.
－컨베이어, 궤도차, 승강기, 기중기, 호이스트, 파이프 라인자유 통로용 운반설비
－운행 통로 면에서 융통성이 많은 설비
－물자의 흐름이 일정치 않은 다품종 소량 생산에 많이 이용
－수동하차, 트럭, 핸드리프트 트럭, 포크리프트 트럭, 트랙터, 트레일러, 고정통로
　용차 자유 통로용 겸비 운반수단
－AGV(무인 반송차, Automatic guided vehicle)

6. 운반설비의 선정

　운반경로: 물자의 흐름이 고정적인 연속생산은 고정 통로용 설비, 물자의 흐름이 가변적이고 복잡할 때는 자유 통로용 설비가 유리하다.

　운반물의 종류 및 상태: 운반물의 중량, 크기, 형태, 파손성에 따라 설비를 달리 선정한다.

ex) 분말이나 유체 상태의 물자를 다량 운반 시 Pipe line 이용

　　덩어리 상태의 석탄, 알맹이 상태의 모래를 대량 운반 시 컨베이어 이용

　　건물의 물리적 특성: 건물의 층수, 바닥의 하중능력, 천정의 높이, 면적, 출입구, 통로 등에 따라 제약

ex) 포크리프트, 트럭은 통로가 넓고 바닥의 내하중이 큰 단층에 유리

　　천정크레인은 천정이 높고 면적이 커야 한다.

　　운반수량: 운반물의 중량과 운반 부하량에 따라 설비선정

　　경 제 성: 설비가격 및 운반코스트, 유지비를 고려하여 경제적인 것으로 결정

20

공장 자동화(FA)의 추진

1. 공장 자동화를 도입 시 다음의 요소를 고려하여야 한다.

- 수익성: 투자가 만족스러운 수익을 제공할 것인지를 확인하는 과정으로 보이지 않는 수익성(Intangible benefit)의 고려가 어려운 문제이다.
- 기술성: 규정된 대로 수행하는 데 기술적으로 문제점은 없는지 확인한다.
- 수용성: 종업원이 기술 도입에 따른 조직 및 직무변화를 받아들이고 필요한 기술을 보유하고 있거나 개발할 수 있는지를 검토한다.

2. 공장 자동화 도입 시 전개 단계

- 제1단계

  Standalone으로 AC Machine이 구성의 중심이 된다.

- 제2단계

  Island of Automation(자동화의 섬)으로 공장의 전역에 자동화가 군데군데 진행된다.

- 제3단계

  Linked Island(연결된 섬)으로 2단계의 수준을 넘어 부분적 자동화가 연결되는 단계이다. MRPⅡ가 그 예이다.

- 제4단계

Full Integration으로 공장의 전역이 자동화되어 모든 부문이 통합된다.
CIMS가 구축된 상태이다.

3. 공장자동화의 효과

- 공장 자동화의 이점
· 노동력 감축에 따른 직접 노무비 절감
· 품질 수준의 균일과 향상
· 기계시설 면적의 감소
· 설비의 안정성, 작업의 안정성 증대
· 가공 준비시간의 단축, 가동률 향상
· 재공품 재고의 감소
· 생산 및 조달기간의 단축

- 공장 자동화의 단점
· 대규모의 자본투자가 필요
· 제품시장이 커야 한다.
· 기계고장에 따른 손실
  (품질불량 및 기계 수리비용)이 크다.
· 끊임없는 종업원의 교육훈련 및 전문가의
  양성이 전제되어야 한다.
· 과대한 투자비용으로 손익분기점이 높다.

<table><tr><td>21</td><td>

일정계획

</td></tr></table>

1. 정 의

일정계획은 생산계획, 제조명령을 시간적으로 구체화하는 과정이다.

부분품 가공이나 제품조립에 필요한 자재가 적기에 조달되고, 생산이 지정된 시간까지 완료될 수 있도록, 기계 및 작업을 시간적으로 배정하고, 작업의 개시와 완료 일시를 결정하여 구체적인 생산일정을 계획한다.

2. 구 분

① 대일정계획: 주 일정계획, 수주에서 출하까지의 일정계획으로 제품별 생산착수 시기와 완성 기일을 정한다.
② 중일정계획: 작업공정별 일정계획, 대일정계획의 납기를 토대로 각 공정의 개시일과 완성일을 예정한다.

3. 기준일정과 생산일정

기준일정: 각 작업의 표준일정, (생산기간에 대한 기준일정)을 결정하는 것
기준일정에는 정체시간이 여유기간에 포함된다.

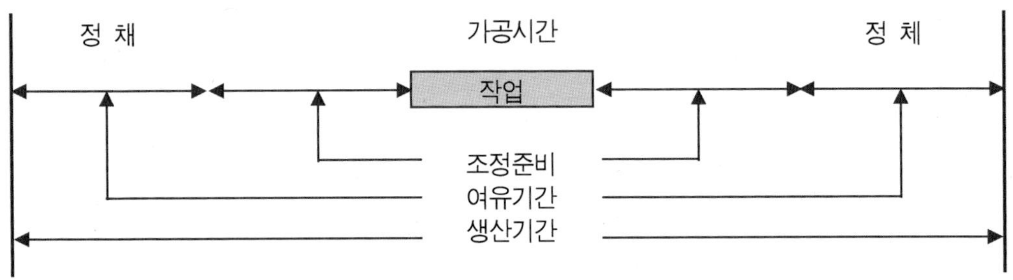

생산기간의 구성

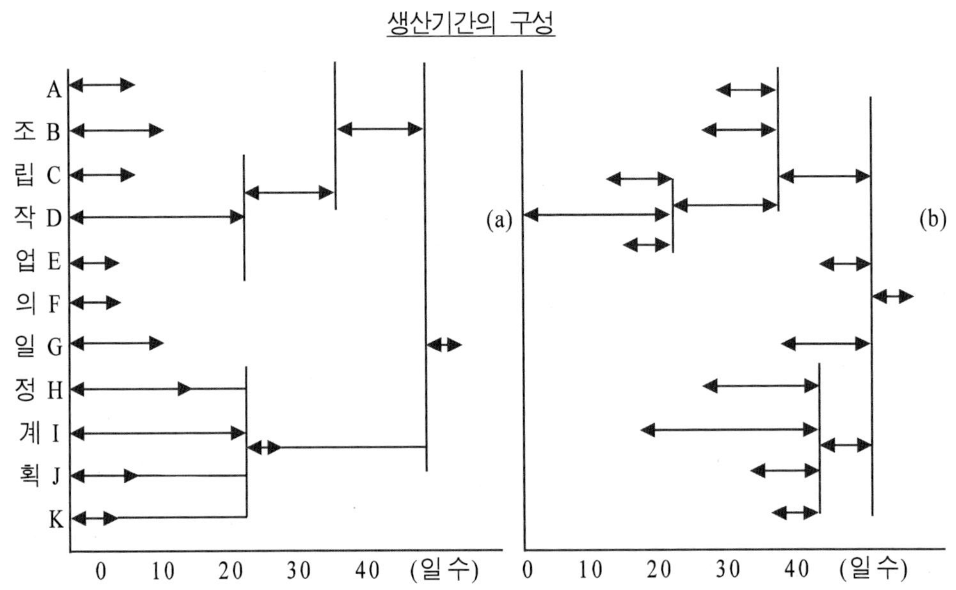

152

생산일정(일정표의 작성): 기준일정은 특정작업에 필요한 시간만을 나타내므로, 기준일정과 생산능력을 고려하여 상세한 생산일정표가 작성되어야 한다. 즉 주어진 제품생산에 대하여 작업의 개시일과 완성일 등 현장작업에 관련된 일정을 확실하게 결정지어야 한다.

※ 생산일정 결정 시 작업의 완급순서와 기계의 부하량을 감안해서 작업시기를 결정해야 하는데(그림 a) 그렇지 않으면(그림 b) 전체 소요일수는 같더라도 인원 및 부분품의 정체일수가 늘어난다. (완료일을 기준으로 역산)

4. 일정계획의 평가기준

일정계획이 최적 스케줄이 되기 위해서는 아래의 평가기준에 의해 합리적인 결정이 되어야 한다.

1) 고객의 서비스 개선을 위한 평가기준
- 평균처리시간(APT: average processing time)
- 주문의 평균대기시간(AWT: average waiting time of jobs)
- 지연작업의 비율(%L: percentage of late jobs)

2) 자원활용의 효율화를 위한 평가기준
- 노동력 이용률(LU: labon utilization)
- 기계설비 이용률(MU: machine utilization)
- 공정품의 재고유지비(IP: inventory in process cost)

1. 생산계획의 개요

가. 장기, 중기, 단기 생산계획

장기계획(1년 이상): 의사결정의 효과가 장기간 지속되는 장기적 결정사항
ex) 생산전략, 제품설계, 공정설계 등

중기계획(1월~1년): 장기계획과 단기계획을 잇는 허리, 생산계획의 핵심
ex) 생산수량계획, 총괄생산계획.

단기계획(1개월 이내): 단기적 결정사항
ex) 일정계획, 자재소요계획, 능력소요계획

◇ 생산계획의 내용 ◇

계획기간	투　입	산　출	관리가능한 변수
수　년	경제 및 인구추세의 예측 정치·사회적 변화의 예측 생산 및 판매코스트에 대한 예측 기술혁신에 대한 예측	공장입지 및 생산설비에 관한 장기계획 (long-range plan)	공장·설비·기술 및 마케팅 자원의 배분, 공장 및 창고의 규모와 생산능력 및 입지의 결정 보완적 제품개발
1개월~1년	판매량과 판매시기의 예측 관련 비용의 예측 공급(원자재)에 대한 예측 잔업에 대한 방침 및 제약 고용과 해고에 대한 방침 및 제약 재고에 대한 방침 및 제약 생산능력에 대한 방침 및 제약 장기계획에 대한 방침 및 제약	자원이용에 대한 생산수량계획 (aggregate plans and schedules)	작업자 수(고용수준) 생산율(조업도) 재고수준 하청 주는 양
1일~1개월	수요와 관련된 실제 매출액 추이생산수량계획	작업자와 기계의 배정에 대한 일정계획(detailed schedule)	생산율, 작업자와 기계의 배정에 대한 변경, 작업자 수

나. 생산수량계획(총괄생산계획)

정의: 수요예측 및 주문을 토대로 하여 생산하려는 제품의 품종과 수량, 일정을
　　　중심으로 편성되는 생산계획으로 1월~1년의 생산수량을 예측한다.

내용 및 특징
－생산자원의 시간적 배분: 수요량과 생산수량의 시간적 변화에 관한 차이를 생
　산 계획에 기술적으로 편성시켜 생산활동의 안정화를 도모함
－생산자원의 효율적 배분과 비용의 최소화
－개별제품의 수요를 제품 그룹으로 묶은 총괄수요로 계획수립(공통척도 사용)
－생산율·재고수준·고용수준·하청 등 관리가능 변수를 최적으로 결합하는 활동
－장기계획의 제약을 받으며 자재소요계획·일정계획 등 단기계획에 제약을 준다.

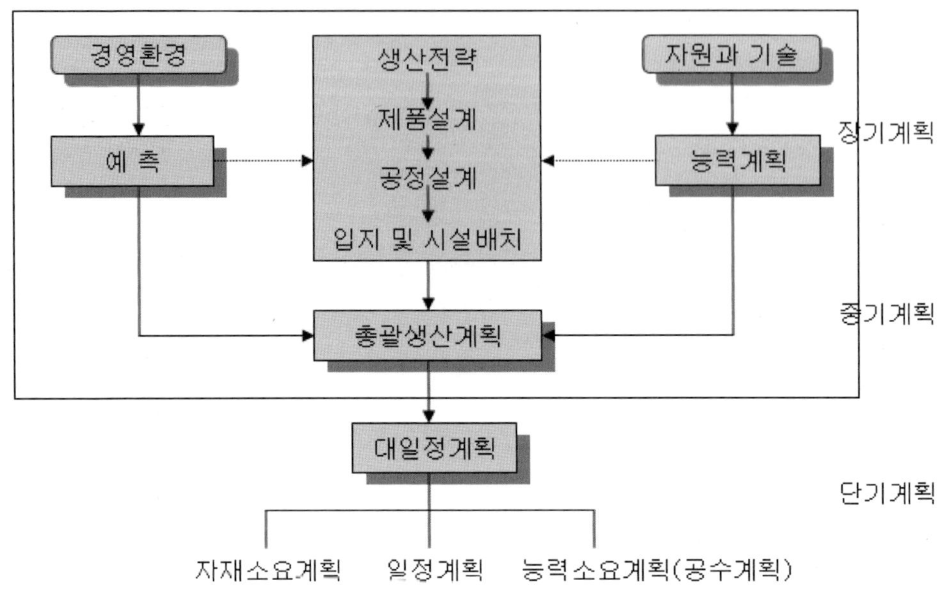

생산계획의 구조

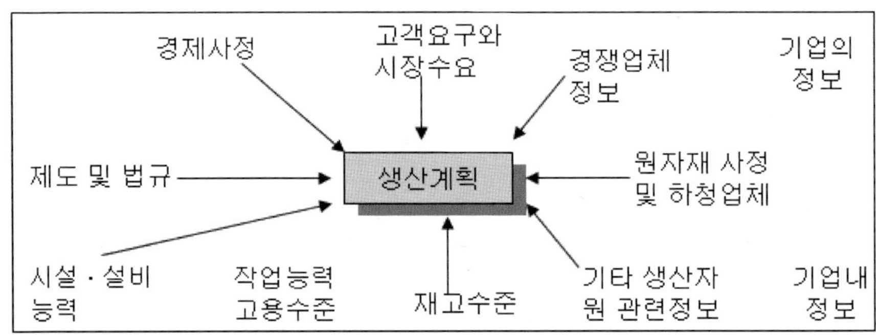

생산계획에 이용되는 정보

2. 생산계획의 전략 및 대안

가. 정의: 제품의 수요는 기업 간 경쟁, 신제품의 개발, 라이프 사이클의 단축, 계절적인 수요 등으로 변동한다. 이런 변동수요를 충족하면서 비용을 최소화하는 전략을 강구하는 것.

나. 총괄생산계획의 전략 대안
① 수요 변동에 따라 고용수준을 변동시키는 전략
② 생산율을 조정하는 전략   ─ 수요추구전략
③ 재고 수준을 변동시키는 전략   ─   생산평준화 전략
④ 위 세 가지를 혼합하는 방법   ─   혼합전략

다. 고려할 비용요소
총괄계획 관련 비용
  채용비용과 해고비용
−채용비용: 모집비용, 선발비용, 교육훈련비 등
−해고비용: 퇴직수당과 같은 해고와 관련된 제반 비용
  잔업비용과 유휴시간비용
−잔업비용: 정규시간을 초과하여 작업할 때 지불되는 비용 보통 1.5배
−유휴시간비용: 정규작업시간 이하 가동으로 유휴시간에 지불된 임금 재고유지 비용
−재고에 묶여 있는 자본에 대한 기회비용
−보관비용, 보험료, 보관 중의 손실, 진부화 비용 등 재고부족비용
−품절비용: 이익상실 기회비용＋신용상실로 인한 미래의 손실
−추후납품비용: 생산독촉비용, 가격 할인 등 납품지연으로 인한 제비용 하청비용

3. 총괄생산계획의 수립단계

① 총괄수요를 예측하고 주문 및 재고 수준 등을 검토하여 소요량을 산정한다.

② 생산능력을 점검하고 능력의 최적이용방안을 결정한다.

③ 생산계획의 전략대안을 정하고 각 대안별 비용을 산정·비교한다.

④ 적절한 생산계획 기법으로 총괄생산계획을 수립한다.

　－생산소요량과 생산량을 생산일정에 맞추어 배정

◇ 수요변화에 대응해서 사용되는 전략 대안들 ◇

전략대안	방 법	비 용	고려사항
(1) 고용수준 변동	① 수요가 늘면 부족인원 ② 수요 줄면 잉여인원 해고	① 신규채용에 따른 광고·채용·훈련비 ② 해고비용·퇴직수당	① 인원이 부족할 때 양질의 기능공 채용곤란 ② **사기저하로 능률저하**
(2) 생산율 조정	① 수요가 늘면 조업시간 증대 ② 수요가 줄면 조업시간 감축 ③ 생산능력이 모자랄 때 하청을 줌 ④ 생산 및 하청능력이 모자랄 때는 설비확장	① 잔업수당 ② 조업단축 시 유휴비용 ③ 하청비용 ④ 설비투자비용	① 잔업으로 보전시간 감소 ② 보전시간의 증대 ③ 하청회사의 품질 및 일정을 관리하기 힘듦 ④ 수요가 떨어질 때 유휴설비 코스트 발생
(3) 재고수준 변동	① 수요증가에 대비한 재고유지 ② 납기지연	① 재고유지비 ② 납기지연 손실	① 재고기능이 없는 서비스업에서는 서비스요원이나 시설을 늘림 ② 기회 손실이 큼

최소비용에 의한 일정단축
(MCX: Minimum Cost Expedition)

1. 의 의

　계획공기가 계약기간보다 길거나, 공사지연 등으로 일정의 단축이 필요할 때 주공정상의 요소 작업 중 비용구배가 가장 낮은 요소 작업부터 단위시간만큼 단축하는 방법이다. 일정 단축 시 주의사항은 변경된 주공점(cp)을 확인해야 하며 특급공기 이하로는 단축할 수 없다.

　<참고> 비용구배(cost slope: 시간과 비용의 트레이드오프)

　MCX에서는 어떤 활동의 작업시간을 정상적인 상태에서의 정상시간(normal time)과 긴급한 상태에서의 특급시간(crash time)으로 구분한다.

　시간과 비용의 상관관계를 나타낸 아래 그림을 보건대, 특급점(crash point)에서 작업을 진행시킬 경우에는 정상점(normal point)에 비하여 비용이 높아짐을 알 수 있다. 즉 특급점과 정상점을 연결하는 곡선과 시간과의 경사를 비용구배 또는 비용경사라 하는데, 다음 산식으로 나타낼 수 있다.

$$비용\ 구배 = \frac{특급비용 - 정상비용}{정상시간 - 특급시간}$$

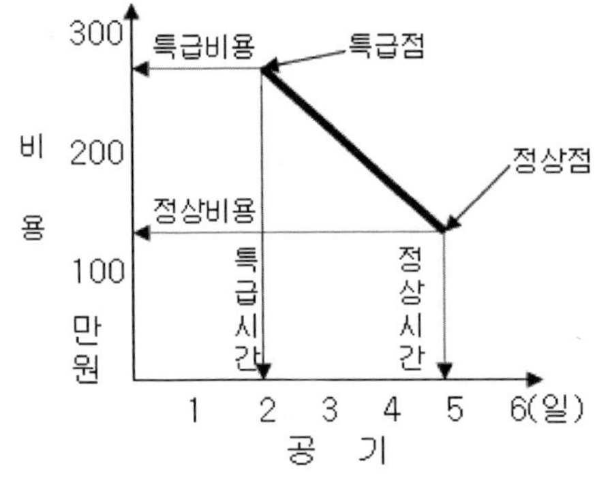

배용구배

	정상작업	특급작업
시간(일)	5일	2일
비용(원)	120만 원	270만 원

2. 절 차

비용구배는 작업마다 다르므로 프로젝트의 일정을 단축할 때는 비용구배가 가장 작은 것을 대상으로 단축

(1) 계획 공정 자료표에서 각 활동의 비용구배를 산정한다.

(2) 계획공정도에서 cp를 산정한다.

(3) 주 공정에서 비용구배가 가장 낮은 활동을 찾는다.

(4) 이 활동의 시간은 ① 더 단축할 수 없거나, ② 다른 경로가 주공정이 되거나 ③ 시간단축으로 인한 절감액이 직접비의 증가분에 이를 때까지 단축한다.

3. 최적 공사기간의 결정

프로젝트 수행 시 발생비용은 직접비 외에 프로젝트와 직접 관계없이 발생하는 경상비, 현장관리 유지비 등 간접비가 있다.

MCX에서는 직접비만을 고려했으나 프로젝트 수행을 위해서는 간접비를 고려하여 전체 비용이 최소가 되는 최적공기(optimum duration)를 추구하는 것이 바람직하다.

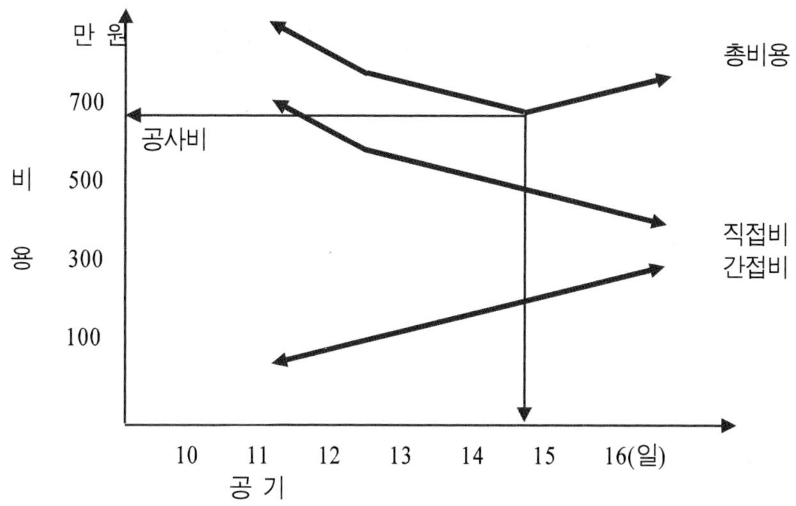

<u>최 적 공사기간</u>

設例: **최소비용계획법에 의한 공기단축**

당초 정상적인 상태에서 작성한 공기 및 공사비(직접비)와 공기단축을 위한 특급 계획(crash program)의 계획 공정 자료표이다. 이들 자료로써 작성한 공사의 계획공정도는 [그림 a]와 같다.

5개의 활동(a, b, c, d, e)으로 구성되는 공사의 기간을 당초 15일로 잡았으나 ([그림 b] 참조) 자재부족으로 공사가 지연되어 공기를 13일로 단축시키려 한다.

이들 중 비용구배가 가장 낮은 활동은 c이므로 1일 단축시킨다. 그다음으로 낮은

활동은 a이므로 1일을 단축시킨다. 즉 최소비용계획법(MCX)에 의한 공기 13일의
계획공정도는 [그림 c]와 같이 된다. 이 경우 2일간의 공기단축비용은 60만 원으로
직접비는 도합 450만 원이 된다.<그림 b>

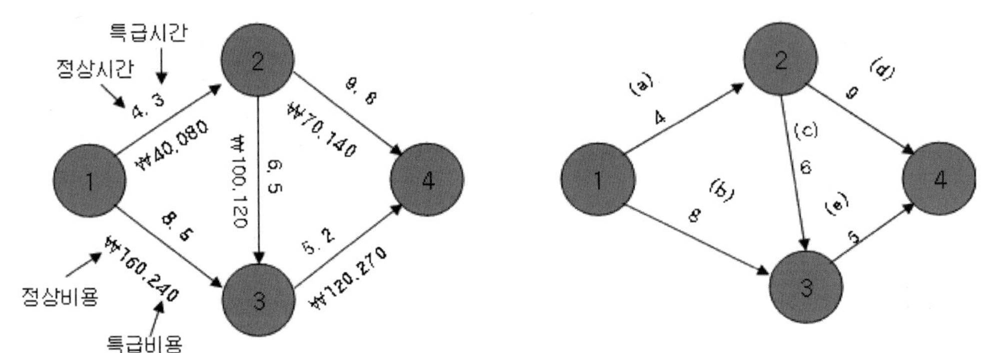

[그림 a] 공사의 계획공정도 15일의 계획공정도

[그림 b] 공기

활동별 공기와 비용

활 동	정상계획		특급계획		비용 구배
활동 (i-j)	시 간	비 용	시 간	비 용	
a. ①-②	4	40만 원	3	80만 원	40만 원
b. ①-③	8	60	5	240	60
c. ②-③	6	100	5	120	20
d. ②-④	9	70	8	140	70
e. ③-④	5	120	2	270	50
계		390만 원		850만 원	

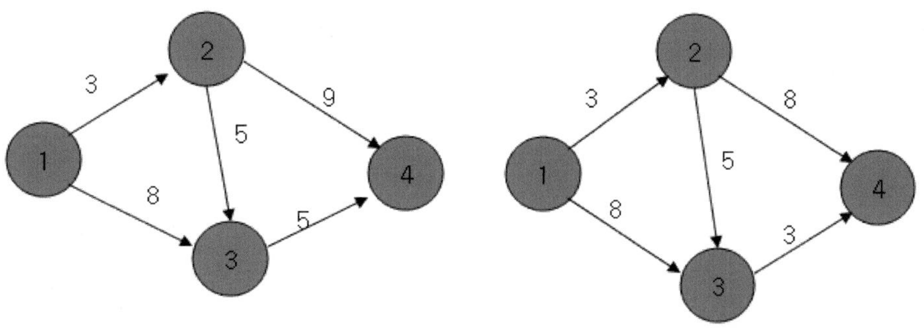

공기 13일의 계획공정도

계획공정도

공기 11일의

공기별 최소비용계획

공기	활동별 구분	a.	b.	c.	d.	e.	공기 단축 정상비용 활동별 직접비		
14일	활동시간(일)	4^*	8	5^*	9	5^*			
	단축공기(일)			1					
	단축비용(비용)			20			20 + 390 = 410		
13일	활동시간(일)	3^*	8	5^*	9	5^*			
	단축공기(일)	1		1					
	단축비용(비용)	40		20			60 + 390 = 450		
12일	활동시간(일)	3^*	8^*	5^*	9^*	4^*			
	단축공기(일)	1		1		1			
	단축비용(비용)	40		20		50	110 + 390 = 500		
11일	활동시간(일)	3^*	8^*	5^*	8^*	3^*			
	단축공기(일)	1		1	1	2			
	단축비용(비용)	40		20	70	100	230 + 390 = 620		

*는 critical path 표시임

24　의사결정 모델

1. 의사결정의 특징

- 경영의사결정은 P, D, C, A 기능을 중심으로 전개
- 계획결정 분야 → 생산시스템의 설계
  　　　　　　 → 단기적이며 전술적인 결정문제
- 생산의사결정은 모델, 계량적 방법, 트레이드오프분석, 시스템즈 어프로치를 적용

2. 의사결정의 과정

- 문제해결 또는 목적달성을 위해 수단으로 제시된 해결방안, 즉 대체안 중에서 최선의 것을 선택하는 활동
- 스티븐슨의 7단계 의사결정과정

(1) 문제의 정의 (2) 목표 및 평가기준의 제시	문제의 인식
(3) 대체안의 개발 (4) 대체안의 분석평가	대체안의 설계
(5) 최적 대체안의 선택 (6) 선택된 대체안의 실행 (7) 실행결과의 검토	대체안의 선택

- 합리적인 의사결정을 위해서는 문제가 뚜렷해야 한다.

  문제의 해결로 얻으려는 목적이 무엇인지 밝혀 문제를 명확하게 인식 → 문제와 관련 된 결정요인, 제약요인 인식

- 해결방안을 제시하기 전에 이를 평가할 평가기준이 바르게 제시되어야 한다.

  비용, 이익, 수익성, 생산성

- 대체안의 개발은 경험보다는 창의적 사고가 필요함 → 문제에 대한 지식과 관리 기능 요소에 초점. 다각적 모색

- 대체안의 분석평가 → 합리적 의사결정을 목적으로 계량분석 모델 이용

- 대체안의 선택은 의사결정과정에서 가장 중요한 단계 차선책으로 만족하는 경우도 있음 → 판단기준이 가치전제에 치우치면 의사결정자의 가치관에 좌우됨

3. 의사결정에 사용되는 모델

- 3가지 유형 ┌ 물리적 모델
            │ 도식모델
            └ 수리모델 - 선형계획, 대기행렬, 시뮬레이션
- 물리적 모델: 실체물을 간략화한 시각적 모형(형상모델)
- 도식모델: 그래프, 도표 등 형태로 현실을 나타내는 相似型 모델. 물리적 모델보다 추상적
- 그래프 모델 : 변수를 선의 길이로 나타냄. 변수 간의 계량적 관계표시(손익분기로, 간트차트)

  도표모델: 자재, 작업 및 정보의 흐름을 도표화(조립공정도, 경로도)

  수리모델: 시스템의 작용 및 특성, 현실상황 등을 수식으로 나타 낸 모델 → 여러 요인들 간의 상호관계를 수학적 조작에 의해 규명

4. 생산문제의 모델화 과정

(1) 문제의 정의: 문제와 관련된 변수와 그들의 관계를 밝힌다.
(2) 평가기준의 제시: 유효성 척도가 되는 평가기준을 정한다.
(3) 모델의 작성: 문제의 내용을 정의하는 변수의 함수관계를 이용하여 유효성의 척도를 나타내는 모델을 만든다. (관리가능변수와 관리 불가능 변수 구분)
(4) 모델의 해를 구함: 작성된 모델로써 평가기준을 가장 만족시키는 해결방안을 구한다. (유효성 척도의 값이 최대 또는 최소가 되는 변수의 값)

5. 계량분석 모델의 한계점

(1) 복잡한 경영현상을 단순한 수리모델로 나타내는 것은 거의 불가능
(2) 계량분석모델은 여러 통계자료를 필요로 하므로 정확한 통계자료 없이는 바람직한 결과 도출 불가능
(3) 여러 요인 간의 일정한 함수관계를 전제로 하므로 경영현상의 구조적 변화가 심할 경우에는 유용성이 어려움
(4) 인간행위의 요소 모두를 모델에 반영하기 힘들므로 조직 행위적 수리모델의 제시가 곤란함
 ※ 문제를 단순 추상화하는 것은 정확성을 다소 희생하는 대가 필요

6. 시뮬레이션 모델

• 개념: 수리모델에 의해서 최적해를 찾기 힘든 <u>비정형적 결점</u>에서 문제해결을 위한 '<u>체계화된 시행착오</u>'의 방법. 즉 <u>모의실험</u>을 행하는 것이 시뮬레이션이다.

대부분의 의사결정 문제들은 불확실한 요소들을 내포하고 있으므로 이들을 고려한 모델을 작성하거나 최적해를 구하는 것은 어렵다. 이런 경우 현실의 시스템을 묘사할 수 있는 시뮬레이션 모델을 작성하여 여기에 발생할 수 있는 여러 상황에 관한 값을 입력시켜서, 이들 여러 값에 따라 결과가 어떻게 변하는가를 시뮬레이션으로 예측하여 가능해를 검토할 수 있다.

- 효과: ① 실제로 야기되는 위험이나 큰 부담이 없이 실제 상황을 체험
  ② 복잡하고 동태적인 현상을 모델화하여 다룰 수 있다.
  ③ 복잡한 상관관계를 고려하여 시스템의 동태적인 현상을
  예측 → 합리적인 의사결정

- 목적: ① 수식화의 곤란을 극복
  ② 실험을 곤란하게 하는 자연적, 현실적, 시간적 제약 극복

- 한계: ① 체계적이지만 기본적으로 '시행착오의 방법'이므로 많은 계산과 반복
  실험 소요
  ② 최적화 기법이 아니므로 '최적해'를 보장하기 힘들다.
  ③ 경영 시뮬레이션에서 수요 시장 가격 기술변화 등이 상황예측이 곤란함.
  ⇒ 시뮬레이션으로 종속변수를 구해도 '오차'가 커서 최적의 결정이 어렵다.

- 적용분야
  ① 결정문제가 너무 복잡하여 해석적 수리모델로 문제를 정식화할 수 없는 경우(기업 전체의 경영전략, 경영방침의 결정)
  ② 결정 모델을 구축해도 최적해를 이끌어 내거나 시스템장해의 행동을 예측하는 결정 룰이 없는 경우
  ③ 최적화 기법으로 다루기에는 문제가 너무 크고 복잡하다든가, 문제해

결에 앞서 실험이 필요한 경우
④ 실제로 행하는 것이 시간적 공간적 자연적 제약으로 불가능하거나 고
   가의 희생을 필요로 하는 경우(소비자 행태의 추정, 시스템의 설계)
⇒ 고성능 컴퓨터로 확정적 모델로는 다루기 힘든 비정형적 의사결정 문
   제에 주로 적용

25 공정관리의 생산계획기능과 통제

1. 공정관리의 정의

- 공장에 있어서 원자재로부터 최종제품에 이르기까지의 자재, 부품조립 및 종합 조립의 흐름을 순서 정연하게 능률적인 방법으로 계획하고, 공정을 결정하고 예정을 세워 작업을 할당하고 독촉하는 절차(ASME)

2. 목 적

- 일정한 품질과 수량의 제품을 소정기일(납기)까지 생산하기 위하여 인적노력과 기계 설비를 경제적으로 운용하는 것

범위 - 공장규모 및 생산조직을 결정하는 일
　　- 생산계획에 따라 자재 및 공구류의 준비를 지시하고 각 작업장에 예정작업 을 하달하고 입수상황과 작업의 진행상황을 통제하는 일

3. 기능: 계획기능, 통제기능, 감사기능

가. 계획기능

생산계획을 특징: 생산요소의 합리적 결합관계에 있어서 생산활동의 시간적 기준
에 의한 표준계획

① 공정계획: 기본적인 작업순서와 방법, 사용기계 및 공구 등을 결정한다.
② 일정계획: 작업순서와 공정별 부하를 고려하여 개개 작업의 일정을 결정
(납기유지)
③ 공수계획: 월간 생산량에 대응하는 인원 및 기계의 월별 소요량을 산정한다.
④ 자재계획:
- 제품 또는 반제품의 단위수량낭의 자재별 기준 소요량을 산출하기 위한
'원단위' 계산
- 원단위와 일정계획으로부터 시기별 소요량을 산출하는 '사용계획' 수립
- 재고를 감안하여 '구매계획' 수립
⑤ 인원계획, 설비계획

나. 통제기능

* 계획기능에 따른 실행과정의 지도와 조정 및 통제
① 진도관리: 작업의 진행상황을 통제
② 현품관리: 현품의 소재와 수량을 관리
③ 여력관리: 사람이나 설비의 능력을 낭비하는 것을 예방
④ 자재관리: 매일 자재소모 실적을 기록
⑤ 설비관리: 보전활동을 실시하며 열화 손실을 예방

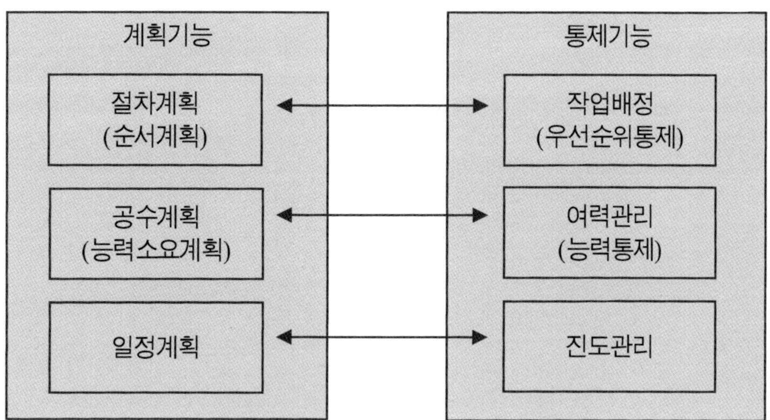

계획기능과 통제기능의 대용

다. 감사기능: 계획에서 정해진 표준과 실행결과를 비교 검토하는 것

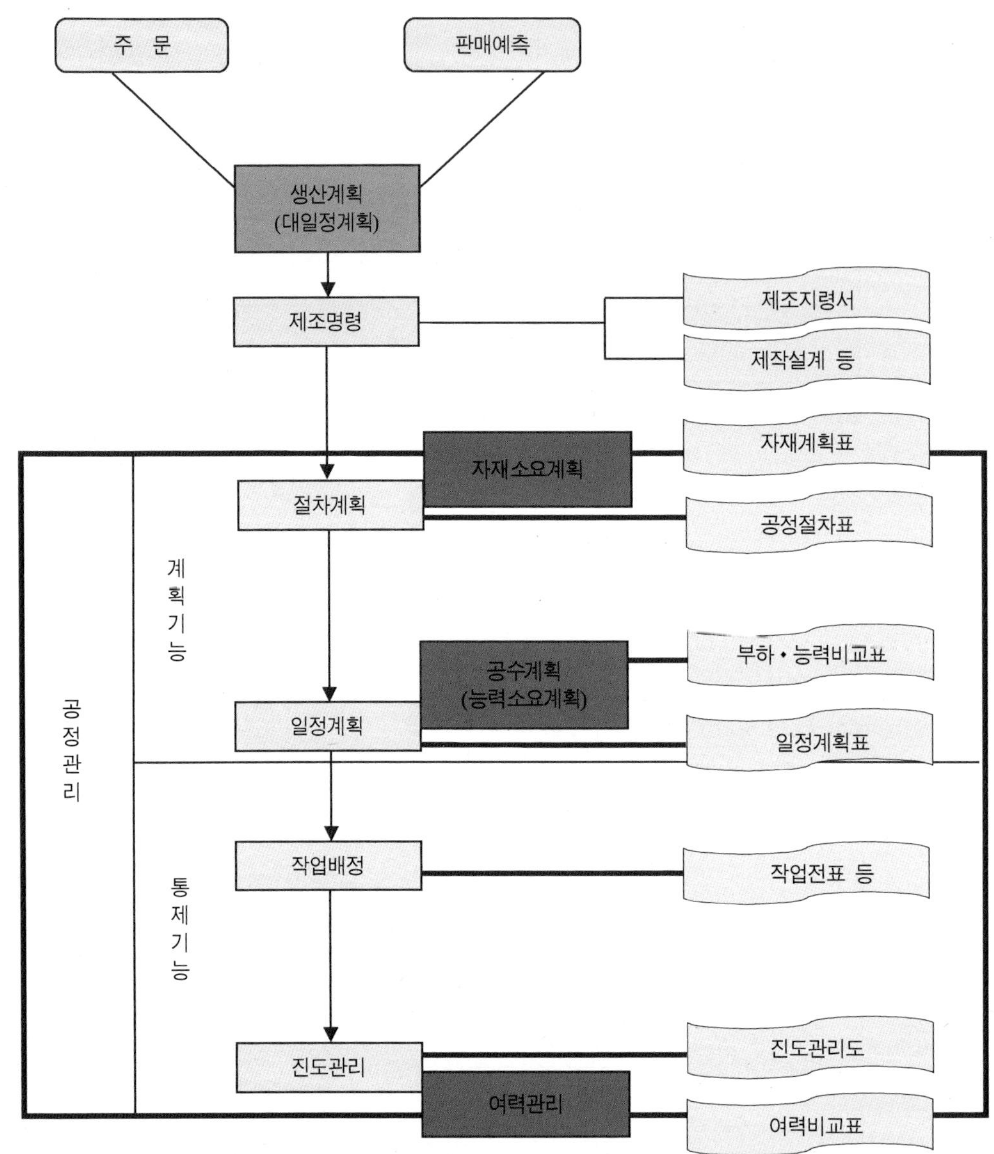

공정관리의 단계와 관련서류

<table><tr><td>26</td><td>공정능력의 평준화 방안</td></tr></table>

1. 의 의

생산라인에서 공정별 작업량이 다를 경우 가장 큰 작업량을 가진 공정을 애로공정이라고 하며, 공정능력의 평준화가 되지 않으면 애로공정이 전 공정에서 흘러온 작업량을 다 처리할 수 없게 되므로 공정대기 및 재공품의 증가가 발생한다. 이런 애로공정을 제거하기 위해 각 공정능력 및 로트당 소요기간을 평준화하는 것이다.

2. 공정대기의 발생원인

① 공정 간의 능력이 평준화되어 있지 않다.
② 일시적인 여력의 불균형 → 작업의 상태, 결근, 고장, 불량 상태
③ 여러 병렬공정에서 흘러들어 올 때 → 동시에 여러 종류의 물품
④ 전후공정의 로트 크기가 다르거나 작업시간이 다를 때
⑤ 수주의 변경
⑥ 너무 빨리 수배되었을 때
⑦ 애로공정이 해소되지 않았을 때
※ 애로공정능력 향상 대책
 * 신설비 도입
 * 설비속도향상

* 일시정지 방지
* 준비변경시간 단축
* 불량에 의한 정지 방지
* 작업인원 증강

3. 평준화 방안

① 작업방법의 개선과 표준화: 작업
 −작업방법의 개선으로 작업시간을 절감하고 작업을 안정화
② 작업의 분할
 −요소작업의 순서를 명확히 하고 순서에 따라 작업량을 분배하여 작업량이
　작은 공정에 합병한다.
③ 작업의 병렬화
 −시간단축이 곤란한 공정은 사람 또는 기계를 2대 이상 배치하여 병렬화한다.
④ 작업자의 능력 고려
 −작업의 난이도와 시간을 고려하여 사람을 배치한다.
⑤ 작업의 기계화
 −수작업의 기계화, 치공구나 계측기를 활용하여 작업시간을 단축한다.
⑥ 중간재공품의 활용
 −시간의 불균형, 능력의 과부족 시 공정 전후에 중간재공품을 설정한다.

공수체감곡선(학습곡선)

1. 정 의

- 공수체감현상: 인간은 경험을 쌓아 감에 따라 작업 수행능력이 향상되며 생산시스템에서 생산을 반복할수록 작업능률이 향상된다. 이는 학습이나 경험에 따라 숙련도가 개선되고 아울러 공구 및 설비의 개량, 제품·공정·작업 등이 체감되는 현상을 공수체감 현상이라 한다.
- 학습곡선: 작업의 반복에 따라 기대되는 공수체감 현상을 그래프나 수식으로 나타낸 것
- 학 습 률: 공수체감에 따른 능률의 개선율
- 학습효과: 능률 또는 생산성 향상의 성과

2. 특 징

- 일반적으로 가공공정 중 수작업이 많으면 체감률이 높다.
- 작업주기가 짧고 작업이 단순하면 초기에 학습향상이 나타나지만 주기가 길고 복잡하면 오랜 시간에 걸쳐 능률개선이 이루어진다.
- 초기작업 소요시간이 처음부터 인정이 되면 학습효과는 적다.
- 작업의 성격과 선행요인, 학습 주체에 따라 다르게 나타난다.

3. 공 식

대수선형: $Y = A \times^B$

대수비선형: $Y = A(X + \beta)^B$

지수함수형: $Y = Ae^{BX}$

Y: 공수(X회 작업서)

A: 첫 번째 작업공수

X: 작업횟수

B: 지수

※ 문제 사례: 지수 B와 학습률 계산

$$B = \frac{\log b}{\log 2}$$

b: 학습률(작업수량이 2배일 때의 공수비)

28   **경제적 LOT사이즈(ELS)**

1. 의 의

LOT생산방식에서 LOT의 크기를 적게 하면 생산준비횟수의 증가로 준비에 따른 비용이 증가하며 LOT사이즈가 커지면 재고가 증가하여 재고비용이 증대된다. 따라서 생산준비비와 재고유지비용을 합한 연간 총비용이 최소가 되도록 LOT의 크기를 결정한다.

2. 공 식

$$Qmin = \sqrt{\dfrac{2UA}{Ci \times \left(1 - \dfrac{d}{p}\right)}}$$

$\begin{cases} U\text{: 연간 구입수량} \\ A\text{: 생산준비비용} \\ Ci\text{: 재고유지비용} \\ d\text{: 제품 수요율(1일 사용량)} \\ p\text{: 제품 생산율(1일 생산량)} \end{cases}$

※ 수요율과 생산율이 같으면 ⇒ Qmin이 무한대가 되어 연속생산이 됨

   생산율이 수요율을 무시할 정도로 커지면

$\Rightarrow$ EOQ(경제적 발수량)와 같아짐 $\left(EOQ = \sqrt{\dfrac{2UA}{Ci}}\right)$

3. ELS적용 시의 가정

① 준비비는 생산량의 크기에 관계없이 매 로트에 동일하다.

② 재고유지비는 생산량의 크기에 정비례한다.

③ 생산단가는 생산량의 크기와 관계없이 일정하다.

④ 수요량과 생산율이 일정하다.

4. ELS와 EOQ의 차이점

① EOQ는 재고의 입고가 순간적으로 이루어지나 ELS는 점차적으로 이루어진다.

② EOQ는 구매비용이 고정비용이며 ELS는 준비비용이 사용된다.

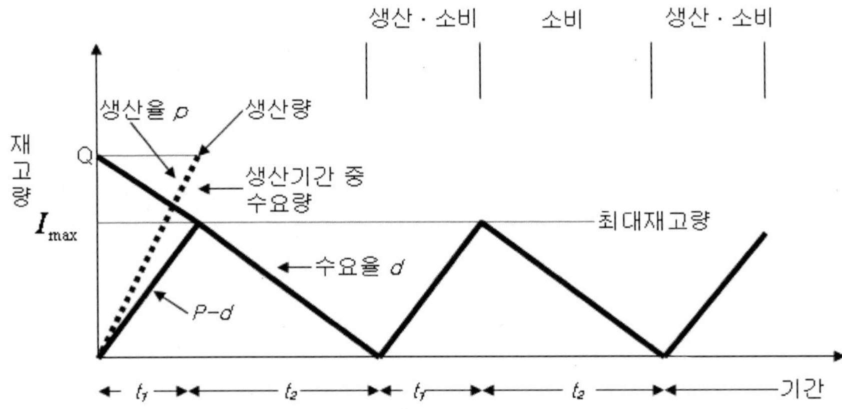

ELS모델에서의 생산율과 수요율의 가정

178

제품조합(Product Mix)

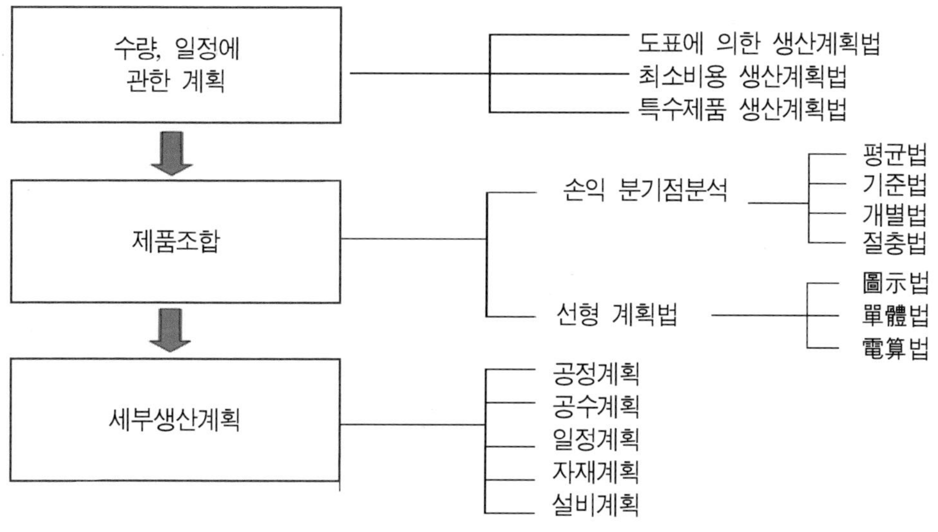

생산계획에서 제품조합의 위치

1. 제품조합

- 여러 품목을 생산하는 기업에서 각 제품의 시장가격은 투입된 원가와 비례하지 않는다.

  동일한 원료와 동일한 기계로 만든 제품이라도 제품조합 여하에 따라 시장평가의 결과인 판매가격과 판매량은 차이가 난다. 따라서 생산계획은 최적의 제품 구성이 되도록 해야 한다. 최적제품조합은 제품의 수익성을 중심으로 결정한다.

• 종류: 손익분기점법, 선형계획법

2. 손익분기점법(제품결합분석(Product combination analysis))

• 제품의 최적 결합비율을 손익분기점 분석에 의해서 결정하는 방법
• 품종별로 단위당 한계이익률을 비교하여 이익률이 높은 품목을 중심으로 결정하고 전체적인 손익분기점을 산출하여 기업전체가 유리한 방향으로 결정한다.
• 최대의 이익은 한계이익률이 큰 제품이 많을수록 유리하지만 시장수요는 다양한 제품을 요구하므로 제품조합에서 시장수요 및 한계이익률, 생산능력 등 다양한 변수를 고려해야 한다.
• 제품별 수요량, 생산공정, 생산능력이 다를 경우 손익분기점 분석만으로는 최적해를 얻기 어렵다. 이런 경우에는 선형계획법(LP)을 이용하는 것이 합리적이다.

종 류
- 평균법: 여러 제품의 평균한계 이익률을 산출하여 손익분기점을 구한다.
- 기준법: 여러 제품 중 대표적인 품종을 기준품종으로 선택하여 손익분기점을 구한다.
- 개별법: 품종별 한계이익률을 이용하여 한계이익 액을 산출하고 이를 고정비와 대비하여 손익 분기점을 구하는 방법

① 손익분기점 $= \dfrac{\text{고정비}}{\text{한계이익률}} = \dfrac{\text{고정비}}{1 - \text{변동비율}} = \dfrac{F}{1 - \dfrac{V}{S}}$

② 평균법의 손익분기점 $= \dfrac{\text{고정비}}{\text{평균한계이익률}}$

$$\text{평균한계 이익률} = \frac{\text{각 품종의 한계이익 합계}}{\text{각 품종의 매출액 합계}}$$

3. 선형계획법(LP: Linear Programming)

가. 정의: 한정된 자원의 최적배분을 위한 계량분석모델로서, 시스템 각 요소 간의 상호관계를 기술하기 위하여 선형의 수학모형을 만드는 것.

나. 적용분야: 생산계획에서 생산공정 및 기계의 능력, 작업자 수, 원자재 사용량, 생산량, 판매량 등의 여러 변수들을 고려하여 수익의 최대화, 비용의 최소화를 위한 제품 종류의 최적 구성을 결정하는 데 주로 이용한다.

① 제품의 품종 및 수량의 결정

② 제조방법 및 판매방법의 결정

③ 원료의 혼합비율 및 합성비율의 결정

④ 운반경로 및 운반량의 결정

⑤ 인원의 배치계획

⑥ 재고량의 결정

⑦ 일정계획의 결정

⑧ 기계배치의 결정

⑨ 경제적 생산량의 결정

다. 종류: 도시해법, Simplex법, 수송계획법

라. 기본수식모델(사례)

設例: **제품의 최적구성에 관한 사례**

－어린이용 유모차와 세발자전거를 생산·판매하고 있는 회사가 현재의 생산능력

범위 내에서 이익을 최대로 올릴 수 있는 유모차와 자전거의 생산량을 각각 결정하려 한다.

이들 제품은 기계가공, 용접, 조립의 3개 작업공정을 거쳐서 만들어지는데 공정별 소요시간은 <표 A>와 같다. 그런데 각 공정별 월간작업능력은 기계가공 2,400시간, 용접 1,500시간, 조립 2,700시간으로서 이를 초과하여 생산할 수 없다. 제품의 단위당 판매이익은 유모차가 8,000원, 자전거가 4,000원이다.

〈표 A〉

작업공정별 소요시간 및 생산능력

작업공정	생산소요시간		생산능력(시간)
	유모차(X_1)	자전거(X_2)	
기계가공	6	4	2,400
용 접	2	3	1,500
조 립	9	3	2,700

위 자료를 토대로 선형계획모델을 작성하면 다음과 같다.

목적함수: 최대화 $Z = 8,000\,X_1 + 4,000\,X_2$

제약조건: (기계가공) $6X_1 + 4X_2 \leq 2,400$

　　　　　(용　접) $2X_1 + 3X_2 \leq 1,500$

　　　　　(조　립) $9X_1 + 3X_2 \leq 2,700$

　　　　　　　　$X_1 \geq 0, X_2 \geq 0$

마. 도시해법

- 1차 함수의 그래프를 이용하여 목적함수를 최대화하는 해를 구한다.
- 작성방법이 쉽고 간단하며 제약조건과 목적함수 관계의 선형성 개념을 쉽게 이해할 수 있다.
- 변수가 3개이면 3차원 그래프를 이용하는데 평면에 나타내기가 어려우며, 변

수가 4개 이상이면 작성할 수 없음.

- 방 법
 −제약조건 식을 각 변수를 가로와 세로 좌표로 하는 그래프에 나타낸다.
 −3개의 제약조건에 의해 생긴 5각형의 영역이 생산능력 범위이다.
 −5각형의 각 꼭짓점 좌표를 구하여 목적함수에 대입하여 계산한다.
 −목적함수가 가장 큰 좌표가 최적해이다.

 # 리드타임(Lead Time)

1. 정 의

신제품을 개발하여 이를 생산, 출하할 때까지의 기간을 넓은 의미의 생산리드타임이라 한다.

여기에는 개발리드타임, 설계리드타임, 생산계획리드타임, 자재조달리드타임, 부품가공리드타임, 조립리드타임, 출하리드타임 등이 포함된다.

※ 일반적인 제조리드타임은 자재조달에서 출하까지를 포함하는 리드타임이다.

　• 생산기간 단축의 효과

① 단납기 수주에 신속히 대응할 수 있다.

② 판매수준의 변동에 능동적으로 대응할 수 있다.

③ 개발 및 개량제품의 조기생산과 판매가 가능해진다.

④ 재공품 재고의 감소에 의한 체질개선을 시도할 수 있다.

⑤ 품질향상을 기할 수 있다.

⑥ 원가절감을 기할 수 있다.

2. 구 성

－가공시간: 가공이나 처리에 소요되고 있는 시간

－대기시간: 다른 것을 기다리는 시간

가. 대기 시간의 항목

① 작업준비변경시간
② 재료, 부품, 재공품, 제품의 이동이나 운반에 소요되는 시간
③ 검사를 하기 위한 시간
④ 기계설비의 보전점검에 소요되는 시간

나. 대기시간의 종류

공정대기: 로트 전체가 다음 가공, 검사, 운반을 기다리는 정체
- 원인: ① 공정능력의 불균형
        ② 다음 공정에 재공품이 쌓여 있는 경우
        ③ 너무 일찍 완성되어 다음 조립 시까지 다른 부품을 기다리는 경우
        ④ 다른 부품의 지연, 결품으로 조립이 불가능한 경우
        ⑤ 특급품이나 끼어들기 등이 발생하여 대기하는 경우
- 대책: ① 부하와 보유능력의 밸런스를 취하고 생산의 평준화를 도모
        ② 공정 간의 재공품 재고를 적극적으로 감소
        ③ 결품에 의한 정체를 감소
로트대기: 로트작업을 수행할 때 미가공 또는 기가공의 상태에서 기다리는 정체
- 대책: ① 소로트 생산으로 유도
        ② 이동만을 분할하여 로트를 줄이는 방식인 연속시차 방식을 도입
        ③ 로트대기를 대폭적으로 해소하기 위한 개별 혼류방식을 택한다.

3. 생산기간

- 생산기간은 작업을 시작하여 완료할 때까지 소모되는 기간을 말한다.
- 생산기간은 가공시간과 정체시간으로 구성되어 있으며 가공시간은 실작업시간 과 준비조정시간으로 구성되어 있다.

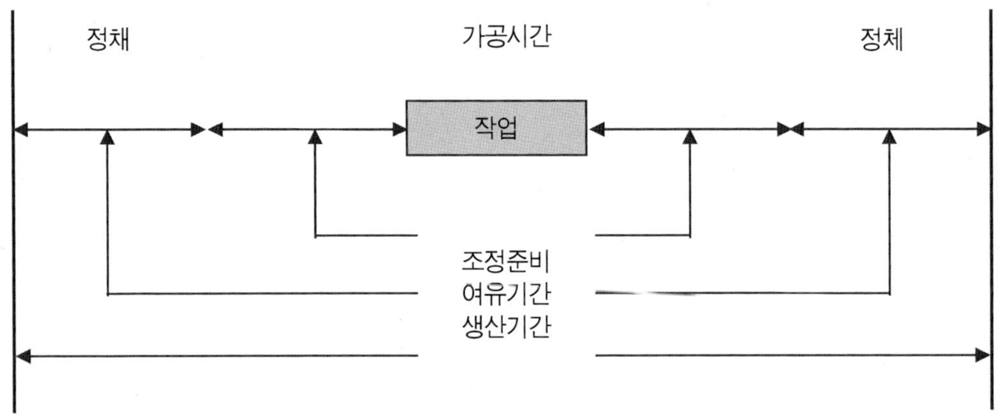

생산기간의 구성

- 생산기간을 단축하기 위해서는
  ① 소로트화 및 생산공정의 평준화로 가장 비중이 큰 정체시간을 감소시킨다.
  ② 준비교체의 단축으로 조정준비시간을 줄인다.

31 공정분석

1. 정 의

생산공정이나 작업방법의 내용을 공정순서에 따라 종류의 기호와 표현형식으로 각 공정의 조건을 분석 조사하여 개선방안을 분석하는 것
(개개의 작업보다는 총체적인 가공방법의 개선)

2. 분석표: 제품공정분석표, 사무공정분석표, 작업자공정분석표

가. 제품공정분석표(Product Process Chart)

- 소재가 제품화되는 과정을 분석·기록하는 것.
- 공정내용을 가공, 검사, 운반, 정체, 저장 기호로 기록한다.
- 단순공정기록표는 사전 조사용으로 순서 중심으로 총체적인 생산방법을 파악하기 위한 것.
- 세밀공정분석표는 종합적인 개선을 위하여 세밀하게 분석하는 것으로 가공공정분석표, 조립공정분석표 등이 있다.

나. 사무공정분석표(Form Process Chart)

－사무실이나 공장에서의 장표를 중심으로 한 사무제도나 수속을 사무분석기호를
  사용하여 분석 기록하여 체계적으로 표현한 것.
－주로 사무제도나 처리절차를 개선할 필요가 있을 때 사용된다.
－종류는 단일장표 단일copy, 복수장표 복수copy, 단일장표 복수copy, 복수장표
  단일 copy 등.

다. 작업자 공정분석표(Operator Process Chart)

－작업자가 어떤 장소에서 다른 장소로 이동하면서 수행하는 일련의 작업을 작업
  자 공정분석기호를 사용하여 체계적으로 표현한 것.
－창고계, 보전계, 운반계, 감독자 등의 행동을 분석하어 업무범위와 경로를 개선
  하는 데 사용된다.
－종류는 기본형, 시간란을 부가한 것, 시간눈금을 부가한 것, 작업자공정시간 분석표 등.

기동분석
워크샘플링
스톱워치법

공정분석
공정기본
분석
제품분석
기능분석
흐름분석
경로분석
운반분석
유동수
분석
여력분석

작업분석
(단독)작업분
석
연합작업분
애로공정
분석

동작분석
서블릭
분석
동작경제
의 원칙
IWM검토

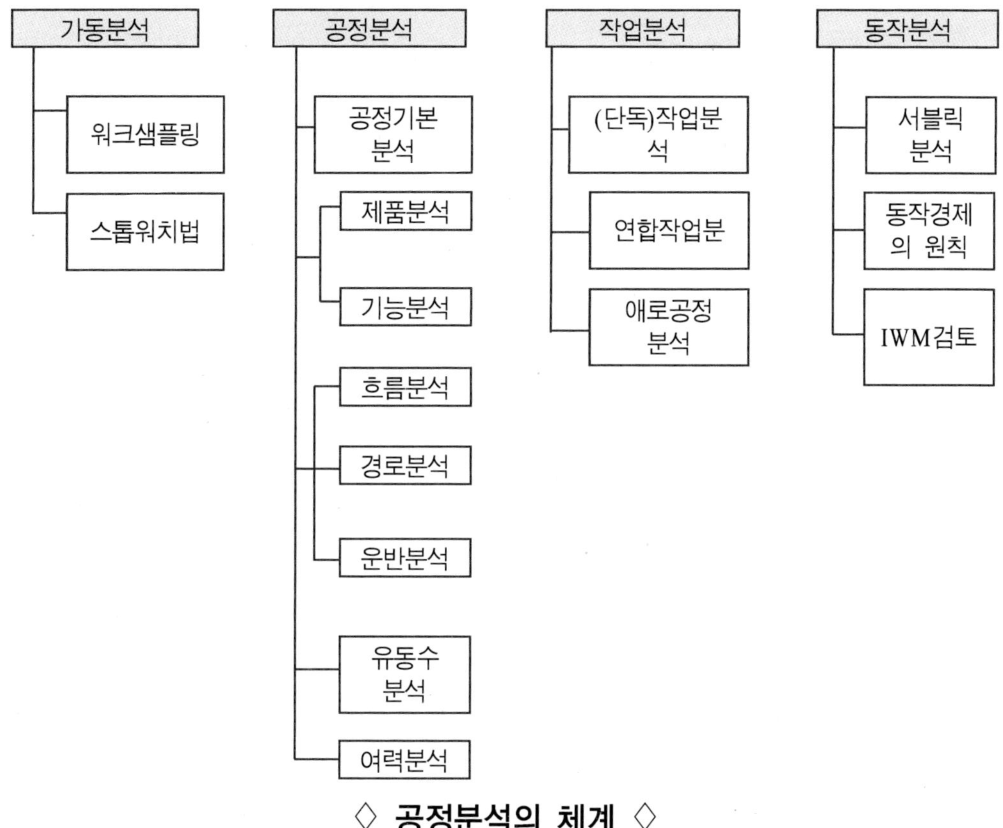

◇ **공정분석의 체계** ◇

작업시스템의 분석

구분단위	공정	단위작업	요소작업	동작요소
내 용	선반으로 운반 공정대기 절삭공정 공정대기 검사공정으로	┌ 칼 달기 ├ 주유점검 절삭공정 ├ 끝내기 깎기 ├ 칼 갈아 끼우기 └ …………	┌ 재료를 물린다. 절삭공정 ├ 재료를 뗀다. │ ………… └ …………	┌ 손을 핸들 쪽으로 │ 내민다. │ ………… 절삭공정 ├ 핸들을 돌린다 └ …………
분선기법	공정분석	작업분석		동작분석

1. 정 의

작업분석이란: 작업분석은 일정한 작업역 내에서 한 사람 또는 1개조로 작업자가 자재와 설비를 이용하여 생산활동을 추진하는 과정을 규명하고 합리적인 작업설계와 개선을 모색하는 방법

2. 작업분석표

   손 또는 다른 신체부위에 의하여 수행되는 일련의 작업을 작업분석기호를 사용하여 체계적으로 표현한 것.

   한 장소에서 일하는 작업자를 대상으로 그 작업이 어떤 방법으로 수행되고 있는지를 기록하기 위한 것.
  * 기호

    ○ Sub operation   O 이동   ⊖   물체운반   ▼ 保持   ▽정체

3. 다중활동 분석표

   작업자와 작업자 또는 작업자와 기계 사이의 상호관계를 분석하여 가장 경제적인 작업 조 편성을 입안하거나 기계의 소요대수를 결정하기 위한 분석표
  * 종류
  - Man-machine chart, Multi Man-Machine chart
  - Multi Man chart(Gant chart)

4. 개선 방법

  - 작업, 가공방법 개선으로 작업자, 기계 가동시간 증대
  - 가공 대상물을 set하거나 Unload하는 횟수 감소
  - 감시 중에 다음 준비작업
  - 치공구 개선으로 작업자 동작 감소
  - 기계속도 증가로 가동률 상승

-작업자 담당대수 증가로 가동률 상승

-작업역 배치개선으로 작업자 동작 감소

-새 설비 또는 타 설비 사용으로 가동률 증대

◇ 인간과 기계의 특성비교 ◇

인간의 특성	기계의 특성
-희미한 빛이나 낮은 소리를 감지(감지력) -빛과 소리의 패턴을 인식(인식력) -즉흥적으로 융통성을 발휘(유연성) -오랫동안 많은 정보를 기억하여 두었다가 　적절한 시기에 다시 기억함(기억력) -귀납적으로 추리함(추리력) -판단할 수 있음(판단력) -개념을 전개하여 방법을 창조(창의력) -문제를 해결할 수 있음(해결력)	-인간이 인지할 수 없는 전파 등을 감지 -제어신호에 신속히 반응 -인간에게 해로운 여건 속에서도 견딤 -정보를 간단히 기억하고 깨끗이 지울 수 있음 -굉장한 힘을 원활하고 정밀하게 발휘함 -계산을 신속, 정확히 할 수 있음 -반복적 일상적인 작업을 변함없이 수행 -여러 가지 기능을 동시에 수행

❑ 작업측정

1. 작업측정 기법의 종류

◈ 시간연구법: SW법, 필름분석법

◈ 워크 샘플링법

◈ 표준자료 측정법: PTS법, 표준자료법

2. 기법 간의 비교

항 목 / 기 법	시간연구법		PTS법	워크샘플링법	실적기록법
	스톱워치법	촬영법			
분석자의 필요기술	스톱워치 측정법	동작분석기 재초작법	규정훈련 과 정옥수	약간의 통계지식	불필요
용 구	스톱워치	촬영기영사기필름	자, 저울		
소요시간	少	多(위세동작분석)	多 樣	少	少
일신감독자의 마음가짐에 따라 수치가 변동되는가?	때에 따라 변동	不 變	不 變	變 動	變 動
상세한 표준이 될 수 있는가?	有	有	有	無	無
레이팅의 필요성 유무	有	有	無	有	無(通常不可)
여유율 부여의 필요성 여하	有	有	有	有	無
종업원에 대한 심리적 영향의 유무	有	有	無	無	全 無
장렬급에 대한 유효성 유무	有	有	有	無	無

1. 정 의: 공정분석, 작업분석으로 작업자의 행동이나 동작을 개선하고 나서 더
　　　　　세밀한 세부분석으로 동작 자체의 개선을 위한 것

※ 작업자의 동작에 내포되어 있는 무리, 낭비, 불합리를 제거하여 가장 경제적인
　방법으로 작업하도록 하는 것

2. 종 류
・목시적 분석
　-서블릭 분석
　-양수동작 분석
・VTR분석, 컴퓨터 동작분석

3. 서블릭: 서블릭 기호를 사용하여 작업을 18개 요소동작으로 나누어 분석하는
　　　　　것으로 길브레스가 개발한 것이다.

※ 많은 숙련을 요하며 정밀성이 떨어지는 취약점이 있으나 간편하고 비용이 저렴
　하다

명 칭	서블릭 기호	작업개선을 위한 그룹별 분류	명 칭	서블릭 기호	작업개선을 위한 그룹별 분류
찾는다	Sh	B그룹	준비한다	PP	B그룹
찾아낸다	F	B그룹	조사한다	I	B그룹
선택한다	ST →	B그룹	결합한다	A #	A그룹
쥔 다	G	A그룹	분해한다	DA	A그룹
빈 손	TE	A그룹	사용한다	U U	A그룹
운반한다	TL	A그룹	피할 수 없는 지연	UD	C그룹
쥐고 있다	H	C그룹	피할 수 있는 지연	AD	C그룹
놓는다	RL	A그룹	생각한다	Pn	B그룹
자리잡는다	P	B그룹	쉬고 있다	R	C그룹

제1류: 작업을 완전히 하기 위하여 필요한 동작

   A그룹

제2류: 작업속도를 지연시키는 동작으로 주의, 판단, 망설임이 포함되는 동작

   B그룹(I, P는 1류에 포함시키기도 함)

제3류: 작업수행에 전혀 불필요한 동작

   C그룹

※ 개선 방법:

1) 3류를 최우선적으로 제거한다.

2) 2류 중 Pn과 I를 제외한 동작을 제거한다.

3) 1류는 합리적인 순서와 조합으로 쉽고 빨리 할 수 있도록 개선한다.

동작분석(motion analysis)은 작업을 점차 세밀한 단위(특히 미세동작)로 분석해서

그 작업을 수행하고 있는 작업자의 동작에 내포되어 있는 무리·낭비·불합리를 제거하여 이를 최선의 작업방법(the one best way)으로 개선하기 위한 것이다.

이 분석은 '어떠한 작업에도 적절한 동작의 조합에 의한 최선의 작업방법이 있다.'라는 사고방식에 근거를 두고 있다. 동작분석은 전술한 공정분석이나 활동분석을 통해서 공정 전체의 관점에서 분석·검토한 다음에 문제점에 따라 세부적으로 실시하는 것이 바람직하다.

동작의 설계나 분석에서 동작경제 원칙을 적용하면 효과를 얻을 수 있다.

1. 동작경제의 원칙

동작분서익 토대라 할 수 있는 동작경제의 원칙(principle of motion economy)은 동작연구의 창시자인 길브레스(F. B. Gilbreth)가 처음으로 사용한 것으로, 그 후 여러 사람 특히 반즈(R. M. Barnes)에 의해서 개량·보완되었다.

반즈는 동작경제원칙을
(1) 인체의 사용에 관한 동작경제원칙
(2) 작업장배열에 관한 동작경제원칙
(3) 공구 및 기계설비의 설계에 관한 동작경제원칙의 세 가지로 대별하였다.

(1) 인체의 사용에 관한 원칙
　　① 작업은 반사적인 자연스러운 리듬에 맞추어 배열되어야 한다.
　　② 신체의 대칭적인 특성이 고려되어야 한다.
　　　　팔 동작은 동시적이어야 한다. 즉 동시에 시작해서 동시에 끝을 맺는다.
　　　　팔 동작은 서로 반대의 대칭적인 방향으로 동시에 행하여야 한다.
　　③ 인체의 능력은 최대한 발휘되어야 한다.
　　　　양손은 쉬어서는 안 된다.

작업은 신체의 각 부문 능력에 맞추어 배분되어야 한다.

신체의 안전 설계 한계가 준수되어야 한다.

인간은 '최상'의 용도에 쓰여야 한다.

④ 팔과 손의 동작은 물리적 법칙에 따라야 하며, 에너지는 절약되어야 한다.

물체의 힘(타성)은 작업자를 위해서 발휘되어야 된다.

탄도적인 유연하고 연속적인 동작이 구속되거나 직선적인 것보다 효율적이다.

이동거리는 가급적 짧아야 한다.

작업은 기계로 전환되어야 한다.

⑤ 작업은 단순화되어야 한다.

시선의 마주침은 거의 없어야 하며 한꺼번에 이루어져야 한다.

불필요한 행동, 지연, 유휴시간은 제거되어야 한다.

요구되는 정밀도와 통제는 감소되어야 한다.

동작의 수는 최소화되어야 한다.

(2) 작업장 배열에 관한 원칙

① 모든 공구나 재료는 정위치에 놓도록 해야 한다.

② 공구, 재료 및 제어기구들은 사용장소에 가깝게 배치해야 한다.

③ 공구, 재료 및 제어기구들은 동작의 순서와 방향에 맞추어 배치해야 한다.

④ 재료를 사용장소로 보낼 때는 중력을 이용한 송달상자나 용기를 사용한다.

⑤ 작업장은 작업과 인간에 적합한 곳이어야 한다.

(3) 인간의 노력을 덜어주는 기계 장비의 사용원칙

① 바이스와 죔쇠(clamp)는 작업물을 꽉 잡아 줄 수 있다.

② 유도장치(guide)는 작업자의 각별한 주의가 없이 작업물의 위치를 정해 줄 수 있다.

③ 제어기구와 발로 작동되는 장비들은 일손을 덜어 줄 수 있다.

④ 기계 장비들은 인간의 능력을 배가시킬 수 있다.

⑤ 기계시스템은 인간이 사용하기에 적합해야 한다.

◇ 동작경제의 기본원칙과 그 계통 ◇

기본원칙	개선점 발견의 힌트	동작방법에 관한 계통	작업장소 정비에 관한 계통	치공구 이용에 관한 계통
Ⅰ. 작업을 할 때에는 양손을 항상 동시에 사용할 것	<대기> <균형대>	1. 양손은 각 동작을 동시에 시작하여 동시에 종료하도록 한다. 2. 양손의 동작은 동시에 반대방향으로 더욱이 대칭 적 경로가 되도록 한다.		3. 대상물의 장기간의 유지에는 유지구를 이용한다. 4. 간단한 작업 또는 힘을 요하는 작업에는 발이나 다리를 사용하는 기구를 이용한다.
Ⅱ. 필요한 기본동작의 수를 최소로 할것.	<찾는다> <운반한다> <생각한다> <앞에 놓는다> <바꿔 쥔다>를 없앤다 <삽는다> <조립>을 용이하게 한다.	1. 불필요한 종류의 동작을 배제한다. 2. 필요한 동작의 수를 감소시킬 것 및 2개 이상의 동작의 결합을 고려한다.	3. 재료나 공구는 작업순서에 맞추어 놓는다. 4. 재료나 공구는 작업하기 쉬운 상태로 놓는다.	5. 재료나 부품을 쥐기 쉬운 용기나 기구를 이용한다. 6. 치구 등의 조임에는 동작 수가 적은 기구를 이용한다. 7. 2개 이상의 공구는 하나로 결합한다.
Ⅲ. 개개의 동작의 거리를 최단으로 할 것	팔을 움직이는 거리를 적게 한다. 가슴의 동작을 적게 한다. 보행을 적게 한다.	1. 사용 신체부위의 범위를 최소로 한다. 2. 최적 신체부위를 사용한다.	3. 작업정역은 지장이 없는 한, 좁게 하고 재료 공구는 가능한 한 근처에 둔다.	4. 동력이용의 보급장치나 슈트를 이용한다.
Ⅳ. 동작을 안락하게 한다.	힘이 드는 작업 부자연한 자세. 주의가 필요한 작업을 추방한다. 방향조절, 변환 등 어려운 동작을 추방한다.	1. 제한이 없는 기초동작에 접근시킨다. 2. 동작의 방항은 무리 없이 그 변환을 원활하게 한다. 3. 관성, 동력, 중력 등을 이용한다.	4. 작업점의 높이를 적당히 한다.	5. 일정한 운동, 경로를 규제하기 위하여 치구나 가이드를 이용한다. 6. 가능한 한 동력공구를 이용한다.

1. 작업측정기법의 종류

- 시간연구법: SW법, 필름 분석법
- 워크 샘플링법
- 표준자료 측정법

2. 기법 간 비교

항 목 \ 기 법	시간연구법		PTS법	워크 샘플법	실적 기록법
	스톱워치법	촬영법			
분석자의 필요기법	스톱 위치	이동분석 기재 조작법	규정훈련 과정이수	약간의 통계지식	불필요
용 구	스톱워치	촬영법 영사기필림	자, 저울		
소요시간	少	多(미세 동작분석)	다양	少	少

항 목 \ 기 법	시간연구법		PTS법	워크 샘플법	실적 기록법
	스톱워치법	촬영법			
일선 감독자의 마음가짐에 따라 수치가 변동되는가?	때에 따라 변동	不變	不變	변동	변동
상세한 표준이 될 수 있는가?	있다	있다	있다	없다	없다
Rating의 필요성 유무	有	有	無	無	全無
여유율 부가의 필요성 여부	있다	있다	있다	있다	없다
종업원에 대한 심리적 영향의 유무	有	有	無	無	全無
장려급에 대한 유효성 유무	有	有	有	無	無
생산개시 전 표준시간 예측	不可		가능	불가	
다른 자료 응용	곤란		용이	곤란	
정도의 확인여부	곤란		용이	곤란(부작위성 보장이 곤린함, 사이클이 길어야 함), 집단작업도 측정가능, 작업의 교체가 빈번할 때 비가동의 규모와 원인파악	
적용 작업종류	어떤 작업이라도 가능		기계시간율 불가		
기　타	소요시간이 짧고 용이하게 측정		전문기술이 필요함		

표준시간 설정기법의 비교

항 목	기 법	시간연구	PTS	표준 자료법
표준시간의 특성평가 요 인	정확성	C	A	B
	공평성	B	A	A
	일관성	C	A	A
	간편성	A	C	A
분석자의 필요기술 난이도		쉽 다	어렵다	보통이다
용 구		스톱워치	저울, 자	–
소요시간		적 다	여러 가지	많다(자료작성)
라인 감독자의 의지에 의하여 수치가 좌우되는가?		때로는 좌우된다	안 된다	안 된다
상세한 표준이 되는가?		된 다	된 다	된다(다만 정리 에 따르는 오차가 있다)
Rating의 필요성		있 다	없 다	없 다
여유율 가산의 일관성		있 다	있 다	통상 있다
수치의 일관성		양 호	우 수	우 수
종업원에 대한 심리적 영향		때로는 좋지 않다	좋 다	좋 다
장려급에 대한 유용성		있 다	있 다	있 다

<table><tr><td>35</td><td>P T S(Predetermined Time Standard System)</td></tr></table>

P T S(Predetermined Time Standard System)
(예정시간 표준법)

1. 정 의

작업 또는 작업방법을 기본적으로 분석하고, 기본동작에 대하여 그 성질과 조건에 따라 이미 정해진 기준 시간치를 사용하여 알고자 하는 작업동작의 시간치를 구하고 이를 집계하여 정미시간을 구하는 방법

※ "사람이 통제할 수 있는 작업동작은 한정된 종류의 기본 요소동작으로 세분할 수 있으며, 이들 기본요소동작은 일정 조건하에서 언제 어디서나 일정한 시간치를 갖는다. 따라서 일단의 작업동작의 소요시간은 요소동작시간의 합계이다."

2. 특 징

방법을 합리적으로 개선할 수 있다.
표준자료의 작성이 용이하므로 표준시간 설정의 공수 삭감
동작과 시간의 관계를 관리자 및 작업자에게 쉽게 인식
작업자에게 최적의 작업방법훈련
작업방법에 변경이 생겨도 표준시간의 개정을 쉽게 할 수 있다
생산 개시 전에 표준시간을 설정하므로 계획 수립이 용이
작업자의 노력이나 능력에 관계없이 객관적으로 표준 결정가능

3. WFM법과 TM법의 선택

가. 공통점

- 동작을 분석한 후 동작시간표에 따라 시간치를 설정한다.
- 정규의 자격소지자가 분석한다.
- 상세법과 간이법이 없으며 넓은 적응성이 있다.

나. 차이점

- WF는 규칙이 복잡하나 규칙만 알면 무경험자도 가능
- MTM은 규칙이 간단하나 경험과 판단력 필요
- WF의 단위시간: 1 / 10,000분, 1 / 1,000분
- MTM의 단위시간: 1 / 100,000시간
- WF는 속도를 장려 pace기준(125%)
- MTM은 정상속도 기준

1. 의　의

　사람이 행하는 작업을 기본동작으로 분석하고, 각 기본동작은 그 성질과 조건 따라 미리 정해진 시간치를 적용하여 정미시간을 구하는 방법

2. 용　도

- 작업방법의 개선
- 표준설정
- 기타, 감독자 훈련, 작업자 훈련

3. 기본동작

① R(reach)
　-case
- A: 쉬운 목적물
- B: 보통의 목적물
- C: 매우 어려운 목적물
- D: 아주 작은 목적물
- E: 대상이 없는 경우

-TYPE

- Ⅰ: (R−A): 정지상태에서 정지상태로
- Ⅱ: (mR−A)(R−Am): 1동작 전 또는 동작 후에 동작이 있는 경우
- Ⅲ: (Mr−Am): 사전과 사후에 계속 동작이 있는 경우

② M(move)
　-case
- A: 종전까지 이동
- B: 대체의 위치, 불확정 위치로 이동
- C: 정확한 위치까지 이동

-TYPE: Reach와 동일

③ C(cranking motion)
　-목적물
　-표기방법 5C300 · 6

- 5: 회전 수
- 30: 직경(㎝)
- 6: 저항(㎏)

-FMU: ((N · T + 5.2)R) + K

- N: 회전 수
- T: 시간치
- R: 저항계수
- K: 저항상수

④ T(Turn)

    T90L (90: 각도 L: 저항kg)

⑤ AP(Apply pressure)

−AP1: 밸브를 조이는 정도

−AP2: SW를 누르는 정도

⑥ G(Grasp)

⑦ RL(Release)

 −RL1＝2.0 TMU(놓는 정도)

 −RU2＝0 TMU(접촉 잡음을 끝내는 동작)

⑧ P(Position)

 −case

    P1: 자중으로 들어가는 것
    P2: 약간 힘을 요하는 정도
    P3: 큰 힘을 요하는 상태, 꼭 맞는 맞춤의 정도
    P2S: 대칭(원형)
    P2SS: 반대칭(4각구멍)
    P2NS: 비대칭(열쇠구멍)
    P2SE: 쉽게 조립
    P2SP: 힘들게 조립

⑨ D(Disengage)

⑩ 눈의 이동

⑪ 눈의 초점 맞추기(EF)

⑫ 신체의 보조동작

⑬ Date card 이외의 시간치

⑭ 전신동작

4. 동시동작

- 동작연합

  결합동작: 동일 신체부위에서 동시에 행해지는 동작

  동시동작: 다른 신체부위에서 동시에 행해지는 동작

  복합동작: 결합동작과 동시동작이 같이 일어나는 경우
- 시한동작과 피시한동작(동작연합)

  시한동작: 시간이 많이 걸리는 동작

  피시한동작: 시간이 적게 걸리는 동작

  − 결합동작에서는(/)로 표시

  − 동시동작에서는(0)로 표시

  ※ 정상시야의 범위는 눈에서 40㎝ 거리에서 10㎝ 범위

5. MTM1과 MTM2

- MTM2는 기본동작을 9개로 단순화시켜 분석은 쉽고 간단하지만 정도는 떨어진다.
- 보통 2분 이내의 자주 반복되지 않는 작업분석에 주로 사용된다.

1. 구 성

  기초동작: 주어진 거리와 주어진 신체부위에 대하여 이를 행할 경우의 곤란도, 정도, 동작의 조절이 최소한도의 동작, 가장 편하고, 빠르게 행할 수 있는 자연의 동작
  WF: 중량, 조절 등으로 임한 동작시간의 지연을 보상하기 위한 할증 단위

2. 4종류의 시간변수

  ① 신체부위
  ② 움직이는 거리
  ③ 중량, 저항
  ④ 동작의 곤란성

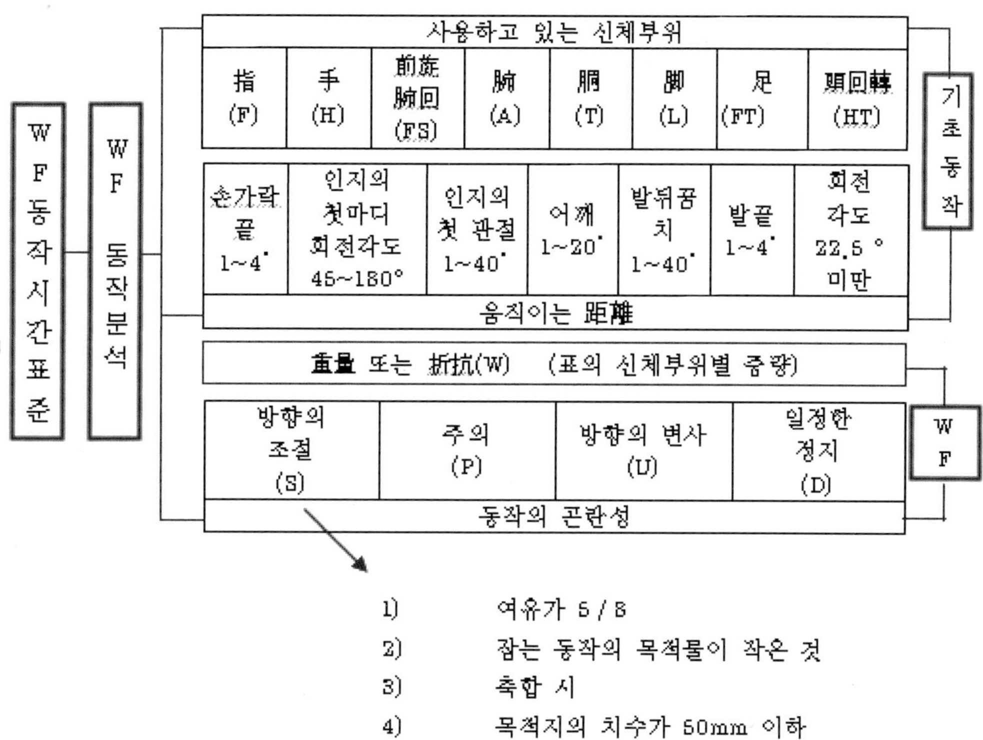

1)   여유가 5 / 8
2)   잡는 동작의 목적물이 작은 것
3)   축합 시
4)   목적지의 치수가 50mm 이하

3. 표준요소

T: 이동   DA: 분해   P P: 전치   A: 조립

G: 붙잡기   RL: 놓다   MP: 정신과정   U: 사용

4. 표기방법

신체부위＋거리＋WF(W, S, P, U, D)

● 側定點

정확하고 이의가 있는 측정을 하기 위하여 여러 가지 측도가 협정되어 있다. 측도를 규정하는 것은 측정점이므로 측정점을 정확히 검출할 필요가 있으며, 이 측정점은 인체의 피하에 측정된 골의 도기부가 되는 경우가 많다.

이는 골격이 물리적 압박에 대한 변형이 적기 때문이다.

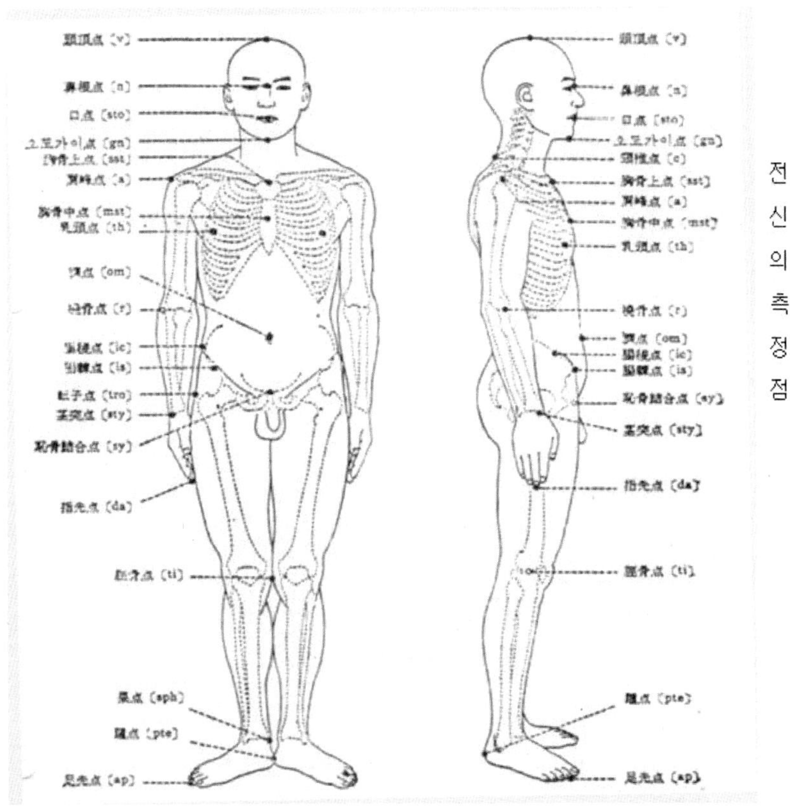

1. 피치 다이어그램에 의한 라인 밸런싱

* 각 공정의 사이클타임을 피치 다이어그램으로 작성하고 피치 다이어그램상에서
  위쪽으로 심하게 벌어진 공정의 작업을 분할하거나 결합하여 공정능력의 평준화
  를 기한다.

$$Eb = \frac{\sum ti}{m\ tmax} \times 100$$

Eb = 라인밸런스 효율
Σti = 각 공정의 사이클타임 합계
$tmax$ = 애로공정 사이클 타임 or 피치 타임
m = 작업자 수

사 례

① 현재 애로공정은 제5공정(42초)이며, 일생산량과 작업자 수 및 라인 밸런스효
   율은 다음과 같다(실동시간 480초)

(가) 일생산량 $= \dfrac{480 \times 60}{42} = 686$개

(나) 작업자수 $= 11$명

(다) $Eb = \dfrac{30+32+31+33+42+33+34+35+31+36}{42 \times 11} \times 100 = \dfrac{337}{462} \times 100 ≒ 73\%$

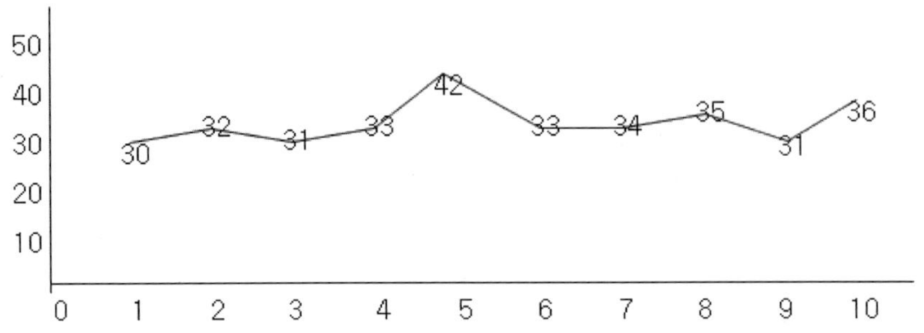

② 제1회 분할 제5공정을 분할하여 2명이 작업하면 공정시간은 21초 되며 애로공
정은 제10공정(36초)이 된다.

(가) 일생산량 $=\dfrac{480\times60}{36}=800$개

(나) 작업자 $=12$명

(다) $\mathrm{Eb}=\dfrac{30+32+31+33+21+\times2\div2+33+34+35+31+36}{42\times11}\times100=\dfrac{337}{432}\times100=78\%$

③ 제2회 분할 제10공정을 분할하여 2명이 작업하면 공정시간은 18초 되며 애로
공정은 제8공정(35초)이 된다.

(가) 일생산량 $=\dfrac{480\times60}{35}=823$개

(나) 작업자수 $=13$명

(다) $\mathrm{Eb}=\dfrac{337}{476}\times100\fallingdotseq74\%$

④ 제3회 분할 제8공정을 분할하여 2명이 작업하면 공정시간은 18초가 되며 애로
공정은 제7공정(34초)이 된다.

212

(가) 일생산량 $= \dfrac{480 \times 60}{34} = 847$개

(나) 작업자수 $= 14$명

(다) $Eb = \dfrac{337}{476} \times 100 ≒ 71\%$

결과 1회 분할 시(작업자 12명) Eb가 가장 높으므로 생산성이 높고 경제적인 방법임

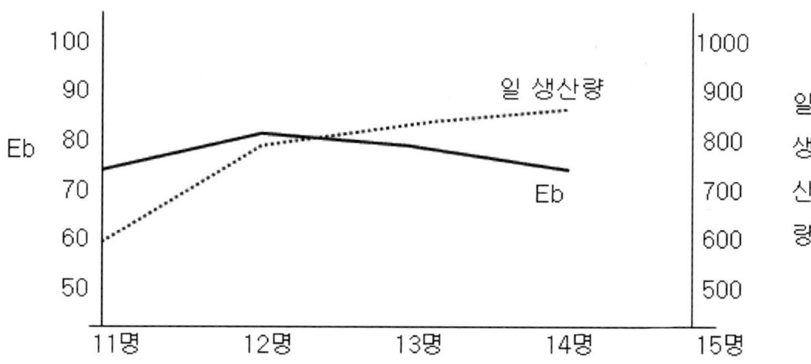

39 작업순서(Job Sequencing)

1. 의 의

개별 생산공정에서 작업장의 효율을 높이고 납기를 지키기 위해서는 주어진 기계(작업장)에서 어떤 순서로 일감을 처리해야 하는가를 결정하는 것이 중요하다. 이는 대부분의 주문생산이나 일부 뱃치 생산에서는 기계나 작업의 순서가 일감에 따라 다르기 때문이다.

2. 우선순위 규칙(Dispatching priority rule)

가. 종 류

① 선착 우선(first come first served: FCFS): 일감의 도착순서에 따라 처리하는 것으로 '공정성'에 입각한 규칙이다.

② 최소작업시간 우선(shortest operation: SOT): 작업시간이 짧은 것부터 처리한다.

③ 최대작업시간 우선(longest operation: LOT): 작업시간이 긴 것을 먼저 처리한다.

④ 최소 납기우선(longest operation: DD): 납기가 이른 것부터 처리한다.

⑤ 최소 여유시간 우선(earliest due date: DD): 여유시간이 없는 것부터 처리한다.

여유시간＝잔여납기일수－잔여작업일수

⑥ 잔여작업의 최소여유시간 우선(least slack per remain operation: S / O):

$$\text{우선순위} = \frac{\text{잔여 납기일수} - \text{잔여작업일수}}{\text{잔여작업의 수}} = \frac{\text{여 유 시 간}}{\text{잔여작업의 수}} \Big\}$$

⑦ 랜덤 우선(random selection: RAND): 무작위로 작업순서를 정한다.

나. 각 규칙의 평가기준

① 납기이행
② 작업진행의 최소화
③ 재공 작업 내지 공정품의 최소화
④ 기계 및 작업유휴시간의 최소화

※②는 능률과 진행률 우수
  ⑥은 납기이행률 우수
  ①은 모든 면에서 낮은 평가

40 | 표준시간

1. 정 의

표준시간(standard time)이란, 작업을 수행하는 데 필요한 숙련도와 적성을 갖춘 작업자가 정해진 작업 방법과 설비를 사용하여, 정해진 작업조건 아래서 정해진 시간 내에 해로운 영향을 받음이 없이 최대의 육체적 노력을 발휘할 수 있는 작업 속도로 일을 할 때, 1단위의 작업량을 완성하는 데 필요한 소요시간이다.

표준시간은 정상시간에 여유시간을 부가하여 산정한다.

$$표준시간 = 정상시간 + (정상시간 \times 여유율) = 정상시간 \times (1 + 여유율)$$
$$또는 표준시간 = 정상시간 \times (1/1 - 여유율)$$

2. 산정절차

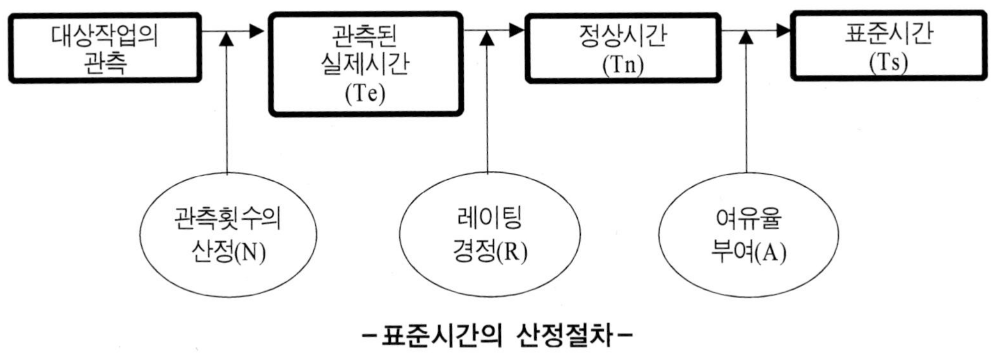

－표준시간의 산정절차－

3. 정미시간

: 작업수행에 직접 필요한 시간으로 숙련된 다수의 작업자가 표준작업방법으로
  작업하는 데 소요되는 시간이다.
- 작업자의 95%가 주어진 작업을 수행하는 시간
- 작업시간 분포의 평균치

※ SW법에서는 측정치에서 Rating을 거친 후의 시간이며, PTS법에서는 산출된
  시간이 바로 정미시간이다.

4. 내경법과 외경법

: 표준시간은 정미시간에 여유율을 감안하여 산출하는데, 이때 여유율을 나타내는
  방법에 따라 내경법과 외경법으로 구분한다.

• 외경법

$$여유율 = \frac{여유시간}{정미시간} \times 100$$

$$표준시간 = 정미시간 + 여유시간 = 정미시간 \times (1 + 여유율)$$

• 내경법

$$여유율 = \frac{여유시간}{실동시간} = \frac{여유시간}{정미시간 + 여유시간}$$

$$표준시간 = 정미시간 + 여유시간 = 정미시간 \times \left(\frac{1}{1 - 여유율} \right)$$

• 비　교

　여유율의 계산에서 외경법은 정미시간에 대한 여유시간의 비율이며, 반면 내경법은 실동시간에 대한 비율이다. 따라서 여유율이 같으면 내경법의 표준시간이 크다.

❑ 여유시간

1. 정　의

: 작업자는 휴식 없이 작업을 계속할 수 없고, 또한 작업 중에는 작업자의 책임이 아닌 여러 가지 지연이 일어난다. 따라서 표준시간 설정 시 정미시간 외에 적당한 여유를 주는 것이다.
　여유시간은 발생이 불규칙적이고 우발적이므로 편의상 발생률, 평균시간을 정미시간에 가산한다.

2. 종　류

여유 ┌ 일반여유: 용무여유, 피로여유, 작업여유, 관리여유

　　　└ 특수여유: 기계간섭여유, 조여유, 소로트 여유, 장사이클 여유, 기타여유, 장려여유

가. 일반여유

- 일반여유는 어떠한 작업에도 공통적으로 부여하는 여유
- 용무여유
  - 생리적 요구에 따른 여유로 개인차나 작업환경에 따라 차이가 있음
  - 남자 2~4%, 여자 4~6%
  - 휴식시간이나 자동이송장치의 이송시간의 길이도 고려한다
- 피로여유
  - 피로에 의해 작업능률이 저하되는 것을 극복하기 위해 부여하는 시간
  - 피로여유의 결정방법

$$F = (Fa + Fb) \times L + Fc$$

Fa: 정신적 노력에 의한 여유율
Fb: 육체적 노력에 의한 여유율
L: 회복계수(유휴시간)
Fc: 단조감에 대한 여유율

- 작업여유
: 작업수행과정에서 불규칙적으로 발생하고, 정미시간에 포함시키기 곤란하거나 바람직하지 않은 작업상의 지연
※ 재료취급, 기계취급, 치공구취급, 몸준비, 작업 중의 청소, 작업중단
- 관리여유
: 직장관리상 필요하거나 관리상의 불비에 의하여 발생하는 작업상의 지연(작업자의 노력으로 피할 수 없는 지연)
※ 재료대기, 치공구대기, 설비대기, 지시대기, 관리상지연, 사고 등

나. 특수여유

① 기계간섭여유: 1명의 작업자가 2대 이상의 기계를 조작할 경우 기계간섭이 발생함으로써 생산량이 감소하는 것을 보상하는 여유시간

※ Wight의 방법

$$I = 50 \left(\sqrt{(1 + X - N^2) + 2N} - (1 + X - N) \right)$$

I: 평균 수취급시간에 대한 기계간섭률(%)

X: 평균 수취급시간에 대한 기계시간비율(%)

N: 기계대수

② 조여유: 작업자가 조를 이루어 작업할 경우, 상호 작업을 동기화시키기 위하여 발생하는 개개인의 작업지연을 보상한다.

③ 소로트 여유: 로트 수가 작기 때문에 정상작업 pace를 유지하기 곤란한 것을 보상한다.

* 로트의 크기가 작으면 작업을 시작하여 충분히 능률이 오르기 전에 작업이 완료됨

④ 장사이클 여유: 작업의 사이클이 길면 발생하는 작업의 변동이나 육체적 곤란 및 복잡성에 대한 보상

* 육체적 작업 중 비반복성인 부분에 적용한다.

⑤ 장려여유: 임금지급제도와 관련되는 정책적 여유

* 성취급제도나 능률급 제도와 같은 장려제도에서 평균작업자가 기본급에 대해 몇 %의 할증금을 받도록 하느냐를 결정하게 되는데, 이때 할증금의 비율을 표준시간에 포함시키는 계수이다.

❏ 스톱워치법

1. 적용순서

① 작업(작업 방법·장소·도구 등)을 표준화한다.
② 측정할 작업자(대상자)를 선정한다.
③ 작업자가 수행하는 작업을 요소작업으로 분할한다.
④ 이들 요소작업별로 실제 소요시간을 관찰·기록한다.
　 아울러 수행도평정(performance rating)을 행한다.
⑤ 이미 ④에서 얻어진 샘플데이터를 토대로 관측횟수를 결정한다.
⑥ 정상시간을 산정한다.
⑦ 작업 중 수반되는 여유를 고려하여 여유율(여유시간)을 결정한다.
⑧ 정상시간에 여유시간을 가산하여 표준시간을 산정한다.

2. 관측실시방법

① 대상작업을 분할한다.
　　작업을 이해한다.
　　시계를 보면서 분할한다.
　　작업성질 및 관측의 목적에 분할한다.
　　관측의 목적에 따라 분할한다.
② 요소작업을 관측용지에 기입한다.

③ 관측위치와 자세를 결정한다.
- 작업이 잘 보이는 위치에 선다
- 작업자의 전방(비스듬히) 1.5~2m 떨어진 곳
- 작업에 방해가 되지 않도록
- 작업자의 동작 부분과 스톱워치가 눈과 일직선상에 있도록

④ 관측방법
- 반복법: 요소작업별로 스톱워치를 정지시켜 측정
- 계속법: 스톱워치를 끝까지 계속 작동시키고 순간순간 요소작업의 끝을 읽어서 기록한다.
- 누적법: 시계를 2~3개 사용하여 계속법의 불편을 보완하는 방법
- 순환법: 요소작업이 너무 짧은 경우 몇 개의 다른 요소작업과 조합하여 측정

⑤ 관측횟수 결정

$$N = \left(\frac{KS}{a\overline{X}} \right)^2$$

N: 필요한 관측횟수
K: 신뢰 수준(표준편차의 배수)
a: 요구되는 정도
X: 평균시간치

⑥ 관측횟수의 사후평가
⑦ 이상치의 제거

1. 정 의

작업을 관측하여 표준시간을 설정하는 경우, 관측 시간치를 그대로 정상시간으로 볼 수는 없다. 작업방법이 같아도 사람에 따라 또 컨디션에 따라 생산량이 변한다. 이에 따라 실제 관측된 작업속도를 정상적인 기준 속도와 비교한 평정계수로 수정하는 것을 Rating이라 한다.

2. 절 차

① 기준이라는 정상적인 작업속도를 미리 익힌다.
② 관측 중에 평정을 실시한다.
③ 비교한 결과를 rating factor로 나타낸다.
   (평정계수＝실제작업속도 / 정상작업속도 × 100)
④ 관측시간을 평정계수로 곱하여 정미시간을 계산정미시간＝관측시간 × 평정계수 / 100

3. 종 류

가. 수행도 평가법, 속도 평가법

* 작업의 유효속도를 관측자가 주관적으로 평가하여 평정하는 방법
* 평가자의 주관이 개입되기 쉬움

나. 객관적 평가법

* 주관의 개입을 적게 하고 평가오차를 줄이기 위한 방법
* 객관적인 표준 베이스를 기준으로 실작업의 속도를 1차 평가한 후 작업내용 및 작업의 곤란성 등에 대하여 미리 결정한 수치를 기계적으로 적용하는 방법

다. 평준화법

* 작업수행의 변동요인을 4항목으로 분해하여 이들을 정성적으로 평가한 결과가 정량적으로 어떻게 되는지 알아본다.
* 요소작업보다는 전 작업평가에 이용된다.
* 작업방법의 변동이 없거나 평균적인 작업속도를 유지하고 있는 경우에 적용된다.

라. SAM Rating

마. 종합적 평준화

4. Rating 훈련요령

가. 개 요

미리 정확한 레이트가 정해진 작업필름을 보고 평가하여 경향이나 정도를 체크하

여 교정하는 방법

나. 훈련의 목표

① 평가의 경향을 교정한다.
　　┌보수주의
　　└극단주의
② 평가의 변화를 감소한다.

다. 훈련요령

① 품질상의 요구, 취급중량 등 작업내용에 대해 파악한다.
② 필름을 보고 각자 평정을 한다.
③ 올바른 레이트와 각자가 평정한 레이트를 표에 기입한다.
④ 그래프를 작성하여 오차를 스스로 인식한다.
　　┌　대각선에 가까운 것은 정도가 좋다.
　　│　대각선보다 높은 것은 후한 평가
　　└　경사가 낮은 것은 보수적 경향
⑤ 다시 필름을 보고 자신의 오차의 성질을 스스로 확인한다.

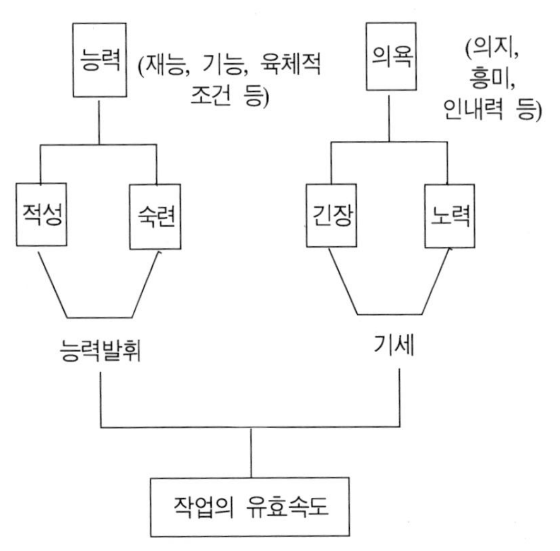

작업수행도의 변동요인

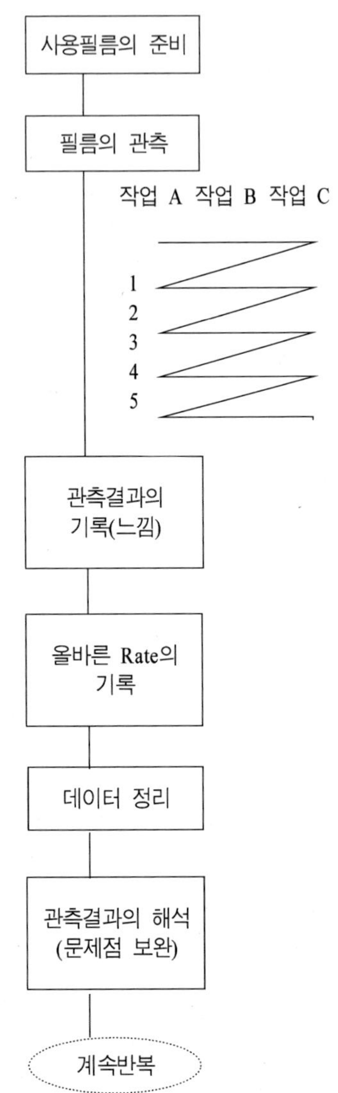

± 10% 내에 모든 점이 들어올 때까지

42 WS(Work Sampling)

1. 정 의

통계적인 샘플링 방법을 이용하여 작업자나 기계의 가동상태를 통계적으로 계수
적으로 파악하는 측정기법

2. 특 징

- 한 사람이 다수의 작업자나 설비를 대상으로 관측할 수 있다.
- 대상자가 의식적으로 행동하는 일이 적으므로 결과의 신뢰도가 높다.
- 개개의 작업에 대한 깊은 연구는 곤란하다.
- 대상자가 작업장을 떠났을 때 그 행동을 알 수 없다.
- 노력이 적게 들며 조사기간을 길게 하면 평상시의 작업 상황을 그대로 반영시
  킬 수 있다.

3. WS의 통계적 원리

	현실모델	통계적모델
	기계의 정지율	항아리속의 빨간 구슬의 비율
통계적 추정의 그림	(A) 8:00 / (45 분간) / 16:45 — 임의 샘플링 (취어고 샘플링) / 샘플 (정지중이거나 가동중이거나) / 추정 (8시간내의 기계 정지율 15%)	(B) 추정 (항아리속의 빨간 구슬의 비율 15%) / 임의 샘플링(샘플 추정) / 취소
추정의 대상	8시간의 기계상태	항아리속의 구슬전부
샘플링(샘플의 추출)	임의의 시간에 기계의 상태를 순간적으로 관측한다. 총관측횟수 500회	항아리속에 손을 넣고 잘 섞어 임의로 구슬을 하나씩 꺼내고 또 항아리를 되돌린다. 꺼낸 횟수 500회
샘플의 추정	기계가 정지중이거나 가동중이거나: 정지중 75회	구슬이 빨간 구슬인지 아닌지: 빨간 구슬 75회
추정치	그날의 기계 정지율 $\dfrac{75}{500} = 0.15 = 15\%$	항아리속의 빨간 구슬의 비율 $\dfrac{75}{500} = 0.15 = 15\%$

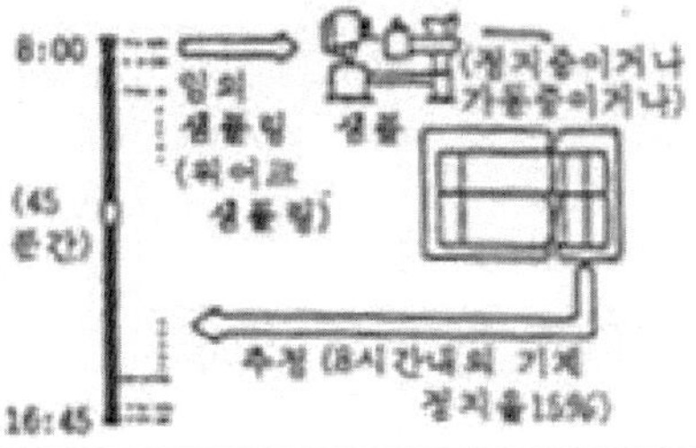

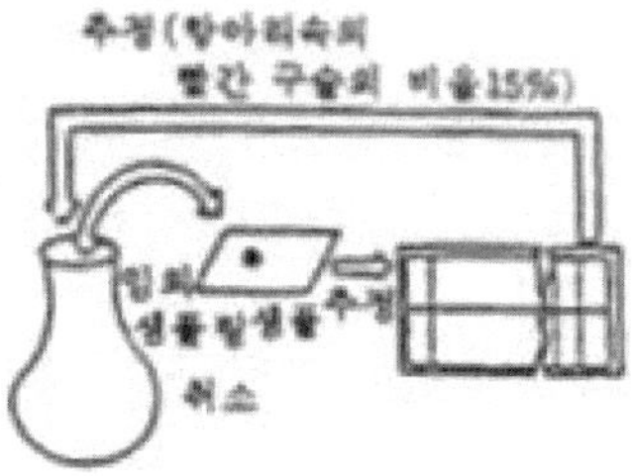

표 왼쪽 세로 항목: 추정하고 싶은 항목

4. 관측 수의 결정

$$N=\left(\frac{K}{e}\right)^2 \frac{1-P}{P}$$

N: 관측횟수

K: 신뢰수순에 의한 표준편차의 배수

e: 정확도(허용오차)

P: 발생률

1. 3정 의미

정품, 정량, 정위치

2. 5S 의미

1) 5S관리 활동이란 정리·검토·청결·바른 자세 등 5요소를 말한다. 이 5대요소를 일본에서는
   ① 정리(seiri) ② 정돈(seiton) ③ 청소(seisoh) ④ 바른자세(shituike)의 머리글자를 따라서 5S의 개별요소를 설명하고 다음과 같다.
   ① 정리란 필요한 것과 불필요한 것을 구분하고, 작업현장에서 필요한 것 외에는 일체 두지 않음을 의미한다.
   ② 정돈이란 필요한 것을 누구나 손쉽게 즉시 사용할 수 있는 상태로 질서 있게 정리함을 말한다.
   ③ 청소란 작업현장을 먼지 없는 상태로 관리하기 위한 활동을 말한다.
   ④ 청결이란 깨끗한 현장을 가꾸기 위한 유지활동을 말한다.
   ⑤ 바른 자세란 정해진 절차나 바른 작업 자세를 유지함을 말한다.

3. 5S관리의 효과

5S관리를 실시함으로써 얻어지는 효과는 다음과 같다.
① Loss 제로 – 원가절감, 능률 향상
② 재해제로 – 안전관리 향상
③ 고장제로 – 보전관리 향상
④ 불량제로 – 품질관리 향상
⑤ 준비제로 – 다품종화가 가능
⑥ 클레임제로 – 신용 향상
⑦ 적자제로 – 기업발전 등 적극적 효과를 얻게 된다.

44　TPM

1. TPM의 탄생과 발전

일본 자동차 부품 종합 메이커로 유명한 니혼덴소에서 처음으로 TPM이 탄생하였다.

생산보전을 도입한 것은 1961년이지만 그 후 자동화의 진전에 따라 1969년부터 전원참여의 TPM을 기치로 큰 성과를 얻어 1971년도 PM상을 받았다.

2. TPM의 정의

1) 생산시스템의 효율화를 극한 추구(통합적 효율화)하는 체질 구축을 목표로 하여
2) 생산시스템의 라이프 사이클 전체를 대상으로 하는 재해제로, 불량제로, 고장 제로 등 모든 손실을 미연에 방지하는 체제를 현장, 현물로 구축하고,
3) 생산 부분을 비롯해서 개발, 영업, 관리 등 모든 부분에 걸쳐
4) 최고 경영자에서 현장 작업자에 이르기까지 전원이 참가하여
5) 중복 소집단 활동을 통해 손실 제로를 달성하는 일을 말한다.

3. TPM의 8본주(중점 활동)

1) 자주보전
2) 개별 보전
3) 계획보전
4) 교육 훈련   — 초기 생산 부문의 TPM전개 당시는 5가지를 중점적으로 활동
5) MP설계 및 초기 유동관리
6) 품질 보전
7) 사무 가전 부문   — TPM이 전사적으로 확산되면서 추가됨
8) 안전위생과 환경

4. TPM과 TQC의 특색비교

구 분	TQC	TPM
목 적	기업의 체질개선 (실적향상, 밝은 직장 만들기)	
관리대상	품 질 (아웃풋 측, 결과)	설 비 (인풋 측, 원인)
목적달성의 수단	관리의 체계화 (시스템화, 표준화) – 소프트화 –	현장현물의 바람직한 모습 실현 – 하드 지향 –
사람 만들기	관리기술 중심 (QC기법)	고유기술 중심 (설비기술, 보전기능)
소집단활동	자주적인 서클활동	직제활동과 소집단활동의 일체화
목 표	PPM오더의 품질	로스, 낭비의 철저배제 (제로 지향)

5. TPM추진성과

'사람과 설비체질개선으로 기업의 체질개선'

사람의 체질 개선	-FA시대에 걸맞은 요원 육성 - ① 오퍼레이터: 자주보전능력 ② 보전원: 메카트로설비의 보전능력 ③ 생산기술자: 보전이 필요 없는 설비계획능력

↓

설비의 체질개선	① 현존설비의 체질개선으로 인한 효율화 ② 신설비의 LCC설계와 수직가동

↓

기업의 체질 개선

❑ TPM의 5대 기둥

1. TPM의 정의

1) 생산시스템의 효율화를 극한 추구(통합적 효율화)하는 기업 체질 구축을 목표로 하여

2) 생산시스템의 라이프 사이클 전체를 대상으로 하는 '재해제로', '불량제로', '고장제로' 등 모든 손실을 미연에 방지하는 체제를 현장, 현물로 구축하고,

3) 생산 부분을 비롯해서 개발, 영업, 관리 등 모든 부분에 걸쳐

4) 최고 경영자에서 현장 작업자에 이르기까지 전원이 참가하여

5) 중복 소집단 활동을 통해 손실제로를 달성하는 일을 말한다.

2. 적용(활용)범위

TPM추진을 위해서는 기본적으로 자주보전, 계획보전, 개별 보전, MP활동, 교육
훈련, 품질 보전, 환경 & 안전, 사무간접TPM 등 대부분의 회사에서 8본주 활동을
추진하고 있으나, 그중 아래 5대 기둥이 TPM의 기본 활동임.

3. TPM의 5대 기둥

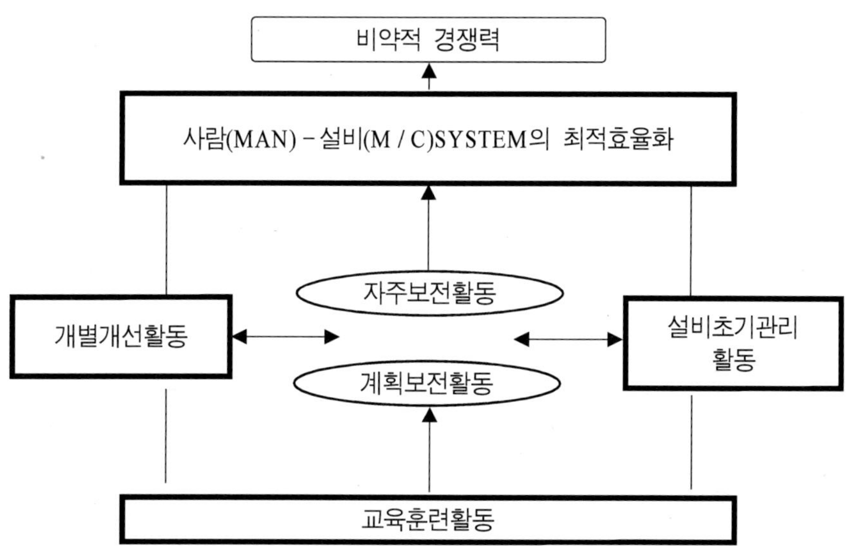

1) 자주보전: 운전원 스스로가 정해진 스텝에 따라 중복소집단 활동으로 진행하여
   자기의 설비는 자기가 지킨다는 사고의 전환을 통해 설비에 강한 오퍼레이터

를 육성해 나가는 활동임.

2) 계획보전: 설비의 예방의학적인 입장에서 행해지는 설비 이상의 조기 발전과 조기 치료를 말한다. 즉 계획보전의 기본적인 활동은 주기적인 검사와 검사의 결과에 따라 계획적으로 열화를 회복하는 일의 두 가지이다.

3) 개별개선: 설비의 효율화란? 설비의 가동상태를 양적, 질적인 면으로 파악해 부가가치를 만들어 내는 양과 질을 어떻게 높이느냐 하는 것이다. 즉 이러한 설비의 효율화를 저해하는 커다란 6대 LOSS를 발굴하여 제거해 나가는 활동이 개별개선이다.

※ 고장로스, 작업 준비 & 조정로스, 일시정지로스, 속도저하로스, 공정불량로스, 초기수율저하로스

4) 설비초기관리 활동: 신설비를 일정기간 동안 품질, COST, 생산량을 달성할 수 있도록 공정 기술, 보전 부문 및 분담하여 공정안정화를 위한 공동관리 활동을 말함.

5) 교육 훈련: 도입교육부터 시작해서 스텝진행방법, 점검기능교육, 보전 기능교육, 일상교육과 그 외 필요에 따라 안전, 품질, 운전, 조작, 준비교체 등 교육을 체계적으로 실시하여야 한다.

□ TPM에서의 자주보전

1. 정의 / 목적

자주보전 활동은 제조 부문을 중심으로 한 오퍼레이터의 활동이다. 설비의 기본조건(청소, 급유, 더조이기)을 정비하여 그것을 유지하고 사용조건을 지키고, 총점검에 의해 열화를 복원하고 설비에 강한 오퍼레이터를 양성하여 자주관리라는 목표를 7스텝의 전개 프로그램에 근거한 교육, 훈련과 실천의 반복으로 목적을 실현해 나간다. 이러한 일련의 스텝과정을 거쳐 오퍼에이터 본인이 정한 기준에 따라 설비에 대한 유지관리 활동을 자주보전이라 한다.

2. 적용범위

자주보전활동은 주로 생산제조설비와 오퍼레이터를 중심으로 진행되지만 보전부문의 계획보전과 동시에 진행시켜야만 효과가 있다.

TPM추진효과

1) 협의 효과

TPM의 효과 사례

유형효과	무형효과
P……부가가치생산성 1.5~2배 　*　돌발고장건수 1 / 10~1 / 250 　*　설비가동률 1.5~2배 Q……공정불량률 1 / 10 　　　납품처클레임 1 / 4 C……제조원가 30%,감소 D……제품·반제품재고 반감 S……휴업재해제로, 공해제로 M……개선제안건 수 5~10배	1. 철저한 자주관리, 즉 위에서 지시하지 않아도 '자기설비는 스스로 지킨다.'라는 식으로 사람이 변한다. 2. 고장제로, 불량제로를 실현시켜, 하면 된다는 자신이 붙는다. 3. 기름이나 쇳가루, 쓰레기투성이의 직장이 몰라볼 정도로 깨끗해지며, 밝은 내일 터 가꾸기가 실현된다. 4. 공장방문객에게 좋은 기업이미지를 주어, 영업활동수주로 이어진다.

2) 광의 효과

TPM으로 21세기 공장 건설

21세기의 공장이미지	TPM 전개
1. 신제품·첨단제품을 개발할 수 있는 힘이 있는 공장	• 만들기 쉬운 제품개발 • 수직가동 • 개발기술자의 증강
2. Q·C·D가 경쟁력 있는 공장	• TPM의 전사전개, CIM 도입 • 품질보전 • 재고삭감, 리드타임 단축
3. 생산기술 개발력이 있는 공장	• 사용이 편리한 제품개발 • 다품종 소량 생산형 설비의 개발 • 전용기·금형치공구의 내제화 • 생산기술자 증감
4. 무인운전이 가능한 공정	• 고장제로, 순간정지제로, 불량제로 • 보전불요의 설비설계 • 보전의 자동화 • CBM
6. 무공해, 무재해, 깨끗한 안방과 같은 공장	• 3D(더럽고, 힘들고, 위험한)추방 • 인간답게 일할 수 있는 환경만들기

❑ 설비의 종합적 효율화를 저해하는 Loss의 제거 요령

1. TPM에 의한 원가 절감 대책 방향

생산 효율화저해 16대 LOSS를 제거해서 원가 절감을 이룩하고 나아가 설비 종합 효율 및 노동 생산성효율을 꾀하도록 한다. 다음 표 3과 같이 크게 네 가지로 구분된 16대 LOSS를 분류할 수 있으며, 기업 측면의 대책으로서는 다음과 같이 요약할 수 있다.

〈표 3〉 생산효율화 저해 16대 LOSS

구 분	LOSS 명	기업의 중점대책 포인트
설비효율화 저해 7대 LOSS	① 고장 LOSS ② 작업준비, 조정 ③ 공구(바이트) ④ 초기가동 ⑤ 일시정지 ⑥ 속도저하 LOSS ⑦ 불량 LOSS	TPM 중 개별개선, 중복소집단 활동 및 STEP추진(자주보전, 계획보전)
조업도 저해 LOSS	SD(Shut Down)LOSS	영업 TPM추진
인적 효율화저해 5대 LOSS	① 관리 LOSS ② 동작 LOSS ③ 편성 LOSS ④ 자동화치환 LOSS ⑤ 측정, 조정LOSS	사무간접부문효율화, IE 및 TPS(철저한 낭비배제)
단위효율화저해 3대 LOSS	① 초기수율LOSS ② 에너지 LOSS ③ 형, 치공구 LOSS	MP(보전예방)설계

❑ 초기 유동관리

1. 정   의

1) 초기 유동관리란?

신설비를 안정기간(초기 설계 목표치로 안전 가동에 돌입하기까지) 동안 품질, COST, 생산량을 달성할 수 있도록 공정기술, 보전 부문 및 사용자가 분담하여 공정안정화를 위한 공동 관리 활동을 말한다.

2) MP란?

Maintenance Prevention의 약자로 '보전예방'이라 말하며, 신설비의 계획이나 설지 시 보전정보를 피드백받고 새로운 기술을 고려하여 신뢰성, 보전성, 경제성, 조작성, 안정성 및 자주보전성 등이 높은 설비를 설계하여 보전이나 열화 손실을 적게 하는 활동을 말한다.

3) MP설계란?

신설의 구상 및 도입단계에서부터 고장이 나지 않고, 불량을 발생시키지 않는 설비를 설계하기 위한 활동이다. 즉 보전이 필요 없는 설비를 설계하는 것을 말한다.

2. 초기 유동관리의 기본 사고 및 추진 절차

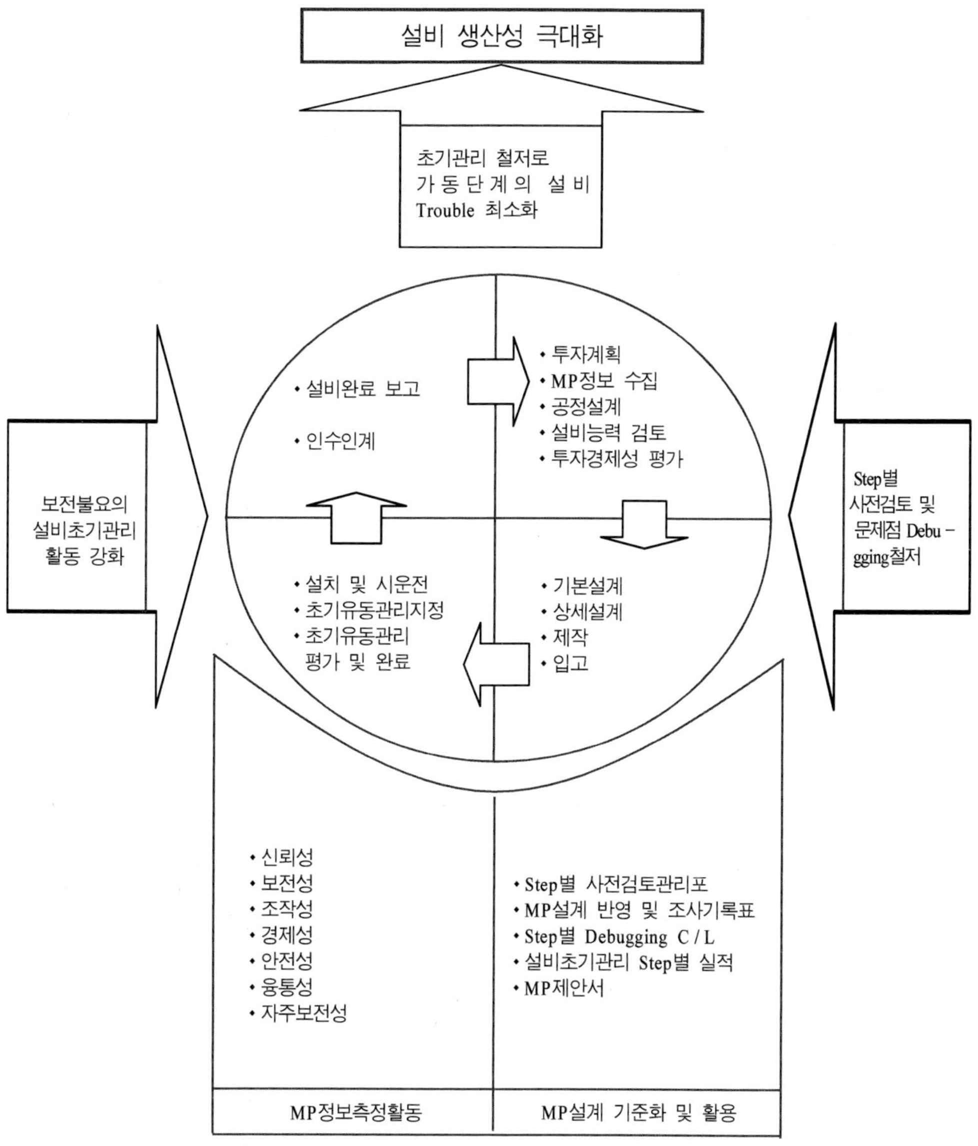

* 설비가 갖추어야 할 기본적 성질과 정의

기본성질	정의
신뢰성	• 기능저하, 기능정지를 일으키지 않는 성질 (MTBF: 길다)
보전성	• 열화의 측정, 열화복원의 용이성을 나타내는 성질 (MTTR: 짧다)
조작성	• 설비의 운전과 준비 시 정확한 조작이 신속하고 쉽게 행해지는 성질
경제성	• 에너지, 공구, 유지류 등 설비의 운전에 필요한 자원의 효율을 좋게 하는 성질
안전성	• 인체에 직, 간접적으로 위해를 끼치지 않는 성질
자주보전성	• 사용자가 짧은 시간에 간단히 청소, 급유, 점검 등 보전활동을 하게 할 수 있는 성질

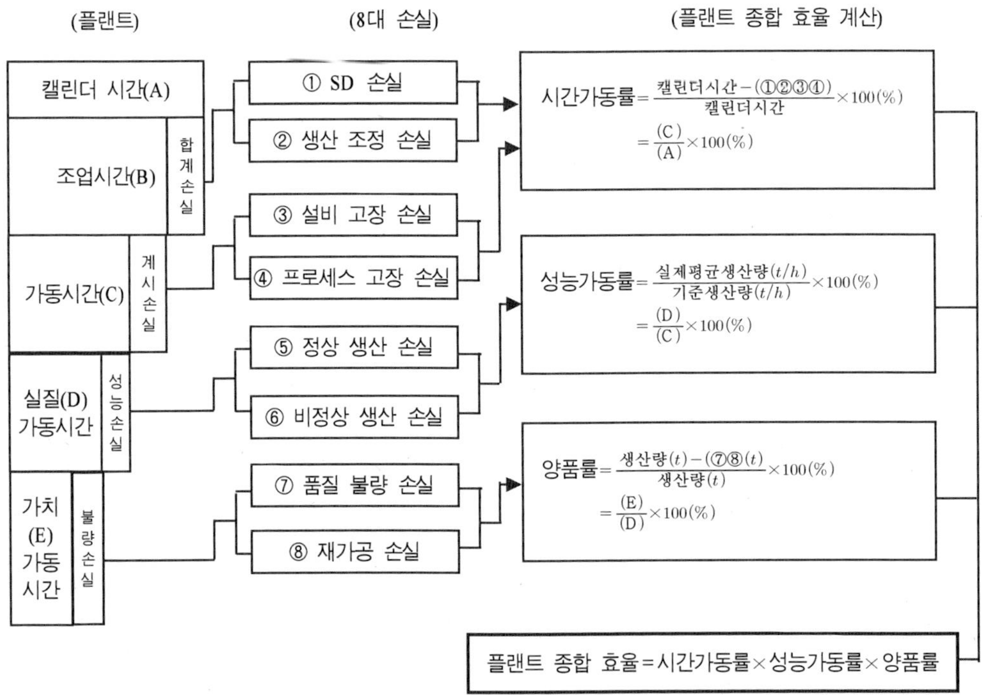

$$시간가동률 = \frac{캘린더시간 - (①②③④)}{캘린더시간} \times 100(\%)$$
$$= \frac{(C)}{(A)} \times 100(\%)$$

$$성능가동률 = \frac{실제평균생산량(t/h)}{기준생산량(t/h)} \times 100(\%)$$
$$= \frac{(D)}{(C)} \times 100(\%)$$

$$양품률 = \frac{생산량(t) - (⑦⑧)(t)}{생산량(t)} \times 100(\%)$$
$$= \frac{(E)}{(D)} \times 100(\%)$$

◇ 손실의 구조와 플랜트 종합 효율 ◇

TPS(Toyota Production System)

1. 도요타의 생산방식

가. 개 념

생산현장의 낭비를 제거하고 다양한 소비자의 요구를 충족시키기 위하여 소프트 생산과 다품종 소량 생산체제를 지향한다. 구미에서는 도요타 생산방식을 린 생산(lean production)방식으로 부른다.

도요타 생산방식은 JIT 생산방식과 간이자동화를 두 기둥으로 한다.

나. 생산현장의 7가지 낭비와 제거수단

※ 도요타 생산방식은 본질적으로 7가지 낭비의 제거를 목적으로 한다.

① 불량의 낭비
② 재고의 낭비
③ 과잉생산의 낭비
④ 가공의 낭비
⑤ 동작의 낭비
⑥ 운반의 낭비
⑦ 대기의 낭비

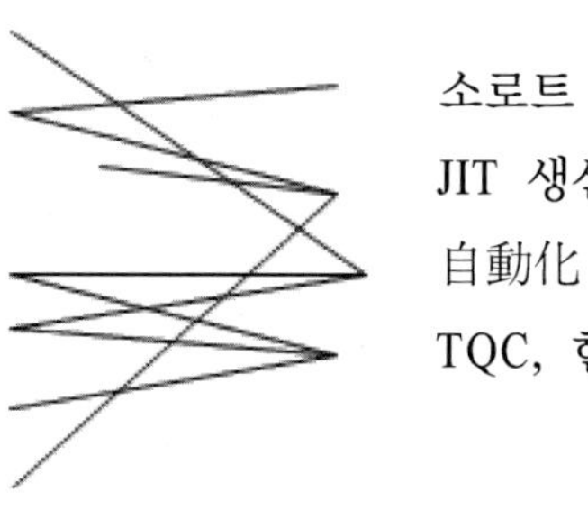

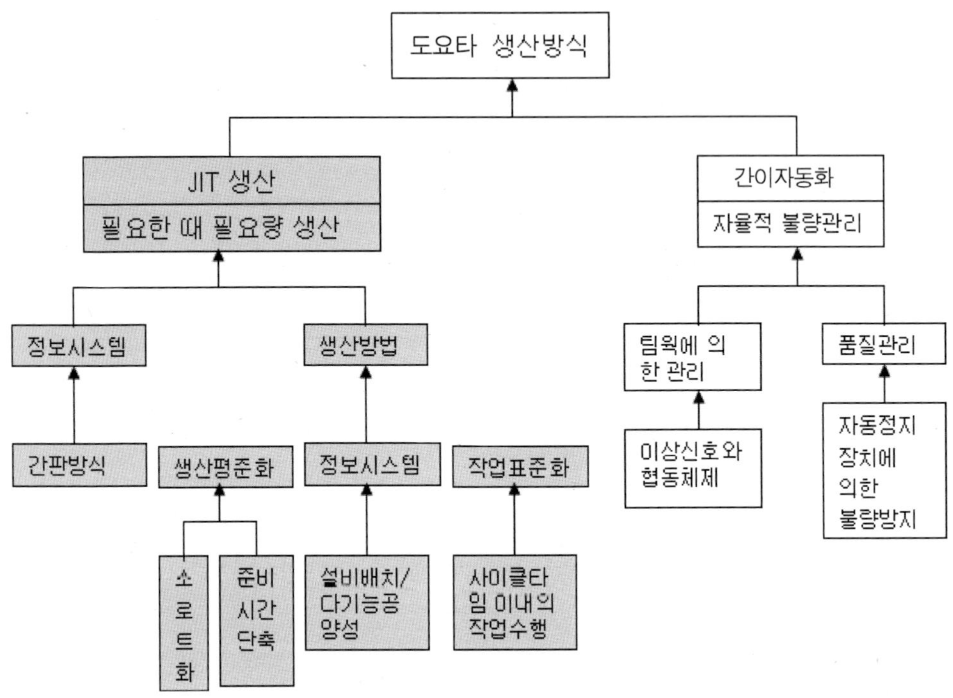

도요타 생산방식의 개요

244

다. 도요타 생산의 두 기둥(JIT와 간이자동화)

관리방법 및 구체적 수단
① 간판방식
② 수요변화에 적응하기 위한 생산의 평준화
③ 생산기간을 줄이기 위한 준비변경시간의 단축   JIT생산을 위한 수단
④ 라인 동기화를 위한 작업의 표준화
⑤ 각 라인의 작업자를 유연하게 활용하기 위한 설비배치와
   다기능공화
⑥ 작업자의 모티베이션 앙양을 위한 소집단활동과 제안제도
⑦ 자동화 개념을 실현하기 위한 '눈으로 보는 관리' 방식   간이자동화를 위한 수단
⑧ 전사적 품질관리를 위한 '기계별 관리' 방식

자동화(Autonomation)

도요타의 자동화는 일반적인 자동화(Automation)와는 다른 개념으로 감지 자동화라고 한다. 이것은 기계나 공정에 이상이 있을 때 곧바로 작동을 정지시켜 불량을 방지하는 시스템으로 정위치 정지방식, full work system, fool-proof 등이 있다.

46 낭비분석

1. 작업낭비

> 낭비란 무엇인가?
> 도요다 생산방식에서의 낭비, 생산현장에서의 낭비라고 하는 것은 '원가만을
> 올리는 생산'의 제 요소를 말하고 있다.

가. 낭비 없는 공장이란?

사람도, 설비도 하나도 없고, 재공·재고도 없이 소비자가 원하는 것을 원하는 때에 만들 수 있는 공장이야말로 가장 이상적인 낭비 없는 공장이다. 그러나 이것은 현실적으로 불가능하기 때문에, 최소한의 설비, 사람, 재고, 재공 등을 가지고 생산할 수 있는 공장으로 만들어야 한다.

나. 낭비의 사고방식

① 작업자의 동작, 대기의 낭비의 구체적인 예

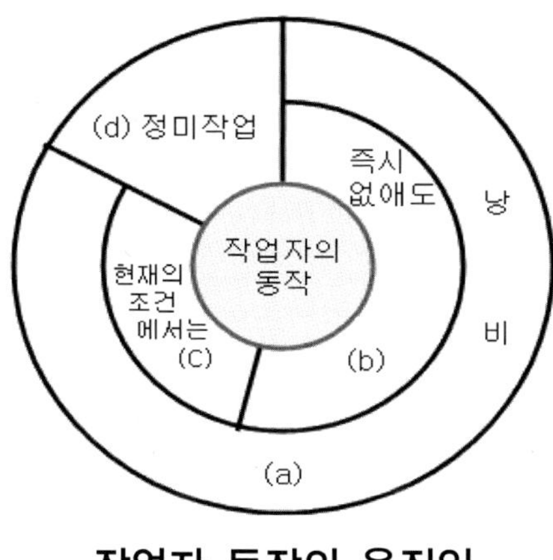

작업자 동작의 움직임

(a) 낭비＝작업상의 불필요한 동작
(b) 즉시 없애도 작업에 지장이 없는 낭비
(c) 현재의 조건하에서 어쩔 수 없이 생기는 낭비
(d) 정미작업: 작업에 의해서 물건의 부가가치를 부여하는 것

다. 생산 LEAD TIME 중의 낭비 제거

<LEAD TIME>

• 재료 입고에서부터 출하에 이르기까지 시간을 말하며
• 고객의 요구에 어떻게 대응하는가를 기본으로 생각하고 있다.

생산의 LEAD TIME = 

가공시간   정체시간

<어떻게 해서 L / T을 단축하는가>

L / T = 가공시간 + 정체시간

가공이란
* 물건의 부가가치를 높이는 일

정체란
* 물건의 부가가치를 낳지 않는 일
* 정체 / 재고 / 운반 / 검사 등

○ 현장개선의 기본적 사고방법

가. 원가주의보다 원가절감

(1) 이익과 원가

$$이익 = 판가 - 원가$$
$$\uparrow$$
$$고객이\ 결정한다.$$

나. 원가의 구성

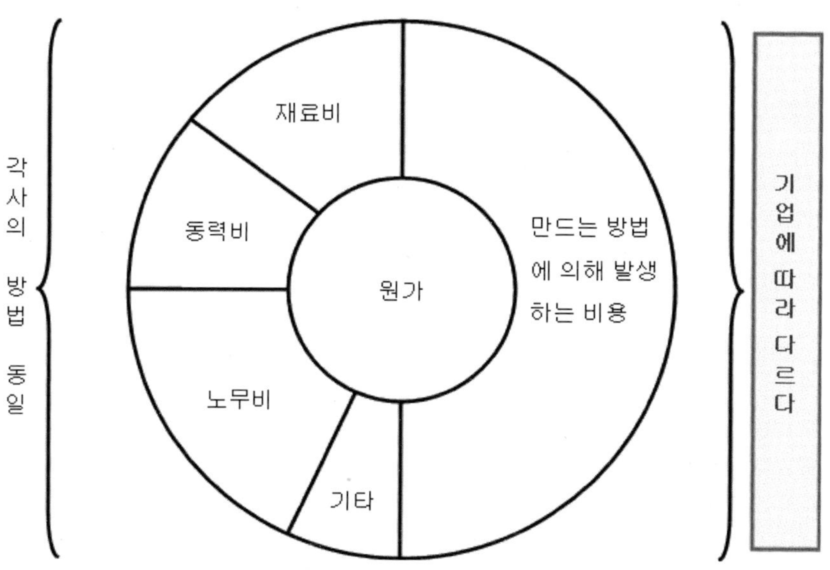

♠ 제조현장의 7대 낭비의 유형

① 과잉제조의 LOSS

현상	원인	대책방안
♠ 불필요한 것을 불필요한 때 불필요한 만큼 만듦	◆ 과잉인원, 과잉설비 ◆ 大LOT 생산 ◆ 대형설비, 속도 빠른 설비 ◆ 연속생산시스템 회전이 어렵다.	☞ 다공정담당시스템 ☞ 小LOT생산 ─ 준비시간 최소화 ☞ 간판의 철거 ☞ 평준화 생산

② 작업을 기다리는 시간의 LOSS

현상	원인	대책방안
♠ 재료나 작업의 기다림 ♠ 운반, 검사의 기다림 ♠ 여유시간이 있기 때문 쳐 다보고 있는 작업	◆ 탁류의 발생 ◆ 설비 배치의 서투름 ◆ 전 공정에서의 트러블 ◆ 능력의 언발란스 ◆ 大LOT 생산	☞ 평준화 시스템 ☞ 제품의 배치(U자) ☞ 自動化

③ 운반의 LOSS

현상	원인	대책방안
♠ 불필요한 운반, 이동 ♠ 활성도 낮은 상태로 운반 ♠ 쳐다보고 있는 작업	◆ 비효율적인 설비배치 ◆ 단능공 ◆ 앉은 작업 ◆ 활성도가 낮다	☞ U자형 설비배치 ☞ 다능공화 ☞ 서서 하는 작업 ☞ 활성지수 향상

④ 가공 자체의 LOSS

현상	원인	대책방안
♠ 본래 불필요한 공정과 작업이 마치 필요한 것처럼 생각	◆ 공정순서 검토부족 ◆ 작업내용 검토부족 ◆ 치구의 부족 ◆ 표준화의 불철저 ◆ 재료의 미검토	☞ 공정설계의 적정화 ☞ 작업내용의 재검토 ☞ 표준작업의 철저 ☞ VA / VE의 추진

⑤ 재고의 LOSS

현상	원인	대책방안
♠ 재료, 부품, 조립품 등이 정체하고 있는상태	◆ 재고가 있어도 당연하다는 의식 ◆ 비효율적인 설비배치 ◆ 선행생산 ◆ 예측생산	☞ 재고에의 의식개혁 ☞ U자형 설비배치 ☞ 간판의 철저 ☞ 준비의 싱글화 ☞ 평준화 생산

⑥ 동작의 LOSS

현상	원인	대책방안
♠ 불필요한 움직임 ♠ 부가가치 없는 움직임 ♠ 지연 움직임	◆ 독립작업 ◆ 비효율적인 설비배치 ◆ 교육, 훈련부재	☞ 흐름생산시스템 ☞ U자형 설비배치 ☞ 동작개선원칙의 철저

⑦ 불량을 만드는 LOSS

현상	원인	대책방안
♠ 재료불량 ♠ 가공불량 ♠ 검사불량 ♠ CLAIM	◆ 사후관리 ◆ 검사의 방법, 기준 등의불비 ◆ 표준작업의 결여	☞ 自動化, 표준작업 ☞ FOOL PROOF ☞ 전수검사 ☞ 공성에서 품질을 만든다 ☞ 품질검증제도의 확립

 준비교체의 단축화

1. 준비변경시간의 정의

준비변경(교체)시간이란

"현재 가공이 끝났을 때부터 다음 가공을 하여 양품이 나올 때까지 시간"

-단일공정의 준비교체시간

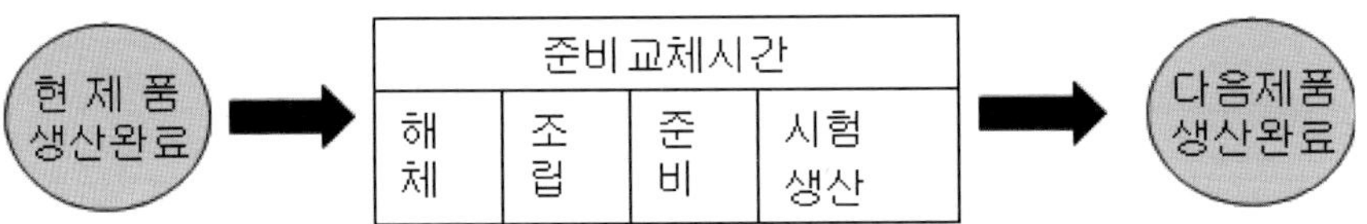

2. 준비변경시간의 3가지 낭비와 대책

• 3가지 낭비와 대책

① 준비의 낭비: 준비, 마무리, 기타

② 교환의 낭비: 교체를 위한 제거작업, 설치작업(금형, 치구, 절삭공구의 교환)

③ 조정의 낭비: 위치 맞춤, 기준설정, 시험가공, 검사, 측정, 조정

• 대　책

정석 1	5S가 전부: 버린다 / 표시 / 색별 정돈 / 전용화	[준비]
정석 2	손은 움직여도 발은 움직이지 않는다	
정석 3	내 작업의 외 작업화	[교환]
정석 4	볼트는 철천지원수	
정석 5	표준에서 준비작업 개선이 시작된다	[조정]
정석 6	절대로 조정에는 의지하지 않는다	
정석 7	기준은 기준, 기준은 불변	

3. 추진단계

① 준비변경 작업의 실태 파악한다.
② 경영자의 이해와 추진 팀 편성한다.
③ 가동분석과 작업분석을 편성한다.
④ 개선안을 수립한다.
⑤ 개선안의 실행계획표를 작성하여 관계적으로 추진한다.

48

생산기간의 단축을 위한 소로트 생산화

1. 의 의

로트생산방식이란 개별생산방식과 연속생산방식의 중간적인 위치로 그리 많지 않은 생산량을 로트로써 일괄하여 흘린 후 일정기간을 두고 다음 로트를 흘리는 반복적인 생산의 방식이다. 소로트 생산화는 로트의 크기를 가능한 작게 하여 여러 가지 변경에 석절히 대응할 수 있도록 유연성을 부여하며, 재고를 감소시키려고 하는 생산 방식이다.

고객의 요구에 부응하기 위해서는 소로트생산화가 필요하지만 준비변경횟수 증가로 인한 생산효율 저하가 과제가 된다.

2. 효 과

① 로트를 작게 함으로써 재고가 감소되고 생산리드타임이 단축된다. → 정체시간 단축
② 일정계획의 준수가 용이해진다.
  − 각 공정의 능력이 균일화되고 동일한 소로트의 생산시스템이 확립되면 일정계획이 쉬워지고 안정된다.
③ 다품종 소량수주에 기민하게 대응할 수 있게 된다.
④ 불량의 재발 방지가 쉬워진다. → 품질점검이 쉬워지고 재발방지가 신속해진다.

⑤ 평준화 생산이 가능하게 되어 설비와 인원이 절감된다.
⑥ 재고의 현물관리가 용이하게 된다.

3. 방　안

가. 로트분할과 평준화 생산
나. 다품종 소량 생산을 위한 주기생산 → 혼류생산

4. 특　징

- 소로트 생산에서 공정관리나 품질관리를 철저히 하지 않으면 납기지연이나 가동률의 저하 초래
  - 재공품 재고가 많으면 불량이나 고장이 다소 있어도 후공정에 영향을 미치지 않으나 재고가 없으면 후공정이 바로 정지하게 된다.
  - 평준화 생산에서는 자재의 결품 없이 적량이 적시에 공급되어야 하므로 엄밀한 발주관리 필요
- 수주량이 많을수록 로트분할이 많아지므로 평준화 생산이 쉽다.
- 작업준비변경 시간의 단축은 소로트 생산화에 가장 큰 영향을 미친다.

49

다품종 소량생산의 생산성 향상 방안

1. 다품종 소량생산의 특징

① 생산품목의 다양성: 생산제품의 종류가 많고 생산량이 적으며 품목별 납기가 다르다.

② 생산공정의 다양성: 자재에서 제품에 이르기까지 변환과정이 다양하고, 물품의 흐름이 제품별로 다르다.

③ 생산능력의 부족: 다양한 수요와 수요변동 때문에 설비의 과부족 발생 및 능력부족 시 작업, 하청에 의존

④ 고객수요의 불확실성: 주문품의 납기, 규격, 수량의 변경이 빈번하며, 조달품의 납기지연이 잦음.

⑤ 자재확보 및 일정계획 곤란: 주문변경에 따른 규격 및 계획의 변경으로 적질·적량·적기의 자재확보와 적절한 일정계획이 곤란하다.

⑥ 생산계획 및 관리의 복잡성: 생산공정 및 일정에 대한 계획이 불확실하기 때문에 현장에서의 작업실시가 복잡다양하며 설비고장, 결근, 숙련도 부족, 불량품 발생이 많으며 면밀한 계획보다는 경험과 직관에 의존하는 경우가 많다.

2. 문제점

① 공정이 복잡하여 설비능력의 부족현상이 많이 발생

② 준비작업이 많고 이에 따라 가동률 저하와 불량증가
③ 품종이 많고 생산량이 적기 때문에 생산이 불안정하고 검사기준이 불충분하여
　불량이 많음
④ 생산제품이 자주 변하므로 초기 조정기간이 길어지고 작업능률이 떨어져 불량
　이 증가함
⑤ 특급 오더가 빈발하여 일정계획의 차질 및 납기지연 현상이 빈발함
⑥ 자재의 염가구입 및 적기・적량 조달이 어렵다

3. 대　책

① 관리 개념형 접근방식

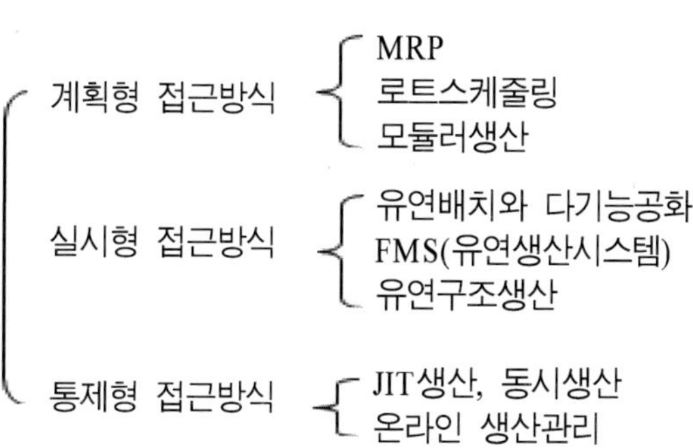

② 관리 과정형 접근방식
　-계획형 접근방식

50   **Cell 생산방식**

1. 정 의

숙련된 작업자가 컨베이어라인이 없는 셀 내부에서 처음 공정부터 최종공정까지를 책임지고 업무를 수행하는 사람 중심의 자기 완결형 자율생산방식 작업형태에 따라 1인방식, 순회방식, 분할방식 등 세 가지로 구분된다.

2. 이 점

① 다품종 소량생산에 적합하므로 주문형 생산에 대응할 수 있다.
② 소수의 인원이 한 셀에서 전 공정을 책임지므로 생산성 등 효율을 높일 수 있다.
③ 책임규명이 쉬울 뿐만 아니라 학습효과도 높게 나타나 품질을 개선할 수 있다.
④ 일에 대한 성취감과 만족감을 느낄 수 있어 작업자의 업무 만족도를 향상시킬 수 있다.

3. 셀 방식의 전제조건

① 셀 방식에 적합한 제품인지 아닌지를 판단해야 한다.
　(사람보다는 설비의 의존도가 큰 제품, 작업자가 쉽게 다루기 힘든 제품 등)

② 자재, 부품 등의 공용화 및 표준화, 작업프로세스의 간소화 및 신속화 리얼타
임 정보시스템 구축이 사전에 정비되어야 한다.

③ 다양한 작업공정을 독자적으로 수행할 수 있는 다기능공이 필요하다.

④ 셀 내부의 작업자들이 스스로 판단하고 작업할 수 있는 자율경영의 분위기 조
성이 필요하다.

4. 도입효과(컴팩사 기준)

① PC 1대 생산을 20분에서 10분으로 단축

② 원가절감 67%

③ 혁신적 품질향상(65%)

JIT 생산방식

가. 개념

JIT방식은 필요한 것을 필요한 때에 필요한 만큼만 생산하는 방식이다.
이는 생산에 필요한 부품을 필요한 때에 필요한 양을 공정에 인도하여 적기에 생산함으로써 공정에 무재고를 실현하는 것이다.

나. JIT의 구성요소

① 간판방식 ② 생산의 평준화 ③ 소로트 생산 ④ 설비배치와 다기능공제도

다. 간판방식

간판 방식은 JIT의 핵을 이루는 정보시스템으로 발주점 방식의 응용형태이다.
간판은 엽서크기의 전표로 작업지시표 내지 이동표의 역할을 함으로써 작업이나 운반에 관한 정보제공 기능과 물품의 관리기능을 수행한다.

간판의 종류
－인수간판: 뒤 공정이 앞 공정에서 물품을 인수할 때 사용(현품표와 이동표의 기능)

- 생산간판: 생산공정에 대한 생산지시용으로 사용(현품표와 작업지시표의 기능)
  간판의 흐름과 운영규칙
- 간판은 뒤 공정에서 앞 공정으로 거슬러 가면서 인수간판과 생산간판의 교환을
  연쇄적으로 전개하는데, 계획변경 시 최종공정에 변경을 지시하면 앞 공정으로
  연쇄반응을 일으킨다. (완성품 재고의 최소화 및 사무 간소화)
- 운영규칙
  ① 뒤 공정에서 앞 공정으로 가지러 간다.
    (필요시 필요량만을 생산하고 인수해 가도록 하기 위함이다.)
  ② 앞 공정은 뒤 공정에서 가져간 만큼 생산한다.
    (공정제품재고를 최소로 하기 위함이다.)
  ③ 불량품을 뒤 공정에 보내지 않는다.
    (불량으로 인한 손실을 막고 간판의 흐름을 보증하기 위함이다.)
  ④ 생산을 평준화한다. (①②의 규칙이행과 JIT생산을 위해 필요하다.)
  ⑤ 간판은 세부적인 조정기능(fine tuning capability)이 있다.
    (수요변화 내지 생산현장 사정이 적용하는 능력을 갖추기 위함이다.)
  ⑥ 공정을 안정화하고 합리화한다.
    (생산현장의 안정성유지와 낭비제거를 위함이다.)

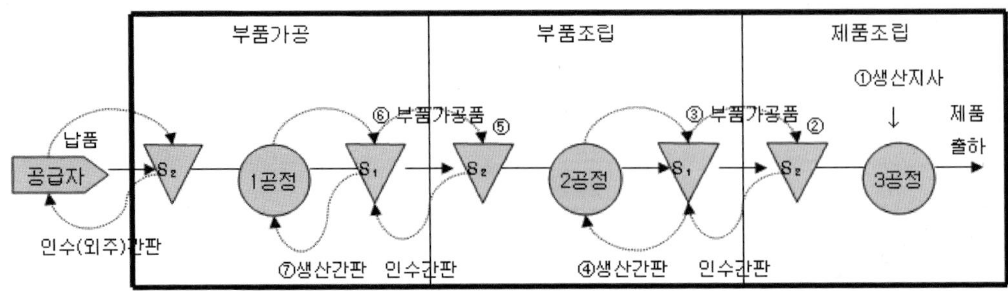

간판의 흐름

JIT와 MRP시스템의 차이점

비교내용		JIT시스템	MRP시스템
관리시스템		요구에 따라가는 pull시스템	계획대로 추진하는 push시스템
관리목표		낭비제거(최소의 재고)	계획 및 통제(필요시 필요량 확보)
관리도구		눈으로 보는 관리(예: 간판방식)	컴퓨터 처리
생산시스템		생산 사이클 타임 중심	MPS 중심
생산계획		안정된 MPS 필요	변경이 잦은 MPS수용
계획 집행	생산계획	생산간판	작업전표·생산지령서
	자재계획	인수(외주)간판	주문서
계획 우선순위		평준화 생산을 기초로 한 품목별 일차적응	MPS에 기초한 필요 품목 중심의 일정계획
통제 우선순위		간판의 도착순	작업배정 순서
자재소요 판단		간 판	자재소요계획(MRP)
발주(생산)로트		준비비용축소에 의한 소로트	경제적 발주량(생산량)
재고수준		최소한의 재고	조달기간 중 소요재고
공급업자와의 관계		구성원 입장에서의 장기거래	경제적 구매 위주의 단기거래
품질관리		100% 양품추구, 품질문제는 현장에서 근원적으로 해결	약간의 불량은 인정, 품질문제는 품질담당 요원에 의해 규명
적용분야		반복적 생산	비반복적 생산(업종 제한 없음)

• 간판 수의 계산

$$n = \frac{DT}{C}$$

$$I_{max} = n \cdot c = D$$

n: 간판의 수(장)
D: 수요량(개)
C: 상자의 크기
T: 간판의 순환시간

※ 최대 재고의 크기는 간판의 순환시간에 비례한다. 따라서 재고감소는 순환시간 (또는 조달기간)을 줄이는 것이 열쇠이다.

라. 생산의 흐름 만들기

• 간판방식의 중요한 기능은 간판에 의해 제조 공정의 흐름이 거꾸로 흐르게 하는 것 외에 앞 공정에서 뒤 공정으로 물품의 흐름과 뒤 공정에서 앞 공정으로의 정보의 흐름이 동기화(同期化)되고 병행화되도록 하는 것이다. (무재고의 원리)
• 그러나 이를 실현하기 위해서는 자동화, 생산의 평준화, 소로트생산, 설비배치와 다기능공의 육성, 작업의 표준화가 뒷받침되어야 한다.

마. 생산의 평준화

• 도요타시스템은 최종공정의 생산변동이 있을 때 앞 공정으로 거슬러 올라가면서 연쇄반응을 일으킨다. 이런 문제를 일으키지 않기 위해서는 생산의 평준화가 필요하다.
• 수량과 종류의 평균화
• 평준화의 2단계
• 월차적응: MPS를 토대로 각 공정의 일당 평균 생산량을 1차 지시한다.
• 일차적응: 일일 수요변동에 대한 일변 생산지시는 간판을 이용한다.

바. JIT 적용의 한계

- JIT 방식이 성공하기 위해서는 세부 수단들이 제 역할을 해야 하는데 이를 위
  한 조건으로는
  ① 판매력 ② 하청관리력 ③ 기술력 ④ 생산평준화가 가능한 체계
  ⑤ 생산관리 체제의 정비 등이 선행되어야 한다.
    특히 JIT시스템이 되려면 정도 높은 판매계획이 필요한데 이는 강력한 판매
  력이 있어야 한다. 또 하청 업체들도 적기공급을 위해 비용과 노력을 추가
  하는 부담이 발생한다.

문제 해결 단계＋ECRS 분석

1. 개 요

작업관리는 작업개선의 기본 분석 기법으로서 공장의 생산활동 중에 잠재해 있는 문제점을 발견해 내고 이를 해결해 주는 작업개설의 도구이다. 해결하는 과정은 아래의 단계를 따라 논리적으로 해결해야 한다.

2. 문제 해결의 단계

① 문제 발견: 관리자료에 의한 현상의 파악, 표준과의 차이분석, 장래의 예측 및 목표의 수립 등으로 문제를 제기한다.

② 현상분석
  － 물건을 주체로 어떤 공정을 통하여 어떻게 가공되어 가는가를 분석 조사한다.
    (공정분석, 수율분석, 경로분석, 일정분석, 설비능력분석, 여력분석, 운반분석)
  － 작업방법을 조사한다.
    (작업자 공정분석, 조작업분석, 동작분석, 시간분석, 환경조건 분석 등)

③ 개설안 수립
  － ECRS의 원칙을 이용하여 개선안을 도출하고
  － 개선착상을 검술하여 채용안을 선택하여 구체안으로 만든다.

④ 실 시

⑤ 결과평가

3. 개선을 실시할 필요가 제기되는 상황

① 신제품 생산이나 새로운 서비스의 제공
② 제품설계의 변경
③ 신공법이나 새로운 설비를 이용하는 기술의 변화
④ 작업방법에 대한 불만이 있을 때

4. ECRS 분석

① Eliminate: 이 작업은 안 해도 되지 않을까?(불필요한 요소의 제거)
② Combine: 다른 작업과(또는 다른 장소에서, 다른 사람과) 결합하여 같이 처리
할 수는 없는가?(작업(요소)의 결합)
③ Rearrange: 작업순서를 바꿀 수 없는가?(작업순서의 변경)
④ Simplify: 간소화시킬 수 없는가?(작업요소의 간소화)

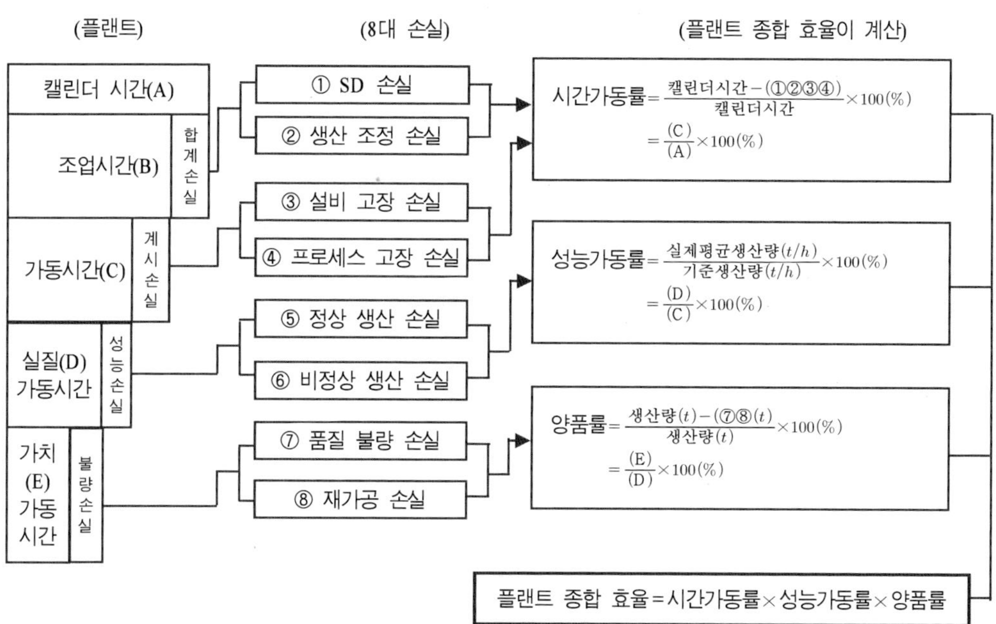

$$시간가동률 = \frac{캘린더시간 - (①②③④)}{캘린더시간} \times 100(\%) = \frac{(C)}{(A)} \times 100(\%)$$

$$성능가동률 = \frac{실제평균생산량(t/h)}{기준생산량(t/h)} \times 100(\%) = \frac{(D)}{(C)} \times 100(\%)$$

$$양품률 = \frac{생산량(t) - (⑦⑧(t))}{생산량(t)} \times 100(\%) = \frac{(E)}{(D)} \times 100(\%)$$

－손실의 구조와 플랜트 종합 효율－

1. 손실의 구조와 플랜트 종합 효율

효율화의 저해 요인인 '손실'이 어디에 얼마나 있는지를 알기 위해서는 플랜트의 손실 구조를 파악해야 한다.

위에 그림 손실의 구조와 플랜트 종합 효율의 계산 방식이 나와 있는데, 이것은 8대 손실의 구조를 시간적 측면에서 검토한 것이다.

1) 캘린더 시간

캘린더 시간이란 달력을 말하는 것으로 1년이면 24시간 × 30일로 나타낸다.

2) 조업시간

조업시간이란 연간 또는 월간을 통해 플랜트가 조업할 수 있는 시간을 말하는 깃인데, SD 공사, 정기 정비 등으로 일한 휴지 손실 또는 생산 조정에 따른 휴지 손실을 캘린더 시간에서 뺀 것으로 플랜트가 실제로 조업한 시간이다.

3) 가동시간

가동시간이란 조업시간에서 설비 고장으로 인한 정지 손실과 프로세스 고장에 따른 정지 손실을 뺀 것으로 플랜트가 실제로 가동한 시간이다.

4) 실질 가동시간

실질 가동시간이란 가동시간에 대해 기준 생산 레이트로 실질 가동한 시간을 말하며, 스타트·정지와 고체 때문에 생긴 정상 생산 손실과 플랜트 이상 때문에 생산 레이트를 다운시킨 비정상 생산 손실을 가동시간에서 뺀 것이다.

5) 가치 가동시간

가치 가동시간이란 실질 가동시간에서 불량품을 만들어 내고 있는 손실시간, 리사이클 손실시간을 뺀 것으로, 플랜트가 실제로 제품(합격품)을 만들어 낸 시간이다.

6) 시간가동률

시간가동률이란 캘린더 시간에 대해 계획보전·생산 조정 등 휴지 손실과 설비 고장·프로세스 고장 등 정지 손실을 제외한 가동시간과의 시간적 비율을 가지고 산출한다.

$$시간가동률 = \frac{캘린더시간 - (휴지손실 + 정지손실)}{캘린더시간} \times 100(\%)$$

휴지 손실: SD 손실, 생산 조정 손실
정지 손실: 설비고장 손실, 프로세스 고장 손실

7) 성능가동률

성능가동률이란 플랜트의 성능을 나타내는 것으로, 기준 생산 레이트에 대해 실적 생산 레이트의 성능적 비율을 가지고 산출한다.

$$성능가동률 = \frac{실제\ 평균\ 생산량(t/h)}{기준\ 생산량(t/h)} \times 100(\%)$$

$$= \frac{(D)}{(C)} \times 100(\%)$$

$$실제평균생산량 = \frac{실제\ 생산량}{가동\ 시간}(t/h)$$

8) 양품률

양품률이란 생산량에서 불량품, 폐기품, 재가공품 등을 제외한 합격품과 생산량의 비율을 가지고 산출한 것이다. 따라서 양품률은 직행률이라고도 할 수 있다.

$$양품률 = \frac{생산량(t) - (품질\ 불량\ +\ 재가공품(t))}{생산량(t)} \times 100(\%)$$

◇ 플랜트 8대 손실의 정의와 사례 ◇

손실명칭	정 의	단 위	사 례
① SD손실	연간 보전계획에 따른 SD 공사와 정기 정비 등으로 인한 휴지시간 손실	시간(일)	SD공사, 정기 정비, 법정 검사, 자주 검사, 일반보수공사 등
② 생산조징 손실	수급 관계에 따른 생산 계획상의 조성시간	시간(일)	생산 조정정지, 재고 조정 정지 등
③ 설비고장 손실	설비, 기기가 규정된 기능을 잃어 돌발적으로 정지하는 손실시간	시간	펌프 고장, 모터 소손, 베어링 파손, 축의 부러짐 등
④ 프로세스고장 손실	공정 내 취급물질의 화학적, 물리적 물성 변화나 그 밖의 조작 미스 등으로 플랜트가 정지하는 손실	시간	누설, 넘침, 막힘, 부식, 침식, 분진 비산, 조작미스
⑤ 정상생산 손실	플랜트의 스타트, 정지, 전환 때문에 발생하는 손실	레이트 다운시간	스타트 때, 정지 때, 품종 전환에 따른 생산레이트다운
⑥ 비정상 생산손실	플랜트의 부실, 이상 때문에 생산 레이트를 다운 시킨 성능손실	레이트 다운	저부하 운전, 저속운전, 기준 생산 레이트 이하로 운전하는 경우
⑦ 품질 불량 손실	불량품을 만들어 내고 있는 손실과 폐기품의 물적 손실, 2급품 격하손실	시간 Ton 금액	품질 표준에서 벗어난 제품을 만들어 내는 데서 오는 물량, 시간 손실
⑧ 재가공 손실	공정을 되돌리는 리사이클 손실	시간 Ton 금액	최종 공정에서의 불량품을 원류 공정으로 리사이클시켜 합격품으로 한다.

1. 유용도(유용성, availability)

- 수리계가 규정의 시점에서 기능을 유지하고 있을 확률 혹은 어떤 기간 안에 기능을 유지하는 시간의 비율.

$$A = \frac{\text{평균 동작가능시간}}{\text{평균 동작가능시간} + \text{평균 동작 불가능시간}}$$

- MTBF: 평균고장간격(Mean Time Between Failure)

수리하면서 사용하는 설비, 부품 등에서 서로 이웃한 고장 간에 발생하는 동작시간의 평균치

- MTTR: 평균 수리시간(Mean Time To Repair)

고장 난 설비, 부품에 대해 수리작업을 시작한 시점부터 운용가능한 상태로 회복할 때까지의 평균시간

2. 보전성(Maintenability)

- 정해진 조건하에서 정해진 시간 내에 보전이 완료될 확률
- 보전에 대한 용이성을 나타냄(보전성은 정성적, 보전도는 정량적 표현)
- ※ 보전성에 영향을 주는 요인

① 설비 자체의 보전성 설계에서 부여된 보전의 용이성-점검의 용이성, 고장검
　 지의 용이성, 수리의 용이성
② 보전, 수리 담당자의 기술, 기능
③ 예비품, 수리 공장 및 공구, 검사기기의 완비, 보전 조직 등
④ 사용자 측에서 작성한 설비, 부품의 사양, 취급 보전 방법을 규정한 보전 표
　 준, 실제의 보전 절차를 나타낸 교본, 제소자 측에서 작성한 취급 설명서

3. 신뢰성(Reliability)

• 개념: 시스템이나 장비가 정해진 조건하에서 의도하는 기간 만족하게 동작하는
　 시간의 안정성을 나타내는 성질
• 확률적 사고를 도입한 개념의 신뢰도
− 시스템, 기기 및 부품 등이 정해진 사용 조건에서 의도하는 기간 정해진 기능
　 을 발휘할 확률

<table><tr><td>55</td><td># MTBF(평균 고장 간격)분석</td></tr></table>

1. 개 요

개선의 기본이 되는 정보는 보전 기록이다. 그리고 개선의 목적은 항상 설비에 발생하는 작업의 삭감과 발생한 작업의 능률적인 처리에 있으므로, 보전기록은 설비단위의 발생 보전 작업, 특성분석표로 가능한 한 일람성을 갖추고, 한눈에 문제의 중점을 알 수 있는 자료로 처음부터 연구하여 만들어 내야 한다.

관리용 데이터를 수집하는 방법, 사용법의 한 방법으로 설비에서 발생하는 각종 보전작업(돌발 고장 수리, 계획정비, 개량 보전, 계획 점검, 갱유, 조정, 청소 등 작업)의 특성분석을 MTBF분석이라고 부른다.

MTBF는 Mean Time Between Failures의 약어로, 설비 또는 부품의 평균 고장 간격을 분석함으로써 적절한 정비주기나 점검 주기의 결정을 생각한다는 의미도 포함하고 있지만, 넓게 보전관리를 위한 범용적인 분석방법이다.

2. MTBF분석의 목적

다음과 같은 목적이 있으므로, MTBF분석 기록표는 각 항목의 분석이 쉬워야 한다.
 1) 발생 보전 작업을 삭감하기 위한 개선 항목의 선정과 중점의 파악
 2) 설비수명과 최적 수리·점검주기의 추정
 3) 점검 항목의 선정과 점검기준 설정 및 개정

4) 검사나 수리의 품질을 확보하기 위한 문제점 추출

5) 운전 조건 및 운전의 제반 기준의 문제점 추출

6) 예비품 기준의 설정 및 개정

7) 수리 및 정비작업의 시간(공수)을 삭감하기 위한 착안점 파악과 실적 평가

8) 신뢰성·보전성 설계를 위한 기초 데이터

9) 내외제작 구분 검토

10) 예상시간 표준 선정, 대상작업의 선정과 시간 표준 연구

11) 도면 정리 및 수정 등 대상 중점 설비나 부품 선정

MTBF분석은 앞에서 기술한 것과 같은 목적을 토대로, ①설비와 품질과의 관계 데이터 파악, ②설비진단 과제의 추출, ③설비의 교육자료 작성 데이터, ④LCC(라이프 싸이클 코스트)파악과 그 연구자료의 활용도 생각할 필요가 있다.

그 외에 위에서 기술했듯이 MTBF분석은 보전기록을 취급하는 방법과 그 활용 중의 한 방법에 지나지 않지만, 보전기록은 보전 활동의 관리와 기술활동의 지침이 되는 원시정보로서 그 가치는 매우 크다.

PM활동은 보전기록을 남기는 법을 비롯하여, 바르게 보전기록을 남기는 방법과 그 활용으로 끝난다고 해도 과언이 아니다.

3. MTBF분석 기록표의 작성 방법

1) 작성수준

① 분석표 만드는 대상, 범위를 정한다.-라인별, 유사설비 또는 컴퍼넌트로 할 것인가

② 용지를 준비한다.-교육을 위해 처음에는 큰 편이 좋다.

③ 대상 분류, 층별-발생빈도 등을 보면서, 일람성을 부여한다.

④ 분석표의 양식을 정한다-양식을 연구한다. 데이터는 반년에서 1년 정도 들어가도록,

그림을 그리면 알기 쉽다. 한 장에 모두 표기하도록 하고 예비품 상황도 그린다.

⑤ 기입 내용을 정한다 - 발생 연월일, 생산 수, 설비명, 부위명, 조치자, 고장현상, 원인, 조치내용, 조치 구분(돌발, 예방, 개량 외)보전 공수, 보전비, 기타

4. 신뢰성표시의 척도

신뢰성을 나타내는 척도로는 평균고장 간격(MTBF)이 매우 중요한 척도가 된다. 이 평균 고장 간격의 계산공식은

$$\text{MTBF} = \text{가동시간합계 / 고장횟수 합계}$$

이며, 고장에서 다음 고장까지의 시간평균을 나타낸 것이다. 이 수치가 커지면, 신뢰성이 개선되었다는 증거가 된다.

또(1MTBF)의 수치는 고장률에 해당된다. 앞에 표시한 수명 특성 곡선의 수치는 바로 이 고장률을 나타낸 것이다. 그리고

$$\text{고장 수도율} = (\text{고장횟수합계 / 부하시간합계}) \times 100$$

도 중요한 척도 공식이다.

MTTF(Mean Time to Failure: 平均故障壽命)

MTTF(平均故障壽命 / Mean Time to Failure)는 어떤 하드웨어 제품이나 구성요소가 수리하지 않는 부품 등의 사용 시작으로부터 고장 날 때까지의 동작시간의 평균치이다. 이 척도는 대부분의 하드웨어나 구성요소들을 선택하는 데 있어 중요한 요소로 작용한다.

시스템이 한 번 고장 난 후 다음 고장이 날 때까지 평균적으로 얼마나 걸리는지를 나타내는 것이다. 제품이 출하된 후 고장 날 때까지 얼마나 걸리는지, 즉 수명이 얼마나 긴지를 나타내는 MTTF(Mean Time To Failure)와 비슷한데 MTBF는 수리를 해서 계속 쓸 수 있는 것에 적용되고 MTTF는 수리가 불가능한 것에 적용된다. 그런데 컴퓨터 부품은 수리를 하기보다는 새로 사는 것이 유리하기 때문에 사실상 MTBF와 MTTF는 거의 같은 의미다.

예를 들면 고장확률 밀도함수 f(t)는 어떤 연령 t에서 인간이 몇%가 사망하는가를 나타내는 것이고,

고장률 함수 λ(t)는 t=50세까지 생존한 사람 중 다음 1년간에 그 몇%가 사망하는가 하는 사망률을 나타내는 것이다.

MTBF와 MTTF는 고장을 분석하고 그 원인을 찾아내며, 신뢰성을 추정하는 데 아주 중요하고 많이 활용되는 개념이다.

즉 <u>MTBF</u>=<u>MTTF</u>+<u>MTTR</u>으로 표현되는데 그 내용은 다음과 같다.

■ 평균 고장 간격

(平均故障間隔 / Mean Time Between Failure: MTBF)

수리할 수 있는 설비의 고장에서부터 다음 고장까지의 동작시간의 평균치이다.

■ 평균 고장 수명

(平均故障壽命 / Mean Time to Failure: MTTF)

수리하지 않는 부품 등의 사용 시작으로부터 고장 날 때까지의 동작시간의 평균치
이다.

■ 평균 수리시간

(平均修理時間 / Mean Time to Repair: MTTR)

수리시간의 평균치이다.

P M 분 석

1. 집중관리 설비의 분석을 위하여 다음과 같은 사항을 잘 파악해야 한다.

① 현 설비의 능력 파악
  - 이룰 능력과 과거 실적에 의한 최대 능력
② 정지 손실의 영향이 큰 집중관리 설비 파악
  - 예비설비의 유무, 쿠션의 유무 및 그 용량을 파악
③ 과거의 고장 통계 분석을 통해 기준생산량을 어기고 생산 감손실을 주는 것과
  수리비가 큰 것을 파악
④ 설비 열화, 품질저하에 미치는 영향이 큰 설비를 파악
⑤ 설비열화가 원단위에 미치는 영향이 큰 설비를 파악
⑥ 안전상의 집중관리 설비를 파악
⑦ 설비환경과 작업조건이 열화에 미치는 영향이 큰 설비를 파악
⑧ 중점도 설정 기준을 파악

2. PM평가표의 작성

• 중점도 설정 기준
- P(생산량): 생산상 애로가 되는 정도
  고장 정지에 의한 손실 정도

예비설비의 유무와 대체 난이도
-Q(품질): 품질에 영향을 미치는 정도
  품질 변동의 다소
  고장에 의한 품질 손실 정도
-C(원가): 안전비의 다소
  열·동력의 소비 정도
  고장에 의한 원가 손실 정도
-D(생산기간): 재고품에 의한 손실 정도
  생산 평형이 문제가 되는 정도
-SM(안전 환경): 고장에 의한 안전조업에 영향을 주는 정도
  고장에 의해 환경이 나빠지는 정도

3. 중점도 관리 기준

A, B급: 설비표준, 보전 작업표준, 주유표준, 검사표준을 설정하여 예방보전
C급: 간단한 검사표준 및 주류표준을 설정하여 예방보전 실시
D급: 주유 표준을 설치하여 사후보전 실시

1. 고장의 정의

설비기기, 부품 등이 규정의 기능을 상실하는 것

2. 고장의 유형

- 기능 정지형 고장: 설비의 기능이 완전히 멈추는 고장, '돌발고장'으로 불리는 경우가 많다.
- 기능 저하형 고장: 설비의 특성이 점점 열화되어 생기는 고장, 설비는 움직이지만 정도불량, 소정지, 속도저하, 양품률 저하 등 손실을 발생시킨다.

3. 고장의 종류(시계열적 고장)

→ Bath tube곡선
- 횡축에 시간, 종축에 고장률 표시
- 초기고장: 사용 개시 후 초기에 발생하는 고장 설계, 제작상의 결함, 사용한 경과의 부적합이 원인
- 우발고장: 마모, 누출, 변형, 크랙 등으로 인해 우발적으로 발생. 거의 일정한

고장률로 여김

• 피로, 마모, 노화현상으로 인해 시간이 지나면 고장률이 커짐

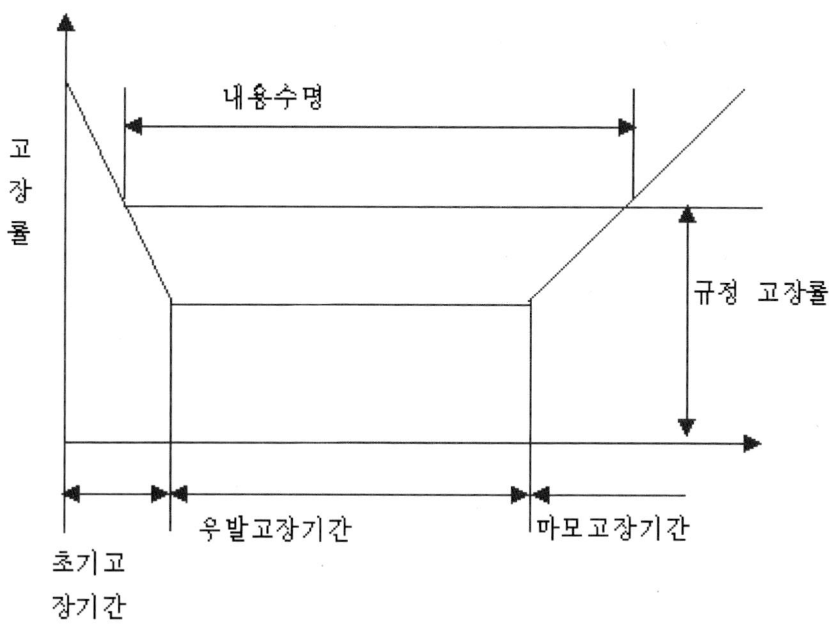

4. Bath tube에 다른 보전

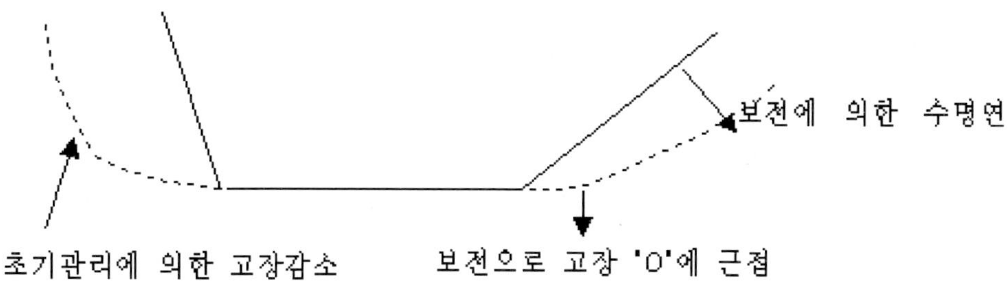

1) 초기고장: 설계자가 운전 상태를 잘 알지 못하거나 부품강도의 여유판단 및 설계조건상의 실수로 발생.

   범용설비보다 독자적인 사양의 설비에서 초기 고장률이 높다.

2) 우발고장: 설계상의 결함보다 사용조건을 지키지 않고, 적절한 유지 관리미흡으로 발생.

   적정한 작업, 운전보전관리로 감소

3) 마모고장: 부품들이 각각의 고유수명에 도달. 정기보전으로 부품 교환. cost상 타산이 맞는 한도까지 우발 고장기를 연장하여 수명 연장

   (예방보전, 개량보전으로 기간 연장)

1. 종　류

- 예방보전(preventive mainterance)
- 사후보전(breakdown mainterance)
- 개량보전(corrective mainterance)
- 보전예방(mantence prevention)

2. 예방보전

- 설비의 건강상태를 유지하고 고장이 일어나지 않도록 열화를 방지하기 위한 일
  상보전, 열화를 측정하기 위한 정기검사 또는 설비진단, 열화를 조기에 복원시
  키기 위한 정비 등을 하는 것.
- ※ 열화예방, 열화측정, 열화복구
- TBM: 일정한 기간이 경과하면 설비의 상태에 관계없이 설비를 중지시켜 보전
- CBM: 설계의 상태에 따라 보전행위, 설비진단기술의 개발이 배경

3. 개량보전

  보전 면에 중점을 두는 설비 자체의 체질개선
  설비 본래의 성능 또는 기능을 개선하는 것이 아니고, 보전비용이 적게 드는 재
료나 부품을 사용하여 안전을 기도하는 개선

4. 보전예방

  고장이 적은 설비설계와 조기수리가 가능한 설비
  설비의 신뢰성과 보전성을 높이는 방식
  신뢰성을 고장빈도에 보전성은 고장의 복구에 소유제도 시간과 관계

5. 사후보전

  설비의 열화가 수리한계를 지난 후 또는 고장으로 인하여 정지한 후에 행하는 보전

□ 설비비용

1. 설비에 관한 총비용

① 설비비(자본회수)
② 원재료비
③ 동력비
④ 운전노무비
⑤ 보전비(보전 재료비, 노무비)

2. 보전비

가. 정 의

설비의 성능을 유지하고 복원시키기 위한 경비로서 처리해야 하는 모든 지출(수선비)

나. 분 류

- 회계상 분류: 수선재료비, 외주수선비, 사내수선비
- 목적에 의한 분류: 보전 작업 목적에 따른 분류
- 일상 보전비: 열화예방을 위한 일상보전활동에 소요되는 노무비, 재료비
- 설비 검사비: 이상 유무판단을 위한 검사에 소요되는 노무비, 재료비
- 수선비: 점검결과에 따른 예방수리, 돌발수리 등 설비열화복구에 소요되는 노무비, 재료비

설비보전 비용

1. 의 의

설비비용은 열화 손실비와 보전비의 합계인데, 열화 손실비는 보전비를 들어서 설비를 만족한 상태로 유지하였다면, 없앨 수 있었던 생산상의 기회 손실임

2. 열화 손실비

- 생산량 저하 손실
- 품질저하 손실
- 원단위 증대 손실
- 납기지연 손실
- 안전저하에 의한 재해 손실
- 환경조건의 악화로 인한 의욕저하 손실

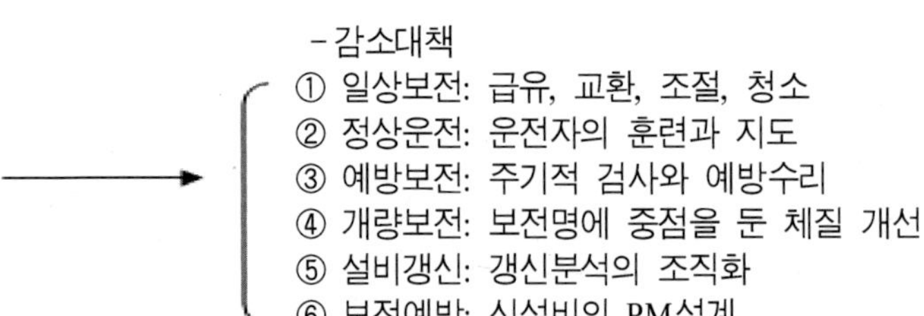

– 감소대책
① 일상보전: 급유, 교환, 조절, 청소
② 정상운전: 운전자의 훈련과 지도
③ 예방보전: 주기적 검사와 예방수리
④ 개량보전: 보전명에 중점을 둔 체질 개선
⑤ 설비갱신: 갱신분석의 조직화
⑥ 보전예방: 신설비의 PM설계

3. 보전비

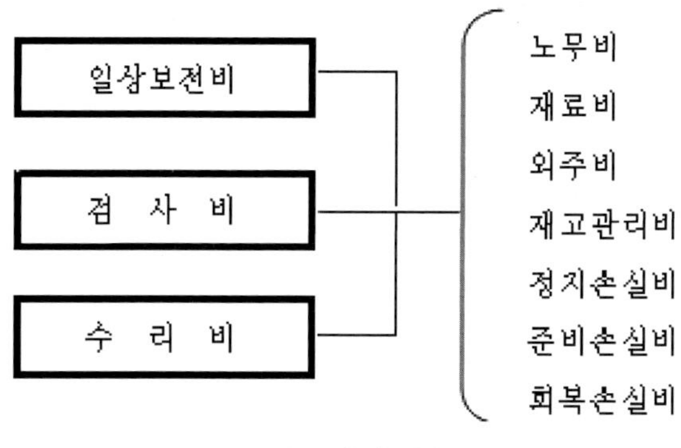

- 목적별 분류 -

- 요소별 분류 -

감소대책
① 보전작업의 계획적 시행
② 보전작업 방법의 개선 표준화
③ 보전담당자의 교육훈련
④ 외주 청부업자의 유효적절한 이용
⑤ 보전자재의 적정재고
⑥ 설비예산과 보전비의 효율적 관리
⑦ 설비관리 사무체계의 개선

❑ 경제적 수리주기

1. 개 요

설비의 보전비와 열화 손실비의 합계를 최소로 하는 방법
- 단위기간당 열화 손실비는 시간의 증대와 함께 증가한다.
- 단위기간당 보전비는 수리주기를 깊게 하면 감소한다.

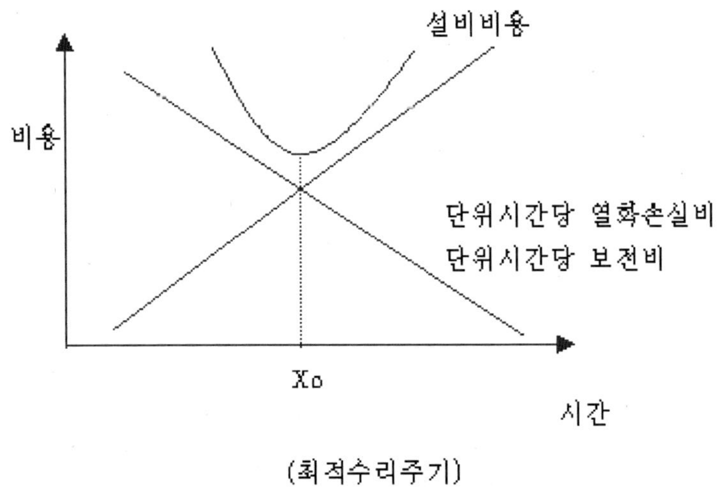

(최적수리주기)

1. 집중보전(Contral Maintenance)

- 개요: 보전요원은 공장의 2~3개 과 또는 전체 과의 소속으로 업무수행
- 장점
- 필요시 충분한 인원동원 가능
- 인원배치의 유연성
- 긴급작업, 고장, 신업무의 처리신속
- 특수기능자의 활용이 효과적임
- 특수보전설비의 활용가능
- 혼자서 보전에 관한 전적 책임
- 보전비 관리 집중
- 단점: 보전요원의 분산으로 관리감독이 곤란하며 이동으로 인한 LOSS시간이 많다.

2. 지역보전(Area maintenance)

- 개요: 특정지역에 보전요원이 배치되며 동일한 보전상의 상사에게 보고
  (지리적, 제품별, 제조부문별 등)
- 장점: 보전요원이 쉽게 제조부문에 접근할 수 있으며 이동시간을 감소
- 단점: 스태프의 인원이 증가하며 대규모의 수리작업 시 또는 작업조정 곤란

3. 부문보전(department maintenance)

- 개요: 특정지역 또는 임무에 따라 제조부문 감독자 밑에 보전요원을 둠
- 장점: 지역보전의 장점 외 제조부문의 감독자가 생산 및 제조비에 전적인 책임을 지고 있다
- 단점: 제조부문 감독자들이 보전업무의 지도 및 기술적인 지원이 취약함

4. 절충보전(Combination Maintenance)

- 장점
- 집중관리를 맡고 있는 요원들은 대단위 공사 및 대규모 수리능력
- 보전비관리가 잘 이루어짐
- 지역보전원은 생산현장의 중요설비를 잘 알고 있음
- 단점
- 중요작업의 우선순위가 보전에 의해 결정된다.
- 스태프가 증가한다.
- 설비가 중복된다.

5. 운전과 보전의 업무분담

① 운전과 보전의 관계
  1) 보전담당자: 설비 성능표준의 유지에 책임
  2) 운전담당자: 작업표준의 유지에 책임
  ※ 양자의 협조에 의하여 생산계획을 달성

② 운전부문에서 담당해야 할 보전적 업무

   1) 운전전원의 운전의 일부로서 조사하는데

   2) 단기간의 검사로서는 발견할 수 없는 이상의 검사

   3) 운전의 보조로 생각할 후 있는 정비작업

   4) 기타 운전 중 인지한 이상의 보고, 수리작업의 자원

③ 보전요원 수의 지표

   1) 기계대수, 고장발생빈도, 수리 소요시간, 수리공의 임률, 기계의 수리대기에
      의한 정지손실 등

	집중보전	지역보전	부문보전	절충보전
장 점	(1) 保全要員의 機動的 운용을 할 수 있으며 지역 보전보다 적은 인원으로 일을 할 수 있다. (2) 직장의 연락 協助가 원활하여 공장관리가 용이하다. (3) 部品 및 資材管理의 集中化가 可能하며 적은 在庫로도 可하다 (4) 設備의 要求에 대한 客觀的인 판단을 할 수 있다. (5) 人材가 集中되어 分業專門化가 進展되며 進步速度가 빠르다.	(1) 직장이 각 현장에 배치되어 있으므로 걷는 손실이 없을 뿐만 아니라 서비스가 빠르다. (2) 같은 사람이 같은 설비를 대상으로 하므로 설비를 잘 알며 충분한 서비스를 할 수 있다. (3) 안전요원이 현장에 있으므로 생산본위가 되며 생산의욕을 가진다. (4) 操業要員과 地域保全要員과의 관계는 극히 밀접해진다.	(1) 地域保全의 장점과 비슷하다. (2) 주요한 相異鮎은 保全要員이 제조부문의 감독자 밑에 배치되어 있다는 것이다.	지역보전이나 부문보전과 집중보전의 장점을 발췌하여 절충한 것이다.
단 점	(1) 대공장에서는 걷는 시간이 많아진다. (2) 같은 설비에 대한 慣熱度가 지역보전에 미치지 못한다. (3) 보전요원이 현장에 없으므로 生産本位가 되기 힘들다. (4) 操業과 保全關係가 멀어지기 쉽다.	(1) 地域마다 서비스가 잘 되도록 충분한 보전요원을 願하므로 集中保全보다 인원이 많아지며 待機時間이 생기기 쉽다. (2) 지역보전요원과 중앙의 工作部署와의 관계는 멀어진다. (3) 各 地域에서 部品이나 자재를 많이 가지려고 하며 또 예비모터 등 공통부품의 融通을 싫어하므로 在庫가 많아진다. (4) 各 地域은 各 域 중심으로 생각하고 공장 전체의 입장에 서기 힘들다. (5) 기술의 進步가 늦다	(1) 제조부문의 감독자는 안전業務를 指摘할 資格이 없기 쉽다. (2) 이들은 보전요원에 기술적 援助를 줄 수 없다. (3) 이들은 生産計劃을 만족시키기 위하여 보전작업을 무관할 경우가 있다. (4) 공장보전의 책임이 분리된다. (5) 보전요원의 인사문제는 지역보전의 경우보다 더 큰일이다.	지역보전이나 부문보전과 집중보전의 단점을 補正한 것이다.

1. 자재계획의 절차와 방법

가. 자재계획의 개요

자재계획은 생산계획의 형태로 수립되는 생산예정에 소요되는 주요자재, 보조자재, 구입부품, 조립용 부품, 소모품 등을 적질, 적량, 적시에 그리고 적가에 공급하는 데 목적이 있다.

나. 자재계획의 단계

- 원단위산정 → 사용계획 → 재고계획 → 구매계획

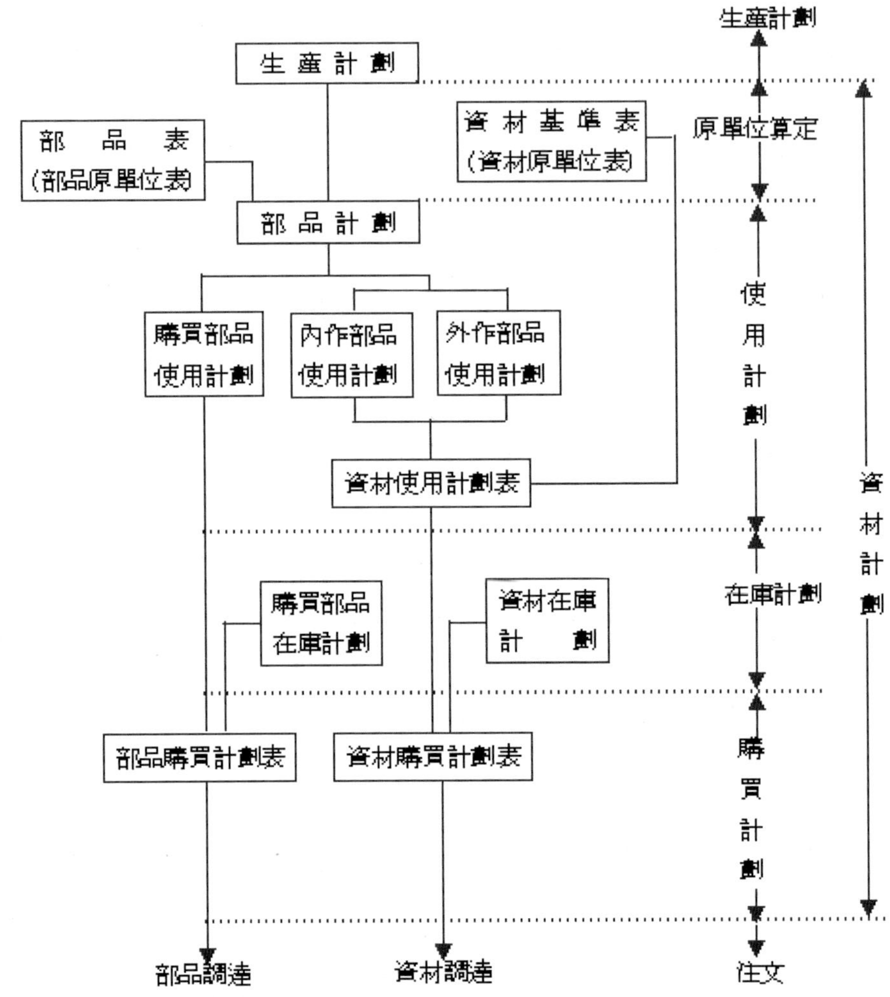

다. 원단위 산정

① 제품이나 반제품의 단위 수량당의 자재별 기준소요량

－공정이 간단할 때는 제품생산량에 대한 원료 투입량의 비

－공정이 복잡할 때는 공정별, 작업별, 단계별로 산정

－제품규격과 재료규격을 정확하게, 합리적으로 설정
－재료의 품질 및 종업원의 숙련도를 고려
② 원단위 산정방법
－실적치에 의한 방법: 양호한 실적과 불량한 실적의 평균(3～6개월 평균)
－이론치에 의한 방법: 화학방정식, 설계도면, 제작도면으로부터 이론적으로 산출
－시험분석치에 의한 방법: 시제품을 생산하여 그 결과로부터 산출
③ 자재 기준표 작성
－설계도를 기초로 원단위를 산정하여 기록한 표
－제품 단위량 순 소요량으로서 예비량을 가산하지 않는다
④ 표준자재 소요량 산출
표준자재 소요량＝자재기준량＋자재예비량
　　　　　　　　　　└보용품예비, 자재불량예비, 가공불량예비

라. 사용계획

• 생산계획량과 표준자재소요량을 바탕으로 시기별 자재소요량을 산출한다.
• 판매 계획 중 이월량을 감안한 생산소요량에 소요원단위를 곱하여 주요 직접
  원재료를 산출한다.
• 주 원재료, 보조 원재료 등은 직접 파악하는 것이 좋으나 곤란할 때는 과거 실
  적 기준으로 산출한다.

마. 재고계획

• 사용계획을 기초로 하여 생산활동을 위한 소비와 구매 사이의 완충역할을 하는
  것이다.
• 전기 이월과 소비량, 차기 이월과의 관계에서 결정되는 재고 수준 계획이다.

바. 구매계획

- 구매방법에 대한 계획: 상용자재는 장기계약으로 주기적으로 발주하고, 비상용 자재는 수시 구매한다.
- 경제적 구매량에 대한 계획: 발주비용과 재고비용을 고려한 최적 구매량을 결정한다.
- 구매 가격에 대한 계획: 원가, 수요공급, 계절영향, 경기변동을 고려하여 구매가격 결정
- 구매시기에 대한 계획: 상비, 비상비 자재에 따른 구매시기 결정
  → 소요시기에 납기가 일치되도록 결정한다.
- 창의적 구매계획: VE에 의한 기능구매, 탄력성 구매계획 등
- 구매계획의 동적탄력성: 생산계획 및 구매요건, 시장의 변화에 탄력적으로 대처한다.

MRP(Material Requirements Planning) 자재소요계획

1. 의 의

- 완제품의 생산수량 및 일정을 토대로 그 제품 생산에 필요한 원자재, 부품, 조립품 등의 소요량 및 소요시기를 역산하여 일종의 자재 조달 계획을 수립하고 일정관리를 겸함으로써 효율적인 재고 관리를 모색하는 기법
- 제품의 생산에 필요한 자재와 부품을 언제, 얼마나 주문해야 하는지를 최종제품이나 주요 조립품의 완성기일을 기산점으로 하여 역산하여 결정하고, 조립공정별로 필요한 자재를 사용 직전에 준비시키는 기법
  ⇒ 납기 통제와 재고 관리를 최소의 비용으로 동시에 완수하는 기법이다.
- 종속 수요 자재의 관리에 적절하며, 단속생산시스템에서 보이는 불연속 수요 시의 재고관리에 적합하다.

2. 특징 및 장점

가. 특 징

MRP시스템은 자재소요량 계획을 일정계획 통제에 융합시키는 것이 특징이다.
자재요소 판단이 최종 완성품의 납기와 주문량에 종속관계를 갖고, 자재의 발주

시기를 결정할 때 전체 공정의 최종 완성일을 기산점으로 역산하는데 이것은 CPM에 의한 일정계획법과 유사하다. 그러나 CPM이 단일 프로젝트의 일정계획 통제에 사용되는 것에 비해 MRP는 다품종의 제품 및 반제품 생산을 대상으로 계획·통제할 수 있고, 부품이 점차 최종제품으로 완성되어 가는 단계별 부품조립 관계를 고려함으로써 통합적인 자재계획이 수립될 수 있다. 즉 MRP가 CPM과 다른 점은 제품과 부품의 상호관계를 시간적·수량적 차원에서 동시에 다룬다는 것이다.

나. 장 점

① 상황변화에 따라 조정이 가능한 신속한 자재계획이다.
② 생산소요시간을 단축할 수 있다.
 → 제품납기상의 우선순위를 정확하게 조절함으로써 품절에 의한 공정대기를 방지함
③ 사전 납기 통제가 가능하다.
 → 부품 조달이 여의치 않을 때 제품납기 지연을 미리 예측할 수 있다.

3. MRP시스템의 성패

① MRP시스템을 다루는 솜씨
② 기업 내 시스템의 적절한 설계
③ 경영자의 이해와 신념의 정도

MRP시스템의 기본절차

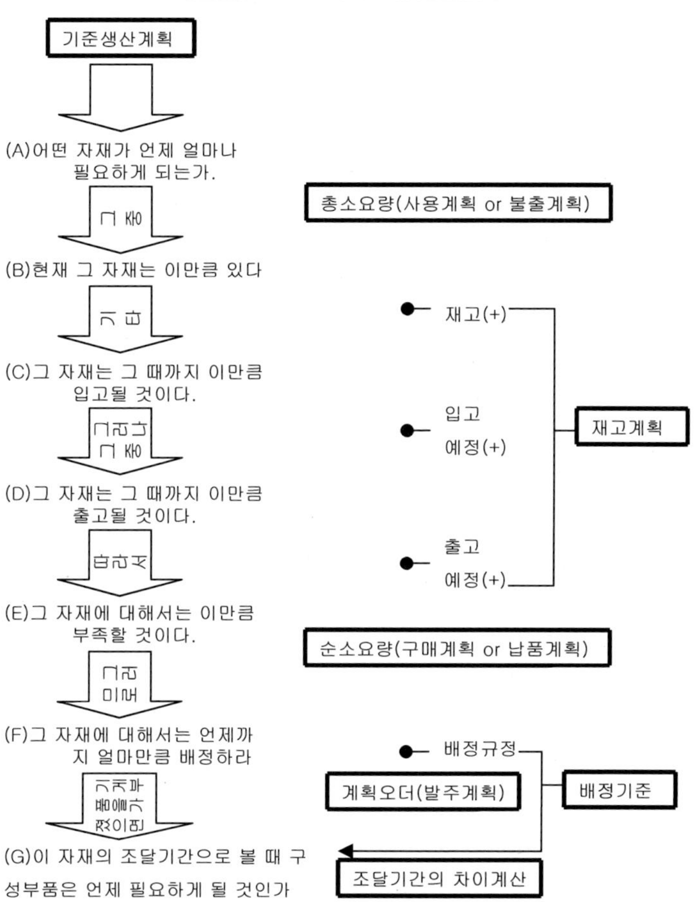

6. MRP 운영상의 문제

가. 발주 로트의 크기

- 매회 발주방식 – 순 소요량을 발주 lot로 하여 로트 단위로 발주함(비경제적인 방식)
- 정기발주 방식
- 정량발주 방식 – 수요율이 일정할 때는 EOQ를 이용한다. (가능한 lot사이즈를 작게 한다.)

나. 계획의 갱신

- 제품의 수요, 자재 조달 기간, 생산능력 및 일정의 변화가 발생 시는 MPS를 갱신해야 한다.
- 재계획법(regenerative system)
  - 일정기간 중 생긴 모든 변경사항을 뱃치 형식으로 처리하여 MRP를 일괄 갱신한다.
  - 최소 1주 간격으로 시행하므로 변경사항이 자재계획에 즉시 반영되지 않으며 전반적인 계획 수정이 번거롭다.
  - 관리비용은 저렴하다.
- 순변경법(net change system)
  - 계획의 변경 시마다 변경이 필요한 품목만 부분적으로 수정한다.
  - 수시처리를 위해 computer를 On-Line 상태로 유지해야 하므로 비용이 증대된다.
  - 변경사항이 자재계획에 즉시 반영되어 관리된다.

다. 안전재고

- 안전재고는 이론상 필요 없으나
- 애로공정, 수요변동, 자재부족, 공급업체의 노사분규 등에 대비
- 조달기간의 변동에 대해서는 안전조달기간으로 반영

라. 기록의 정확성

- MRP가 제대로 기능을 하기 위해서는 MPS, 자재명세서, 재고 기록 file을 비롯하여 발주일자, 발주량, 생산능력 등 제반 기록이 정확하게 입력되어야 한다.
- 주문변경이나 취소 등 생산계획 변경 시 MPS의 수정이 바로 이루어져야 한다.

<table><tr><td>63</td><td>EOQ(Economic Order Quantity)
-경제적 주문량</td></tr></table>

1. 의 의

1회 발주량의 크기를 크게 하면 구매비용은 감소하나 재고가 증가하여 재고유지비가 증가한다. 반대로 발주량을 작게 하고 발주횟수를 늘리면 구매비용이 증가한다. 따라서 총재고 비용(구매비용＋재고유지비)이 최소가 되도록 발주량을 결정하는 것이 필요하다.

2. 가 정

① 발주비용은 발주량의 크기에 관계없이 매회 주문마다 일정하다.
② 재고유지비는 발주량의 크기에 정비례한다.
③ 구입단가는 발주량의 크기에 관계없이 일정하다.
④ 수요량과 조달기간이 일정한 확정적 모델이다.
④ 단일품목을 대상으로 한다.
 ※ 수요가 비교적 안정된 상태에서 유용한 모델이다.

3. 공 식

$$Q=\sqrt{\frac{2\times C}{H}}$$

- Q: 발주량(1회)
- C: 발주비용(1회)
- H: 재고유지비율(단위당 재고유지비)
- X: 연간사용량

연간총비용 $TVC=\dfrac{XC}{Q}+\dfrac{QH}{2}=\sqrt{2XCH}$

※ 투입변수(X, C, H)의 변환에 대해 EOQ의 변화는 민감하지 않다. (제곱근)
따라서 EOQ의 가정이 상당히 비현실적임에도 불구하고 EOQ모델은 사용가치
가 있다.

❑ 안전재고

1. 필요성

수요의 변화와 조달기간의 변동 등으로 인한 재고부족 및 이에 따른 공정의 손실
을 방지하고자 하는 것.
- 재고부족으로 인한 손실이 안전재고 유지비보다 큰 경우
- 안전재고 유지비가 소액인 경우
- 수요가 불확실하거나 변동이 심한 경우
- 품절의 위험이 점차 높아지는 경우

2. 결정방법

가) 수요율이 변하고 조달기간이 일정한 경우

① 조달기간 중의 수요패턴을 나타낼 수 있는 이론 확률 분포형을 정한다.
② 품절확률을 결정한다.
③ 결정된 품절확률이나 서비스 수준에 따른 최대수요를 결정한다.
④ 조달기간 중 필요한 안전재고를 산정한다.

$$-B = Z \cdot \sqrt{d}\,(\text{정규분포 시})$$
$$B = Z\sqrt{\overline{D}}\,(\text{포아슨분포 시})$$
$$OP = \overline{D} \cdot L + B$$

B: 안전재고	
$\overline{D_2}$: 조달기간 중 평균수요량	
σ_d: 수요율의 표준편차	
σ_L: 조달기간의 표준편차	
Z: 안전계수	
OP: 발주점	
d: 수요율	
$\overline{L}$: 평균조달기간	

나) 조달기간이 변하는 경우

$$B = Z \cdot d \cdot \sigma_L$$
$$OP = d \cdot \overline{L} + Z \cdot d \cdot \sigma_L$$

다) 수요율과 조달기간의 변하는 경우

$$\overline{D_L} = \overline{d} \cdot \overline{L}$$
$$\sigma = \sqrt{\sigma_d^2 + \sigma_L^2} = \sqrt{(\overline{L}\sigma_d)^2 + (\overline{d}\sigma_2)^2}$$
$$OP = \overline{d}(\overline{L}) + Z\sigma$$

❑ 발주점

1. 의 의

경제적 발주량의 문제는 수요와 조달기간의 확실성을 전제로 한다. 그러나 현실적으로 불확실성을 대비하여 안전재고를 감안하는 것이다.

발주점은 시간적 관점에서 발주시점이지만 재고 수준에서 볼 때는 '조달기간의 수요량'과 안전재고의 문제이다.

2. 적 용

① 수요가 일정한 경우

$$OP = DL = d \times L$$

DL: 수요량(발주기간)

d: 수요율

L: 발주기간

② 수요 변동 시

$$OP = Dmax = dmax \times L = D_L + B\,(안전재고)$$

※ 정기발주시스템의 발주점

$$OP = \overline{D_{L+T}} + B$$

조달기간 L과 발주간격 T의 수요량

1. 의 의

자재의 종류는 많지만 '소수품목이 사용금액의 대다수를 차지한다.'
- 자재를 관리하는 데 있어서 많은 종류의 자재를 동시에 관리하기도 어려우며, 사용금액이 많은 것과 적은 것은 동일한 비중으로 관리하는 것은 비합리적이다.
- 따라서 사용자재를 연간 사용금액에 따라 ABC로 분류하여 중요도에 따라 차별 관리를 한다.

2. 일반적 구분

A급   품목비   5~10%   사용금액   70~80%
B급   10~20%   15~20%
C급   70~80%   5~10%

A급 자재: 중요품목으로 연간사용 금액이 많은 것
            고가품목으로 연간상용 금액이 많은 것
            사용빈도가 높고 연간사용 금액이 많은 것

※ 우리나라 기업의 재고관리상 문제점

- 재고관리의 시스템은 인적요소를 전제로 강력한 통제와 견제적 감시장치에 부
  합되도록 설계
- 재고관리 본래의 기능보다 사용자 우위의 피동적인 재고관리
- 자재수급상의 특성과 난점으로 비합리적 재고관리 업무

COCK SYSTEM

자재 납품업체의 계정하에 발주업체의 ON-SITE에 자재를 저장하고 필요한 시
기에 필요한 양만큼 가져다 사용하고, 사용시기에 발주업체의 계정으로 옮겨가는
방식

－자재에 대한 차별화 관리시스템의 흐름도－

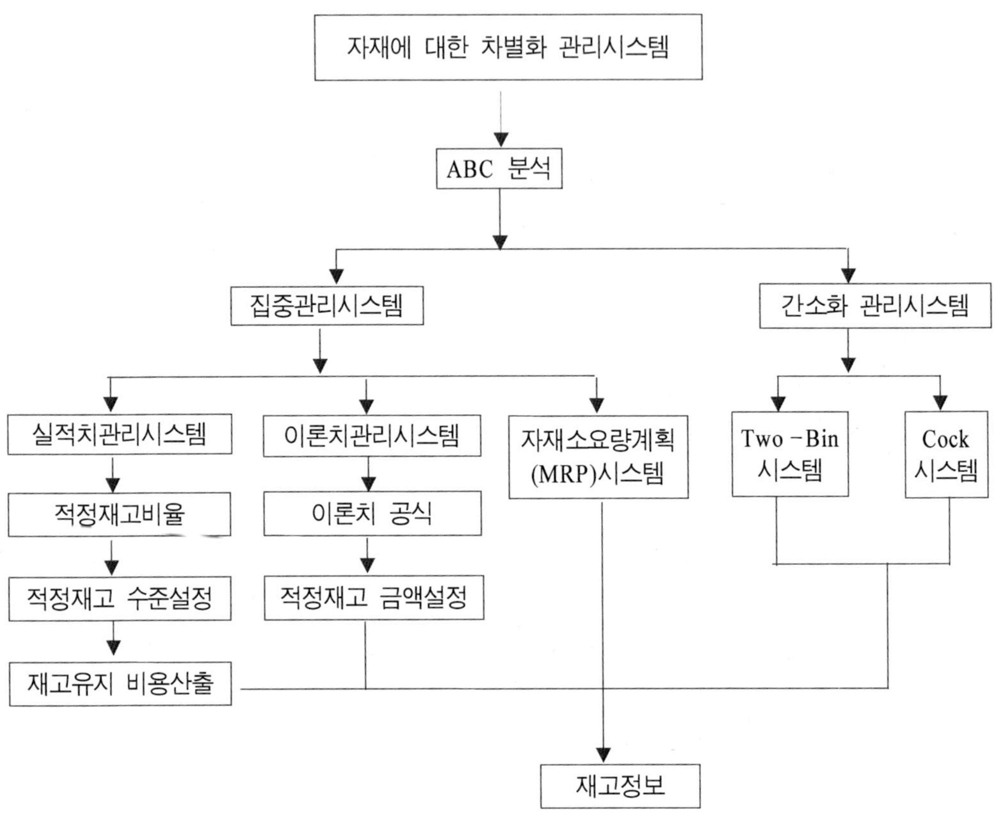

    A급 품목은 수량은 적으나 사용금액이 많은 것이고, C급 품목은 A급과 C급 품목의 중간정도에 해당하는 품목으로 필요에 따라 A급 또는 C급으로 분류할 수 있으며, 일상적으로 적정한 관리가 가능한 품목이다.

    이와 같이 분류된 자재에서 A급 중심의 중요한 자재에 대한 정보만을 데이터베이스화함으로써 정보량은 줄어들게 되고 정보처리속도는 증가될 수 있다.

2.일반적 구분

A급	품목비	5~10%	사용금액	70~80%
B급		10~20%		15~20%
C급		70~80%		5~10%

A급자재 ー중요품목으로 연간사용금액이 많은 것
       ー고가품목으로 연간사용금액이 많은 것
       ー사용빈도가 높고 연간사용금액이 많은 것

3. 전개 방법

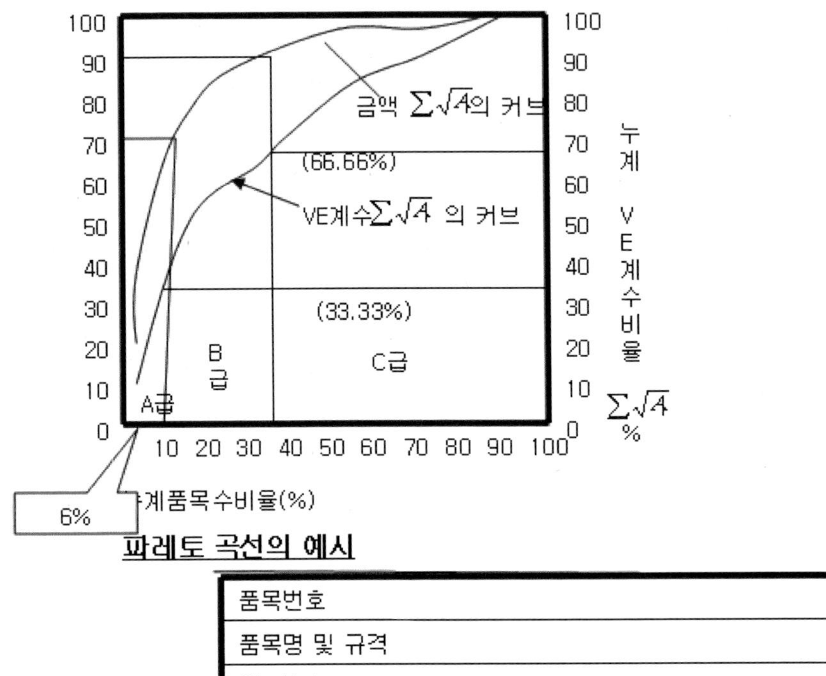

파레토 곡선의 예시

품목번호
품목명 및 규격
단 가(a)
수 량 (b)
연간사용금액 $(a \times b) : (A_i)$
VE계수 $\left(\sqrt{a \times b}\right) : \left(\sqrt{A_i}\right)$

가. 품목 카드의 작성

(가) 품목 카드마다 그림 3.7과 같은 양식에 의거하여 품목 카드를 작성한다. 우
선 단가를 기입하게 되는데, 이때 단가는 우리나라와 같이 그 기복이 심할
경우 다소의 문제점이 있긴 해도 그 변동폭이 심하지 않다는 전제하에 일정
기간의 사용량에 대한 소비금액으로 볼 때는 그리 큰 문제가 아니므로 작성

시점에서의 단가를 기입하는 것이 좋다.

(나) 앞으로 예상되는 기간당(연간 또는 월간) 예상소비량을 품목별로 예측하여 기입한다. 이때 초도품목을 제외한 나머지 품목들을 제외한 나머지 품목들은 어떠한 기준에 의해 일정기간의 청구목표(재고수준)가 설정되기 때문에 이 청구목표를 기초로 하여 집계하고자 하는 기간의 소요량을 계산하다.

(다) 단가에 예상소비량을 곱하여 얻어진 연간사용금액을 품목별로 기입한다.

(라) VE(Value Effect)계수는 연간사용금액의 평방근을 구하여($\sqrt{A_1}$) 품목별로 기입한다.

(마) 품목이 많을 때는 샘플링 방법을 이용하여 카드를 작성한다.

나. 워크시트의 작성

(가) 이미 작성된 품목 카드를 일일이 검토하여 우선 사용금액이 큰 순서로 배열한다. 다음에는 각 품목마다 누계품목 수와 합계품목 수의 비율을 품목의 누계비율란에 기입한다.

　위와 같은 요령으로 누계금액과의 비율을 사용금액의 누계비율란에 기입하고, VE계수도 마찬가지 방법으로 기입한다.

(나) 파레토(Pareto)곡선을 그린다. 품목수의 누계비율을 가로 축에, 사용금액의 누계비율을 세로축으로 하여 사용금액의 분포상태를 도시한다.

(다) 한계점을 정한다. 이미 도시된 파레토 곡선에 어디까지를 중점품목으로 할 것인가를 결정해야 한다.

65 재고 평가

1. 선입 선출법(FIFO)

- 가장 많이 사용하는 방식으로 재화의 실제 이용과 일치하는 경향이므로 열화, 부패성 자재는 철저히 이 방식을 따른다.
- 판매 또는 소모된 자재는 가장 오래된 것이고, 현재 보유 중인 것은 가장 최근의 것으로 가정한다.
- 현보유 재화에 할당된 원가가 최근의 것이므로 실제 현가치에 가깝다.
- 가격변동이 심할 때는 그때그때의 수입에 맞는 원가를 제공하기 힘들기 때문에 손익 계산서를 왜곡시킬 수 있다.
- 사용이 간편하고, 재고기록은 영속적이든, 정기체제든 다 적용할 수 있고 기장이 쉽다.

2. 후입 선출법(LIFO)

- 가장 최근에 구입한 자재의 원가를 판매원가로 인정하는 것.
- 현수입을 현원가에 맞추자는 것이 목적이다.
- 대차 대조표상으로는 비현실적인 재고 평가액을 제공하여 유동비율과 기타 유동자산관계를 왜곡시킨다.
- 물가가 상승하는 기간 중에는 수입을 감소시켜 소득세를 절감하기 때문에 선호

하는 방식이다.
- 재고회전율이 높은 기업은 큰 혜택이 없다. (수입에 원가에 가까워진다.)
- 영속적이든 정기체제든 다 이용 가능하다.

3. 평균원가

- 현실적인 최종 재고액과 판매원가의 구하기 힘든 완전조합을 얻고자 하는 것으로 어떤 단위가 최초 또는 최후에 불출되었나를 고려하지 않고 기간 중 평균원가를 결정한다.
- 종류: 단순평균, 가중평균, 이동평균
- 가중평균은 단가에 수량을 고려하여 단순평균의 왜곡을 보정한다.
- 이동 평균은 매번 재고 추가 시마다 평균단가를 계산한다.
- 단순평균과 가중평균은 기간에 끝나기 전에 원가를 배분하지 않으므로 정기재고 체제에 적합하며 이동평균은 영속재고 체제에 사용한다.
- 평균원가는 원가의 변동 시 원가 적용의 변화가 점진적으로 반응한다.

4. 고유원가

- 가장 현실적인 재고 평가액과 판매원가 제공
- 품목이 재고로 투입될 때 각 품목에 Tag나 번호를 붙여 개별 실 원가를 투입한다.
- 수가 적고 비싼 재화에 적합하다.
- 영속체제 또는 정기재고 체제에 다 적합하다.
  - 영속체제: 재고 불출 시마다 장부에 기록하는 체제
  - 정기체제: 기간(월, 연) 말에 정기적으로 재고 소비를 기록하는 체제

❑ 정기발주 / 정량발주

1. 정기발주시스템(P시스템)

가. 정의: 정기적으로 재고를 파악하여 발주량을 산출하여 자재를 발주하는 시스템

나. 적용: 자재관리에 시간과 노력을 들이더라도 재고를 최대한 절감하고자 하는
품목에 적용한다.

다. 내용

※ 앞으로의 사용 예측치가 재고수준에 큰 영향을 미친다.

· 발주량＝[(조달기간＋발주주기기간)의 사용 예상량]＋(안전재고)－(현재발주잔량
＋현재고량)

－정량 발주 시스템－　　　　　　　　　**－정기 발주 시스템－**

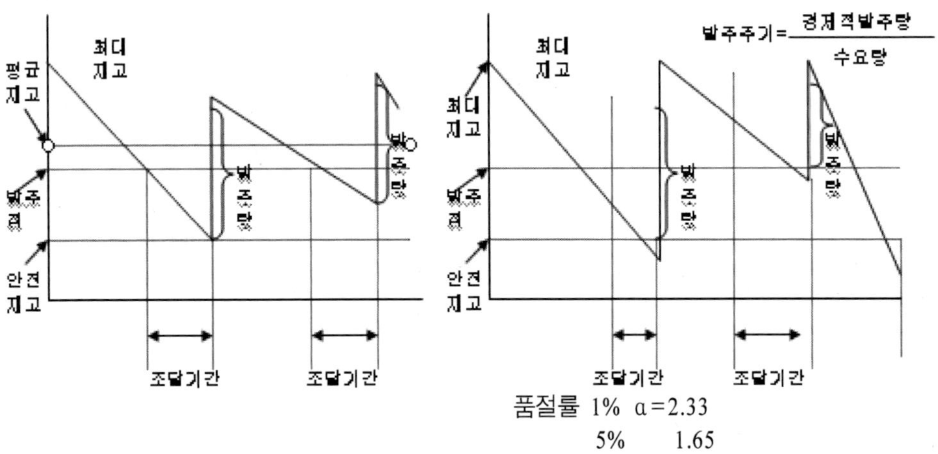

2. 정량발주시스템

가. 정의: 재고(재고＋발주잔량)수준이 미리 정해 놓은 발주점까지 감소하면 일정
　　　량을 발주하는 방식

나. 적용: 어느 정도를 재고를 허용하고 관리의 노력 및 시간을 줄이는 것이 목적
　　　이므로 P시스템보다 중요도가 낮은 자재

※ 발주점을 적게 하여 빈번하게 발주하면 재고를 절감할 수 있다.

다. 발주점

• 사용량이 많고 조달기간이 길면 발주점이 높아진다.

• 변동폭이 크면 안전재고가 많아져 발주점이 높아진다.

$$K = D \times T + \alpha(D \times \sigma_t + \sqrt{T + \alpha\sigma_T})$$

K: 발주점(개)

D: 단위기간당 평균사용량(개 / 월)

T: 평균조달 기간

α: 안전계수

σ_T: 단위기간당 사용량 변동

σ_b: 조달기간의 변동

3. 정기발주와 정량발주시스템의 비교

◇ 정기발주시스템과 정량발주시스템의 비교 ◇

	정기발주시스템	정량발주시스템
적용품목	① A품목(고소비금액 품목) ② B품목 중 설계변경이나 진부화 위험품목 ③ B품목 중 수요변동이 큰 품목	① B품목(중소비품목) ② A품목 중 수요예상이 곤란한 품목
장 점	① 엄밀한 재고관리로 재고 절감이 가능함 ② 적절한 생산계획수립이 가능함	① 관리의 간소화가 가능함 ② 재고관리기준에 의한 관리가 가능함
단 점	① 관리에 번거로움이 있음 ② 담당자의 느낌이나 경험에 지나치게 의존하면 발주량 등의 결정이 적당히 되어 버림 ③ 경제적 로드로서의 발주가 곤란함	① 재고가 많아짐 ② 재고조정이 곤란하여 운영이 형식적으로 되기 쉬움 ③ 적절한 생산계획수립이 곤란함

1. 정 의

발주업체의 On-site에 납품업체가 자기 계정으로 자재를 저장해 두고, 발주체의 현장에서 필요한 시기에 필요한 양만큼 자재를 가져가 사용하며, 사용시점에 물품들의 계정이 발주업체로 옮겨져 대금지불행위로 이어지는 발주시스템이다.

2. 필요성

일반적으로 자재의 검수는 로트검사 또는 샘플링 검사로 입고되어 현장에 불출되는데, 수천 점의 자재에 대해 자재 담당자가 충분히 검사를 행하지 못하므로 가공 또는 조립 도중 불량이 발생하며, 불량으로 인해 공정의 대기가 발생하는 등 문제가 발생한다. 이들의 억제를 위해 과거 문제가 많이 발생했거나 발생가능성이 있는 품목에 대해 이런 system을 채용한다.

3. 특 징

① 부품의 단가만 미리 정해 두면 재고관리가 필요 없다.
② 재고조사는 납품업자에게 일임하고 사용금액만 계산하면 된다.

③ 재고에 따른 금리를 고려할 필요 없다.

4. 운영상의 주의 사항

① 신뢰할 수 있는 납품업체를 선정해야 한다.
　－부품의 대금은 공급하는 업자에 일임하는 형태임.
② 작업자나 자재 담당자가 자유롭게 출입할 수 있는 장소에 두고 정리·정돈을
　철저히 한다.
③ 부품의 소모량이 많고 단가가 낮은 것을 선택한다.
　→ 값비싼 품목은 적합하지 않음.
※ 재고 비용의 절감은 납품 업체의 부담 증가가 될 수 있으므로 절감결과는 서
　로 이해할 수 있는 선에서 분배되어야 한다.

＊저장시설은 보통 발주업체가 제공 검수절차 생략.

TWO Bin System

1. 정 의

재고를 두 개의 용기(Bin)에 나누고 한쪽 용기의 재고가 바닥이 나면 발주와 동시에 그것이 보충될 때까지 다른 용기의 재고를 사용하는 것을 차례로 반복하는 '재고관리의 간소화 방식'

2. TWO Bin System 구축절차

① TWO Bin 시스템 적용 타당성검토 – 관리의 간소화에 대한 필요성 인식
② 자재의 분류 – ABC 분류
③ TWO Bin 시스템 적용자재 분류
④ 적용자재의 우선순위 결정
⑤ 적용업체 선정
⑥ 협력업체 자재 조달 계획 검토
⑦ 대금 지불 방법 협의
⑧ 교육 및 신뢰성 구축
⑨ 최고 경영자 의지 표명 및 분위기 조성
⑩ 시범 적용
⑪ 효과 분석 및 확대 적용

TWO Bin 시스템 적용 자재

① 가격이 저렴한 C급 자재
② 본 공장에서 거리가 멀지 않은 협력업체로부터 공급되는 자재
③ 부피가 작고 부패 등 진부화요인이 없는 자재
④ 사용빈도가 높아 자재의 순환이 비교적 잘 되는 자재
⑤ 외부에 유출되어도 제품생산의 보안유지에 문제가 없는 자재
⑥ 조달 리드타임이 길지 않은 자재
⑦ 협력업체의 자체검사로도 품질의 불량여부를 쉽게 판단할 수 있는 자재

TWO Bin 시스템의 적용을 위한 협력업체의 선정기준

① 자재 조달 기간에 대한 준수율이 높은 업체
② 자재 조달 기간이 비교적 짧은 업체
③ 본 공장에 납품하는 자재에 대한 협력업체에서의 비중이 높은 업체
④ 불량률이 낮고 품질이 일정한 수준으로 유지되는 업체
⑤ 노사분규 등 작업자의 문제가 적은 업체
⑥ TWO Bin 시스템의 적용에 대한 긍정적인 입장을 보이는 업체

TWO Bin 시스템의 기대효과

① 자재 관리 인원의 감소
② 전산처리비용의 절감
③ 재고유지비용의 절감
④ 결품 및 불량의 감소
⑤ 현장작업자의 편의성 증가
⑥ 자재수불업무의 간소화
⑦ 경리업무의 간소화
⑧ 협력업체의 신뢰성 향상

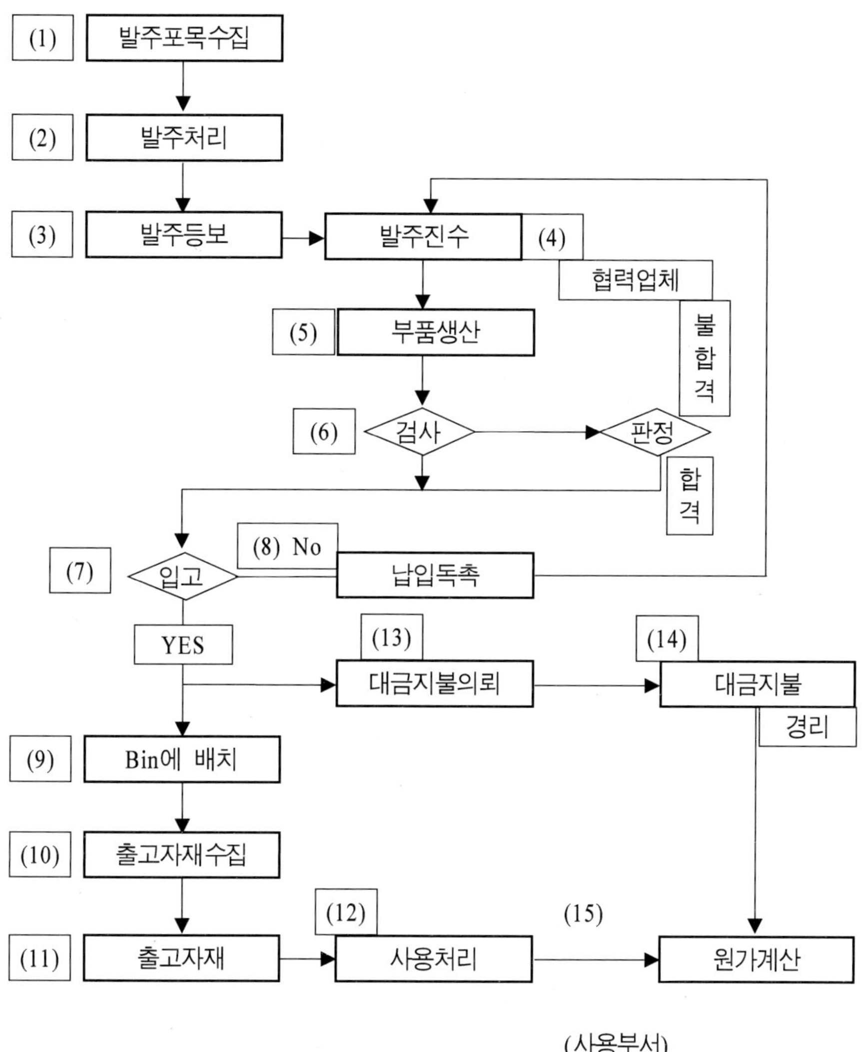

(1) 발주포목수집
(2) 발주처리
(3) 발주등보
발주진수 (4)
협력업체
불합격
(5) 부품생산
(6) 검사
판정
합격
(7) 입고
(8) No
납입독촉
YES
(13) 대금지불의뢰
(14) 대금지불
경리
(9) Bin에 배치
(10) 출고자재수집
(12) 사용처리
(15) 원가계산
(11) 출고자재
(사용부서)

1. 제품 개발구성의 원칙

목적	달성조건	결정요인

목적   달성조건   결정요인

팔리는 상품을 좋고,
바르게 개발하는
최적의 개발 환경구축

- 고객이 원하는 상품
- 경쟁우위의 제품력
- 제품 신뢰성 확보
- 개발 생산체제 혁신

- 상품 사양
- 제품의 신뢰성
- 생산체제
- 부품 공급선

(고객이 원하는 상품) – 상품기획, 디자인에서 확보
(제품의 신뢰성 확보) – 설계품질확보: 디자인, 제품설계, 금형개발
               – 부품 품질확보: 부품 개발
               – 제품 품질 확보: 시험평가, Design Review
(개발, 생산체제 혁신) – 프로세스의 병행, 단축
               – 협업화
               – Design Reciew
               – 선행 개발
               – 원류화
               – 의사결정 단순화

69 | VE(Value Engineering)

1. 가치분석의 개념

- 제품이나 서비스 및 원자재 등의 가치를 그것들이 지니고 있는 기능에 대해 체계
  적인 분석, 검토를 통해 불필요한 기능을 제거함으로써 비용을 절감시키려는
  System적 사고방식이다.
- 가치분석(V.A: Value Analysis)은 미국 G.E사의 Miles에 의해 1947년 처음 고안
  된 것이다.

2. 가치(V)의 종류

- 사용가치
  : 제품이 사용될 때 발휘되는 제품의 가치
- 귀중가치
  : 소유하고자 하는 욕망을 일으키게 하는 가치
- 원가가치
  : 제품을 만들 때 소모된 노무비, 원료비, 경비 등 비용가치
- 교환가치
  : 그 제품을 다른 것과 교환할 수 있게 하는 가치
⇒ 이는 상호 보완적인 관계에서 서로 영향을 미치게 한다

3. 가치의 비용과 기능은 다음과 같다.

- 가치(V) = 기능(F) / 비용(C)

4. 가치분석의 목적

- 품질, 용도 및 설계를 포함한 여러 측면에서의 낭비를 제거함과 아울러 제품 혹은 부품이 지니고 있는 기능을 연구하고 이를 다른 것으로 대체함으로써 비용에 대한 가치를 증대시키는 데 있다.
  따라서 가치의 증가는 두 가지 측면에서 가능하게 된다.
  그 하나는 비용의 절감에 의한 것이며, 다른 하나는 기능의 향상에 의한 것이다.

5. 가치분석의 대상과 단계

- 가치분석의 대상은 크게 물자와 서비스로 나눌 수 있다.
    - 물자는 제품, 장치, 설비, 보급품, 소모품, 에너지 등
    - 서비스는 병원에서의 의료봉사, 호텔에서의 봉사, 행정관서의 사무, 학교기관의 사무 등
- **가치분석의 대상**
  - 언제나 문제가 되고 있는가?
  - 규격에 맞지 않는 부품인지
  - 반복해서 대량 구입되는 물품인지
  - 원가율이 높은 것인지
  - 고가 품목인지

• 불량률이 높은 것인지
• 적자가 나는 제품인지

- 가치분석의 단계

• 분석 대상의 결정

• 정보의 수집

• 기능의 평가

• 개선안의 도출

• 개선안의 기술, 비용적 적합성 검토

• 기능확인을 위한 시험과 결과 확인

• 제안

• 결정과 추진

6. VE적 사고방식

- 고객 중심의 사고방식

 VE에서 생각하는 가치란 그 제품이나 서비스를 이용하는 고객 측이 판단하는
것이다. 그러므로 고객의 입장에서 가치 개선을 도모하는 것이 VE이며 고객의
입장에서 가치에 관한 문제해결을 시도하는 것이 VE이다.

- 기능 중심의 사고방식

• 기업이 이익을 도모하는 방법

A) 제품의 가격을 높인다.

B) 제품의 판매를 늘린다.

C) 제품의 원가를 내린다.

1. EE(Economic Engineering)의 정의

EE란 투자를 위한 의사결정에 필요한 경제성비교의 원칙과 수법을 말한다.
- 조직체 중의 의사결정과정의 경제적 및 기술적인 면에 관한 것을 취급
- 비용의 시간적 가치의 평가와 환산을 행하여야 한다.
- 기술적 재활동에서의 투자가 다른 활동에의 투자와 비교하여 유리한가, 가능하면 투자가 최소의 예상수익(금리＋상각＋기대수익)을 수반하여 회수되는가의 검토

2. EE의 연구영역

- 첫째 부류: 설비투자의 경제성계산을 취급
- 둘째 부류: 광범위한 Engineering Project의 경제성계산을 연구대상으로 함
  ⇒ Thuesen은 인적조직의 경제성계산까지 포함시킴
- 셋째 부류: OR에 의한 의사결정 모델의 설정에 관한 수학식을 구사한 경제성 연구
  ⇒ 결정이론에 많이 치우침

3. EE의 기본적 태도

- EE의 연구는 기업의 경영자의 입장에서 행한다.
- EE 연구는 대체안의 비교이며, 그 사이의 차이를 비교한다.
- EE에 의한 의사결의 효과는 장래에 있으며, 이는 결정 시에 시작된다.
- 대체안 사이의 차이는 될 수 있는 대로 금전수지의 차이로 환원되어야 한다.

4. EE와 재무관계와의 차이점

- 재무관계는 과거의 수지기록(즉 실제로 발생한 비용)을 취급하는 것으로 비용의 시간적 가치의 변화는 고려하지 않음
- 재부관계의 감각상각은 고정자산의 시장가치에 대한 장래의 변동은 고려 안 함
  ⇒ 내용연수 전 기간의 과거취득 원가를 비용으로서 분할 상각함
- 현재소유자산의 가격에 대해 재무회계는 취득원가에서 상각을 뺀 장부가격이며 EE는 현재 실현하는 매각가격으로 함
- 조업비용에 대해 재무회계는 과거비용을 바탕으로 예상조업에 대한 배분이며 EE는 작업에 필요한 비용으로 취급한다.
- 재무회계는 투자안 확정 후 발생하는 제 비용에 역점, EE는 투자발생에 관련되는 일련의 비용가치를 사전에 고려하는 관점상의 차이

❑ 경제성의 평가

1. 설비투자안의 선택

- 의의: 상호 배반적인 다수의 투자안 중에서 가장 유리한 안을 선택하는 방법
  ⇒ 시간환산 공식을 사용한다.
- 종류
- 액에 의한 비교: 연가법, 현가법, 종가법
- 율에 의한 비교: 수익률법
- 시간에 의한 비교: 회수기간법

2. 설비투자의 경제성 평가

- 의의: 투자를 결정함에 있어서 그 필요성은 정성적인 것이나 경제성은 이를 정량적
  으로 평가하는 것이다. 즉 투자에 의하여 어느 정도의 이익, 비용 절감, 손익
  분기점의 변화가 있는지 어느 투자안이 유리한지, 회수기간은 얼마인지 평가
  하는 것이다.
- 종류

자본회수기간법	① 단순회수기간법 ② 미래성 할인회수기간법
원가비교법	① 제조원가 비교법 ② 투자액 비용의 등가동액 매년 비용법 ③ 투자액, 비용의 현가비교법 ④ 구MAPI법
투자수익률법	① 단순수익률법 ② 평균수익률법 ③ 이익할인률법 ④ 수익성 지수법 ⑤ 신MAPI법

3. 원가비교법

1) 연가법: 투자의 지출은 연간 불균등한 상태이다. 이를 적절히 조절하여 매년 균일한 연간비용으로 환산하여 각 투자안의 우월성을 비교한다.

$$A = (P-L)(A/P,\ I,\ n) + Li$$

2) 현가법: 투자안에 대한 현금유입을 그 기업의 최소한의 수익률(이자율)을 할인하여 현재 가치라 하고 현금유출로 현재 가치화하여 현금유입에서 유출을 차감한 순액으로 비교하는 방법

3) 종가법: 최종가치로 비교하여 환산하는 방법

$$정미종가(Fa) = 연수익(F/A,\ I,\ n) - P(F/P,\ I,\ n)$$

※ 3가지의 비교

• 기간이나 이율이 같은 경우 3가지는 같은 결과를 도출한다.

• 일반적으로 현가법이 문제인 규모를 파악하는 데 편리하여 많이 사용한다.

• 연가법은 '연평균 얼마' 하는 관점에서 문제파악에 편리하여 종가법은 거의 사용을 안 한다.

• 수명이 다른 경우 연가법이 편리하다.

4. 자본회수기간법

−설비에 투하할 자금이 몇 년 동안에 회수되는가를 자금회수기간으로 비교하여 자금회전 상태를 살펴 나가는 방법을 자금회수기간법이라고 한다.

1) 단순회수기간법

o 이자를 고려하지 않고 투하자본이 투자이익에 의해 몇 년에 회수되는가를 계산한다.

$$\text{o } n = \frac{정미투자액}{매년\ 투자이익액(금리\ 고려\ 안\ 함)}$$

※ 실용적으로도 1차 연도의 금리를 감안한 투자이익액을 이용한다.

2) 미래성 할인회수기간법

o 자본회수계수의 공식을 이용하여 회수기간을 결정하는 방법

① 신구설비에 잔가가 없는 경우
    신구설비의 조업비용과 이익의 차 = 정미투자액 × 자본회수계수(A / P,I,n)

$$A/P\left(\frac{i(1+i)^n}{(1+i)^{n-1}}\right) = \frac{비용과\ 이익의\ 차}{정미투자액} \Rightarrow 보간법을\ 이용하여\ n을\ 계산$$

② 신구설비에 잔가가 있는 경우
    신구설비의 조업비용과 이익의 차 = $\{(P-L)-(P'-L')\}(A/P)+(L-L')i$
    $\Rightarrow$ 보간법으로 n 계산

P: 신설비 구입비용 P': 구설비 현재가격
L: 신설비 잔가
L': 구설비를 신설비와 같은 기간 사용 시 잔가

3) 특 징

- 현금의 유동을 보는 것으로 이익을 현금지출의 절감금액(상각액은 제외하며 현
  금지출이 없는 비용 제외)
- 상각액이 비용에 들어가지 않으므로 내용연수가 짧은 설비가 긴 설비에 비해
  유리한 결과가 나온다.
- 미래성 할인회수기간법으로 신구설비를 비교할 경우 구설비로 신설비의 내용연
  수와 같은 잔여기간으로 비교를 하는데, 현실적으로는 불가능한 가정이다
  (단, 신설비를 구입한 것인지 또는 구설비를 개조하는 것이 유리한지를 판단하
  는 경우에 같은 수명연수는 고려할 수도 있다)
- 회수기간법은 자금의 회전적 견지에서는 중요하지만, 순수한 경제성 계산이라
  고 할 수 없다. 대개의 경향을 파악하고 정도의 계산에 이용한다.

❑ 원가비교법(현가법, 연가법, 종가법)

1. 목 적

현금의 시간적 가치를 판단하는 기준에서 언급한 시간환산 공식을 사용하여 상호 배반적인 투자 안에서 가장 유리한 안을 선택하는 방법 중의 하나이다.

2. 적용범위

사용되는 지표의 형태에 따라 3가지 비교법이 있는데 이 중에서 '금액에 대한 비교방법'이다.

1) 금액에 대한 비교방법
   a) 연가법   b) 현가법   c) 종가법
2) 율(率)에 의한 비교방법
   a) 수익률법
3) 기간에 의한 비교방법
   a) 회수기간법

설비투자의 경제성 평가

1. 자금회수기간법

투자의 정미 현가가 제로가 되는 연수는 투자액을 회수하는 기간이므로 기간이 짧을수록 자금의 회수속도가 빨라진다.

1) 단순회수기간법

- 투하자본에 대한 이자는 생각지 않고 투하자본이 투자이익에 의해 몇 년간에 회수될 수 있는가를 계산하는 것.

2) 미래형 할인회수기간법

- 자본회수계수의 공식을 사용하여 회수기간을 결정한다.

2. 원가비교법

비교대안 사이의 조업비용 또는 자본비용 등을 계산하여 싼 편을 선택
1) 제조원가비교법 - 재무 관리적 방법으로 계산한 원가를 비교한다.
2) 투자액, 비용의 등가동액 매년 비용법
- 투자액과 비용을 등가동액 매년 비용으로 환산하여 합계하고, 그 값이 적은

쪽을 선택.

3) 투자액 비용의 현가비교법

  -투자액과 비용의 현가로서의 합계를 구하고 그 값이 적은 편을 선택한다.

4) MAPI법-종합평균 연 부담액을 계산한다.

3. 투자수익률법

-투자액에 대해 얻어지는 수익의 비율은 어느 정도인가를 구해 수익률이 큰 것
 을 택하는 것

1) 단순수익률법(초년도 수익률법)

2) 평균수익률법

 -각 연도에 발생하는 비용, 감가상각비, 수익률을 평균한 것

3) 이익할인율법(DCF법)

4) 신MAPI법-긴급도 이익률을 계산한다.

<table><tr><td>72</td><td>구MAPI공법과 신MAPI공법</td></tr></table>

1. 정의 및 유래

MAPI법은 미국의 기계 및 관련제품 협회(Machinery and Products Institute)에서 발행된 책자에서 소개된 분석기법이다.

이 중 1949년에 발간된 Dynamic Equipment Policy에 수록된 방법을 구MAPI법이라 부르고 1958년에 발간된 Business Investment Policy에 수록된 방법을 신 MAPI법이라 부른다.

2. 개 요

구MAPI법은 신구설비의 연 균등비용과 경제적 수명을 계산하고 이것을 비교하여 신구설비의 교체여부를 판단하는 것으로서 이것은 경제성공학에서의 연금분석법과 비슷하다.

신MAPI법은 신구설비의 수익률(신MAPI법에서는 이것을 urgency rating이라고 부른다)을 구하고 이것을 비교하여 교체여부를 판단하는 것으로서 이것은 경제성공학에서의 수익률분석법과 유사하다.

3. 구MAPI법

구설비를 지금 신설비로 교체하느냐 또는 1년을 더 사용하고 교체하느냐 하는 것을 결정하는 방법으로 그림과 같은 종합최소치(AM－Adverse Minimum)를 사용한다.

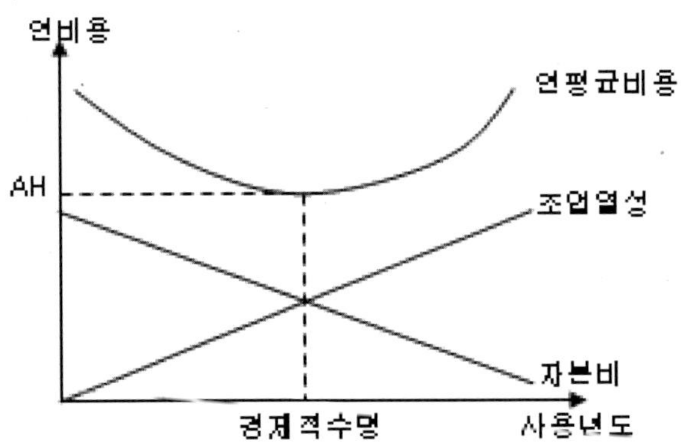

1) 간이법 – 설비의 가치감소는 직선적이라고 보는 경우

(다시 말하면 정액법에 의거, 감가상각을 하는 경우)
－간이법으로 구한 총합최소치는 이론적 배경을 이해하기 위한 것이고 실제로는
　MAPI도표를 사용하는 정밀화법을 많이 사용

$$AM = \sqrt{\sqrt{2c(1-a)\delta} + \frac{ci + aci - \delta}{2}}$$

(c는 설비의 취득비, i는 이자율, δ는 조업열성의 연간 증가액, α는 s / c)

2) 정밀화법 – 설비의 가치감소는 직선적이 아니고 곡선적이라고 가정하는 경우

$$AM = C(i + v)$$

※ 가치감소율 $\alpha = s / c$

(c는 설비의 취득비, I는 이자율, v는 MAPI계수(도표에서 구함)

4. 신MAPI법

구MAPI법에서는 설비의 조업열성은 직선적으로 증가한다고 가정하고 있는 데 반하여 신MAPI법에서는 설비의 조업열성은 직선적인 증가뿐 아니라 곡선적인 증가도 고려하고 있다.

신·구설비의 경제적 판단의 척도로서 구MAPI에서는 총합최소치(AM)를 사용하고 있으나 신MAPI법에서는 긴급도이익률(urgency rating)을 사용하고 있다.

1) 소득세를 고려치 않는 경우

$$긴급도이익률 = \frac{② + ③ - ④}{①}$$

2) 소득세를 고려하는 경우 (실제로 1)항보다 많이 사용

$$긴급도이익률 = \frac{② + ③ - ④ - ⑤}{①}$$

① = 순투자액
② = 차년도의 조업비 절감액
③ = 차년도의 구설비의 가치 감소액

④=차년도의 신설비의 가치 감소액
⑤=차년도의 소득세 증분

1. 개 요

표준원가는 직접재료비, 직접노무비 등 직접원가와 제조간접비에 대하여 산정하고 다시 제품원가에 대하여 산정한다. 또 원가요소의 표준은 원칙적으로 물량표준과 가격표준의 양면으로 산정한다. 따라서 다음의 체계에 따라 표준원가를 설정한다.

❑ 원단위(또는 수율)

1. 정   의

일반적으로 원단위란 제품 또는 반제품의 단위수량당의 자재별 기준소요량의 단위를 말한다.

2. 확률범위

자재계획의 시발점이며 원단위설정 → 사용계획 → 재고계획 → 판매계획으로 활용되는 제일 기본적인 단계이다.

3. 주요내용

1) 원단위의 설정요령

① 공정이 간단할 때는 원료투입량과 제품생산량의 대비로 원단위 산정

$$재료의원단위 = \frac{원료투입량}{제품생산량} \times 100\%$$

② 공정이 복잡할 때는 공정별, 작업별, 단계별로 원단위 설정

③ 부산물도 표준량 산정

④ 제품규격과 재료규격을 정확히 그리고 합리적으로 설정

⑤ 재료의 품질을 고려

⑥ 종업원의 숙련도를 고려

2) 원단위 산정방법

① 실적치에 의한 방법-자료가 충분히 정비되어 있을 때 사용

② 이론치에 의한 방법-원단위를 이론적으로 산정(화학, 전기공업 등)

③ 시험분석치에 의한 방법-실제로 제품을 시작(試作)한 결과를 원단위를 산정

3) 공정별 원단위 산정공식

$$X의원단위 = \frac{X의\ 소비량}{Y의\ 생산량} \times Y의원단위$$

(X: 임의의 재료, Y: X의 투입으로 인하여 생성된 생산물)

ABC 원가

ABC분석의 의의

기업에서 사용되는 자재는 대개 두 가지 공통적 특성을 가지고 있다. 하나는 사용되는 자재의 종류가 매우 많다는 것이고 또 하나는 연간사용금액이 자재의 종류에 따라 차이가 크기 때문에 총사용금액 중에서 소수품목이 사용금액의 대부분을 차지하여 총사용금액에서 기타 다수 품목이 차지하는 비율이 적어진다는 것이다. 따라서 많은 종류의 자재를 동시에 관리할 수는 없으며, 사용금액이 많은 자재와

적은 자재를 동일한 비중으로 관리하는 것이 비합리적이다.

자재의 관리차별화는 이러한 특성을 이용하여 중요도에 따라 자재를 차등적으로 관리하고자 하는 것으로, 취급품목은 적으나 사용금액이 많은 품목에 관리의 중점을 두고 세밀하게 관리하는 반면에 사용금액이 적은 대다수의 품목에 대해서는 간편한 방법으로 관리의 간소화를 유도하는 것이다. 이러한 이유는 쉽게 이해될 수 있다. 즉 사용금액이 많은 품목집단의 재고에 대한 10%의 개선이 보다 많은 비용절감을 가져올 수 있기 때문이다. ABC 분석은 자재의 관리차별화를 위한 분류의 일환으로서 적용되는 방법으로 자재를 연간사용금액에 따라 A급, B급, C급으로 분류된다.

A급 품목은 수량은 적으나 사용금액이 많은 것이고, C급 품목은 A급과 C급 품목의 중간정도에 해당하는 품목으로 필요에 따라 A급 또는 C급으로 분류할 수 있으며, 일상적으로 적정한 관리가 가능한 품목이다.

이와 같이 분류된 자재에서 A급 중심의 중요한 자재에 대한 정보만을 데이터베이스화함으로써 정보량은 줄어들게 되고 정보처리속도는 증가될 수 있다.

1. 정　의

　　제조간접비(overhead cost)란 직접 재료비와 직접노무비를 제외한 제품의 제조에 사용된 모든 비용, 즉 간접재료비, 간접노무비, 기계 및 건물의 감가상각비, 기계 및 건물의 유지 보전비, 세금 및 공장의 관리비 등이 있다.

　　그런데 제조간접비는 공장에서 생산되는 모든 제품의 공통비용으로 계산된다. 따라서 제품별 배분방법에는 4가지가 있다.

2. 배분방법 및 공식

1) 직접 노무비 비율에 의한 배분법

직접노무비 비율을 구하여 각 제품에 배분한다.

$$\text{직접노무비비율} = \frac{\text{전체 제조간접비}}{\text{전체 직접노무비}}$$

2) 직접 노동시간 비율에 의한 배분법

$$\text{직접노동시간비율} = \frac{\text{전체 제조간접비}}{\text{전체 직접노동시간}}$$

3) 직접 재료비 비율에 의한 배분법

$$직접재료비비율 = \frac{전체\ 제조간접비}{전체\ 직접재료비}$$

4) 기계 사용시간 비율에 의한 배분법

X기계와 Y기계의 점유시간에 따라 배분한다.

$$X기계의사용시간비율 = \frac{X기계에\ 할당된\ 제조간접비}{X기계\ 사용시간}$$

$$Y기계의사용시간비율 = \frac{X기계에\ 할당된\ 제조간접비}{X기계\ 사용시간}$$

3. 기 타

- 제조간접비의 배분방법에 따라 제품의 제조원가는 달라지기 때문에 경제성 분석을 행하는 대안의 내용에 따라 적절한 배분법이 선정되어야 할 뿐 아니라 원가 회계 자료에 대한 분석 조정이 요망된다.

1. 개 념

기회원가란 어떤 투입요소를 한 용도로부터 다른 용도로 돌림으로써 뺏긴 이익이며 이는 단념한 기회의 가치라고 할 수 있다.

기회원가(機會原價)라고도 한다. 기업가가 기업에 투자한 돈을 은행에 예금했다면 이자를 받을 수 있는데, 이 이자가 이 기업가에게는 기회비용이다.

일정한 생산요소를 가지고 어떤 생산물을 생산한다는 것은 그만큼 다른 생산물의 생산을 단념하는 것을 의미한다. 그 경우 생산의 기회를 잃게 된 다른 생산물을 생산했을 때의 이익을 실제로 생산된 생산물의 일종의 비용으로 간주할 수가 있다. 이러한 비용을 기회비용이라 한다.

미국 회계학회 원가개념 및 기준 위원회에서 정한 기회원가의 정의

- 기회원가란 재료, 노동 또는 설비 등 제 자원을 다른 대체적인 제 용도로 사용하지 않은 결과 손실된 이익을 화폐가치로 측정한 것.

2. 범 위

경영목표를 달리할 때 그 목적에 관련되는 특수한 원가를 계산하여야 한다. 이 특수원가의 계산은 매일매일 계속적으로 행하게 되는 원가회계와는 달리 그때그때의 경영의사 결정을 위하여 임시적으로 행하는 특수원가조사이며 기회원가는 다음

특수원가 중의 한 개이다.
① 기회원가(Opportunity cost)
② 차액원가(Differential cost)
③ 매몰원가(Sunk cost) 및 현금지출원가(Out of pocket cost)

3. 활용기회

기계 대신 노동력을 사용할 것이냐의 결정, 기계를 보유할 것인가, 매각할 것인가의 결정, 기계를 현재의 장소에 둘 것인가, 다른 장소로 이전시킬 것인가의 결정 등에 활용가능하다.

76　　**매몰원가(Sunk Cost)**

1. 개　념

　경영자가 의사결정을 할 때 그 판단에 전혀 무관계한 과거에 투하된 원가부분이 매몰원가이다.

　특정한 상황을 전제로 하여 <u>의사결정</u>을 행하는 경우에, <u>백지상태</u>에서 실시하였다면 당연히 필요하다고 인정되는 원가요소라도 그러한 국면에서는 불필요하다. 이와 같이 특정한 의사결정에서 당장에는 관계가 없는 원가를 <u>매몰원가</u>라고 한다.

　예를 들면 <u>이용도</u>의 여하를 불문하고 일정한 <u>코스트</u>가 들어가는 설비 등을 사용하고 있을 때, 그것의 여력(餘力)을 전제로 하여 수립한 계획에서 설비 이용에 관한 코스트는 매몰원가가 된다. 즉 계획을 실시하는 데 필요한 코스트는 새로 추가되는 재료비·노무비뿐이다.

- 미국회계학회 원가개념 및 기준위원회에서 정한 매몰의 정의
- 매몰원가란 일정한 상태하에서의 회수불가능한 역사적인 원가이다.

2. 설명(예)

　현재 보유하고 있는 설비에 이용여력이 있는 경우 그 여력을 신제품의 제조에 이용할 것이냐를 판단하고자 할 때는 신제품에 소요되는 재료비 노무비 등만이 판단

의 초점이 되는 것이지 현재 보유하고 있는 생산설비의 원가는 이 판단에는 무관계한 매몰원가이다.

3. 기 타

매몰원가에 대하여 통일된 견해를 갖지 못하기 때문에 학자에 따라서는 과거원가(Past cost)와 같은 뜻으로 사용할 것을 주장하기도 한다.

1. 개　요

한계이익을 공헌이익(CM, Contributive Margin)이라고도 부르며 매출액에서 변동비를 뺀 잔액을 말하며 이것을 부가가치라고 생각할 수 있다.

즉 한계이익＝매출액(S)－변동비(V)로 표시된다.

2. 활용범위

한계이익을 매출액으로 나누면 한계이익률이 되는데 한계이익률은 기업의 채산성 향상을 파악하는 지표로 활용된다.

한계이익률은 높은 것이 좋고 변동비율은 낮게 하는 것이 이상적이다.

<한계이익률 관련공식>

한계이익률＝매출액경상이익률 / 경영안전율

　　　　　＝한계이익 / 매출액

　　　　　＝고정비 / 손익분기점 매출액

　　　　　＝ / －변동비율

3. 한계이익 증감에 대한 대책

첫째, 경상이익의 증가원인과 그 금액을 알면 어디를 개선하는 것이 효과적인지
알 수 있다. 가령 한계이익률이 저하된 것이 한계이익감소의 주원인인 경
우, 더욱더 어느 변동비율의 증가가 큰가를 조사하고 왜 증가했는지 그 원
인을 규명하고 대책을 세워 실행에 옮겨야 할 것이다.

둘째, 매출액의 감소가 한계이익감소의 주원인인 경우 더욱이 어느 제품의 매출
액 감소가 큰지 그 원인을 조사하여 어느 제품을 앞으로 더 판매할 수 있
는지의 대책을 세워 실행해야 할 것이다.

셋째, 고정비가 큰 경우, 비용별로 산출해 보고 어느 비용이 이익을 압박하고 있
는가를 분석하고 대책을 세워야 할 것이다.

넷째, 이와 같이 한계이익과 경상이익 증가 분석은 어디를 개선하면 효과적인가
하는 것을 판단하는 자료를 제공해 주며 이 자료를 활용하여 한계이익률
향상에 진력해야 할 것이다.

궁극적으로 한계이익률을 향상시키기 위한 대책으로는 원재료비와 외주품 구입비
의 절감, 한계이익률이 높은 제품에 중점을 두는 제품구성의 개선, 한계이익률이 높
은 제품의 개발, 원재료 이외의 변동비(제조변동비 및 판매변동비 등)의 절감, 판매
가격의 인상 등이 고려되어야 한다.

4. 기 타

일본 제조업의 한계이익률은 45%∼50% 정도이고, 한국 제조업의 목표 한계이익
률은 50% 정도이다.

BEP(Break Even Point) 손익분기점

1. 개 요

채산성분석의 지표로 활용되는 BEP는 기업 손익 계산에 활용되는데 다음과 같이 계산된다.

① BEP매출액 = F / (1 − V / S)

② BEP매출수량 = F / (P − v)

(F: 고정비, V: 변동비, S: 매출액, P: 단위당 가격, v: 단위당 변동비)

2. 활용범위

손익분기점 매출액을 매출액으로 나누면 손익분기점 비율이 되며, 경영안전율은 100%에서 손익분기점 비율을 뺀 비율이다.

손익분기점 비율은 낮을수록 좋으며 경영안전율은 높을수록 좋다.

<손익분기점 비율 관련공식>

손익분기점비율 = 손익분기점 매출액 / 매출액

= (고정비 / 한계이익률) / 매출액

= 1 − 경영안전율

= 1 − (매출액 경상이익률 / 한계이익률)

3. 손익분기점비율 감소에 대한 대책

1) 고정비의 감소
2) 한계이익의 증가
3) 매출액의 증가

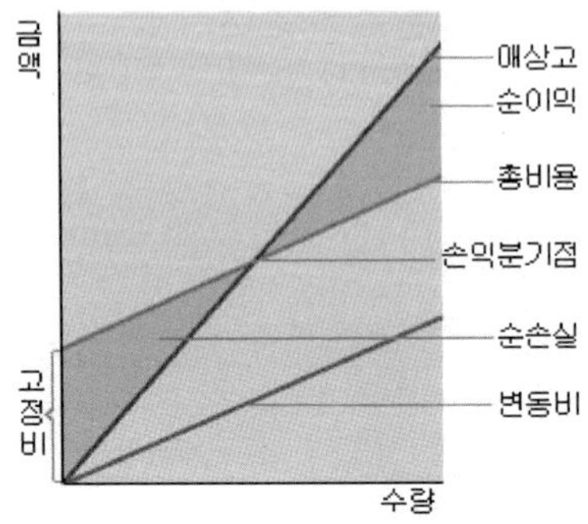

4. 경영상태 파악의 기준

손익분기점비율 60% 미만 → 초저 중심 안전형의 이상적기업

손익분기점비율 60~80% → 안전한 기업

손익분기점비율 80~90% → 요주의 기업

손익분기점비율 90~100% → 위험한 기업

손익분기점비율 100% → 적자 침몰형의 최악기업

5. 기 타

일본제조업의 손익분기점비율……대기업 83.5%, 중소기업 89.5%,

한국제조업의 목표손익분기점비율……80% 이하의 수준

<table><tr><td>79</td><td>자본회수기간법</td></tr></table>

1. 정 의

　설비에 투하한 자금이 몇 년 동안에 회수되는가를 자금회수기간으로 비교하여 자금회전 상태를 살펴 나가는 방법을 자금회수기간법이라고 한다.

2. 사용방법 및 공식

1) 단순회수기간법

　투하자본에 대한 이자는 일체 생각하지 않고 투하자본이 투자이익에 의하여 몇 년에 회수할 수 있는가를 계산하는 것이다.

　<기본공식>

$$n(회수기간) = \frac{정미투자액}{금리를\ 포함하지\ 않는\ 투자이익액}$$

　<금리를 이익차에 포함시킬 경우>

$$n(회수기간) = \frac{정미투자액}{금리를\ 포함하는\ 투자이익액}$$

2) 미래형 할인회수기간법

자본회수계수의 공식을 사용하여 회수기간을 결정하는 방법

① 신구설비에 잔가가 없을 경우 공식
(신구설비의 조업비용과 조업이익의 차)＝정미투자액 X (자본회수계수)에서 보간
법을 사용하여 n을 수렴

$$A/P(자본회수계수) = \frac{신구설비의\ 조업비용과\ 조업이익의\ 차}{정미투자액}$$

② 신구설비에 잔가가 있을 경우 공식
  P: 신설비 구입설치비, L: 신설비의 잔가, P′: 구설비의 현재처분가격
  L′: 구설비를 신설비와 같은 기간 사용하였다고 하였을 경우의 잔가
  i: 이자율(일반적으로 10%)

신구설비의 조업비용과 조업이익의 차＝$\{(P-2)-(P'-L')\}(A/P)+(L-L')i$에서 보
간법을 사용하여 n을 구함

3. 특 징

1) 이 방법은 현금의 유동이므로 이익으로서는 현금지출의 절약액이며, 상각은 대
   상으로 하지 않는다. 그리고 기타 현금지출을 동반치 않는 비용이 존재할 경우
   에는 계산에서 제외한다.
2) 내용연수가 짧은 설비는 상각이 비용에 들어가지 않는 관계로 내용연수가 긴
   설비보다 유리한 결과가 나온다.

3) 미래성 할인회수기간법으로 신구설비의 비교를 할 경우, 구설비도 신설비의 내
   용연수의 전 기간에 걸쳐 비교하고 있는 것이 되나, 실제로는 그러한 것은 있
   을 수 없다.
   이는 계산법상의 큰 문제이다. 신설비를 구입할 것인가 혹은 구설비에 개조를
   가할 것인가 하는 경우, 현실적으로 같은 내용연수를 생각할 수 있으면 무관하
   다고 할 수 있다.
4) 몇 년간에 회수한다는 것은 자금의 회전적 견지에서는 중요하나 순수한 경제
   성 계산이라고는 할 수 없으며, 대개의 경향을 알기 위한 정도의 계산으로서
   만 사용할 수 있다.

1. 정 의

마이클 해머의 정의를 확대 "기존의 업무방식을 근본적으로 재고려하여 과격하게 비즈니스시스템 전체를 재구축하는 것으로 프로세스를 기본 단위로 하여 업무, 조직, 기업문화까지의 전 부문에 대해 성취도를 대폭적으로 증가시키는 것"

2. 도입배경

Customer – Competition – Change

3. 특 징

- 일반적인 개선은 부서 내 업무의 단순화와 불필요한 업무의 제거를 목표로 하지만 Reengineering은 조직 간 또는 부서 간 연계를 대상으로 하여 업무의 단순화, 제거, 통폐합을 목표로 함

4. 고려사항

① 고객의 가치창출을 증대시키거나 전략적으로 중요한가를 판단한 후에 측정지
　표를 개발
② 팀을 조직하여 고객의 요구사항을 파악
③ 초우량 기업의 작업방식에 대한 연구
④ 정보처리 기술 투자 결정

5. 3대 원칙(미국의 인덱스 그룹)

① 업무 방식의 혁신
② 정보처리 기술의 응용
③ 최고 경영주의 확고한 의지

6. 기본 자세

① 업무방식의 혁신이 과거의 업무방식 자동화보다 중요
② 흐름의 원활화와 합리화의 정보처리 기술을 이용한 창조적 아이디어가 추가되
　는 새로운 방식
③ 최고 경영층의 강력한 의지
④ 담당자의 현상에 대한 계속적인 도전

7. 시간 단축

① 제품개발시간의 단축－1만 불짜리 승용차 시장진출 1일 지연에 100만 불 손실
② 자재조달기간의 단축
③ 생산조달기간의 단축－가치전달시간 0.05～5% 나머지로 운반이나 대기시간
④ 판매유통기간의 단축

고객-소매상-도매상-제조업-부품/자재 Supplier 등 공급활동의 연쇄구조를 말함.

1. Supply Chain Management란

- 불확실성이 높은 시장변화에 Supply Chain 전체를 기민하게 대응시켜 Dynamic 하게 최적화 도모하는 것이다.
- 정보, 물류, 현금에 관련된 업무의 흐름을 Supply Chain 형태로 연결정보의 공유화 Business Process의 변혁을 통해 Supply Chain전체의 Cash Flow의 효율을 향상이 목표.
- 원재료의 수급에서 고객에게 제품을 전달하는 자원과 정보의 일련의 흐름 전체를 경쟁력 있는 업무의 흐름으로 관리하려는 관리시스템.

2. SCM의 필요배경

1) 부가가치의 60~70%가 제조과정 외부의 공급체 인상에서 발생.
2) 부품 및 기자재 공급의 납기 및 품질의 불확실성과 수요 및 주문의 납기, 수량 등의 불확실성을 제조업체 내에서 수동적으로 흡수하여, 생산계획을 편성하고 재고를 관리하여 리드타임 단축, 재고 및 재공 감축에 한계 발생.

3) 정보전달의 지연 및 왜곡 현상에 의해 공급체인의 마지막 단계인 소매단계의 고객 주문 및 수요 형태 변동에 관한 정보가 도매상, 지역 유통센터 등 공급체인을 거슬러 전달되는 과정에서 지연 및 왜곡이 누적되어 납기지연, 결품, 과잉 재고 등 발생.

4) 생산, 부품조달 및 구매, 보관 및 물류, 운송, 판매 및 유통 기업 활동의 글로벌화로 글로벌한 공급업체인 및 물류의 합리적인 계획 및 관리와 조정 통제가 중요.

5) 종래의 표준화된 제품을 대량 생산하여 고객에게 밀어내던 방식에서 고객의 다양한 요구에 맞추어 제조, 납품하는 Mass Customization으로 변경.

6) 기업 간의 경쟁이 치열해짐에 따라 코스트 및 납기의 개선 요구 증대.

7) 고객지향, 고객만족, 시장요구에 대한 적응을 위해 공급업체의 혁신 요구 증대.

3. SCM의 관리방향

1. 체인 간의 정보공유.
2. 주문 및 물류 프로세스의 통합적 관리.
 • 주문접수 및 배정, 필요 부품 및 재료 구매, 생산, 생산, 보관, 운송, 배달 등의 통합관리.
3. 주문충족 프로세스를 통합관리.
4. 공급체인관리를 위해서는 기업경영의 패러다임 변화가 필요.
5. 종래의 기업 내 프로세스 중심에서 기업 간의 협력 프로세스 중심으로.
6. 기업 간의 경쟁보다는 동반자관계 유지.
7. 불확실성 및 지연의 수동적 수용에서 불확실성의 능동적 제거.
8. 정보의 독점에서 정보의 공유로.
9. 기능 중심에서 주문 충족 프로세스 중심으로.
10. 완전한 분산관리에서 정보의 통합관리.

11. 경영을 지원하는 물류 및 로지스틱스에서 물류 및 로지스틱스 중심의 경영.

4. SCM관리를 위한 정보기술

1. 공급체인상의 업체 간에 정보공유 및 전달: EDI기술
   * VAN(Value Added Network)과 같은 전용 통신망 필요
   * FAX 전송을 EDI로 재입력
2. WEB을 이용하여 공급체인 업체 간에 정보전달 및 공유
   * PC조립업체, 군수조달, 자동차조립업체, 전력회사, 항공업체

5. 최적의 SCM 네트워크

공장, 창고, 물류센터, 영업망과 각국의 시장 및 수요, 생산코스트, 부품조달 및
물류 비용, 세금 및 관세, 환율 등을 감안하여
1. 어디서 무엇을 얼마나 어떻게 생산하고
2. 어떻게 운송, 보관, 판매할 것인지를 결정

6. 최근 공급체인 계획기술

• 통합적 주문계획 및 관리 솔류션
* 각 지역의 공장의 주문현황, 생산계획 및 부하현황, 재고현황 등을 파악,
   RAM메모리에 기억.
1) 주문 접수: 실시간으로 가용 재고 및 가용 생산능력, 운송 및 유통 비용 등을

분석하여 최적의 방법으로 해당 공장에 주문을 배정.
  2) 생산일정 및 납기 결정 또는 예측.
   * 각 지역에서 주문이 접수될 때마다 이 주문을 어디서 어떻게 생산.
   * 어디에 보관하고 어떻게 운송, 배달.
   * 예상 납기는 언제가 될지에 대해 최적으로 계획하고 관리.

7. 공급체인 데이터

   * 판매 및 영업 정보,
   * Vendor의 납품실적
   * 품질 및 가격 정보
   * 주문 사이클타임
   * 재고수준
   * 주문충족도 등 공급체인 성능분석 지표

ERP(Enterprise Resource Planning)

1. ERP 발전과정

MRP Ⅰ(1970년) → MRP Ⅱ(1980년) → CIM(1980년 중반) → ERP(1990년 중반)

2. 주요특징

1) MRP Ⅰ(Material Requirements Planning)

* 주생산 계획(MPS: Mater Production Schedule)을 이용한 자재소요량 계획 수립
* 제품의 자재 소요량을 합리적으로 관리하기 위한 자재 및 구매관리 중심의 시스템
* 추진목표: 비용감축, 효율향상, 고객요구의 대응

2) MRP Ⅱ(Manufacturing Resource Planning)

* 제조, 영업, 회계, 설계와 관련된 계획이나 우선순위 활동상황을 폐쇄루프의 생산과 재고통제시스템을 이용하여 관리하는 제조기업의 정보시스템을 이용하여 관리하는 제조기업의 정보시스템
* 제조 자원관리시스템
* 추진목표: 기업의 효율성과 비용 절감

3) CIM(Computer Integrated Manufacturing)

* 기업의 내부 프로세스 확립에 경쟁력을 확보하기 위해 통합을 중시한 컴퓨터
  통합생산시스템
* 제품의 설계, 수주 단계부터 출하에 이르기까지 제조기업 내부의 모든 업무기
  능을 컴퓨터에 의해 지원해 주는 시스템
* 기업의 영업, 생산, 기술분야에서 물류와 정보, 설비와 시설의 통합을 제조기업
  정보시스템을 말함

4) ERP(Enterprise Resource planning)

* ERP(Enterprise Resource planning)는 재무와 회계와 생산관리, 판매관리 그리고
  재고관리와 인사관리 등 전사적인 데이터를 일원화시켜 관리할 수 있고 또한
  경영자원을 계획적이고 효율적으로 운용하여 생산성을 극대화하는 새로운 정보시
  스템이다.
* 기업 내 관련 기능 통합관리 및 기업 외부 관련자원과 연계를 고려한 자원관리
  시스템을 말함.

3. ERP 도입 시 고려사항

지금까지의 기업정보화 전개는 업무기능 분석과 컴퓨터에 치우쳐 있었다. 그러나
ERP를 구축할 경우에는 도입을 위한 전략적 의도를 명확히 하고. 조직 구조의 정
비, 인적 자원관리와 같은 조직적인 측면 등도 고려해야만 한다. 다음은 ERP 구축
시 고려사항을 설명한 것이다.

1) ERP를 무엇 때문에 도입하려고 하는가?
2) ERP 추진범위는 어디까지인가?

3) 도입 후 기대하는 효과는 무엇인가?

4) ERP 도입을 위한 방법과 기본자세는 되어 있는가?

5) ERP를 어떻게 전개하려 하는가?

6) ERP를 위한 단계적 접근방법은 무엇인가?

7) 기본시스템은 제대로 되어 있는가?

 * 의사 결정, 지식정보시스템

8) ERP 도입을 위한 최고경영자의 의지는 확고한가?

9) 우수한 프로젝트 리더를 선정하고 있는가?

10) 회사 구성원들은 ERP를 이해하고 있는가?

 * 건전한 공감대를 갖도록 홍보

 * 구성원들의 역할 분담을 정확히 한다

4. ERP 도입목적

1) 시스템 표준화를 통한 데이터의 일관성 유지

2) 개방형 정보시스템 구성으로 자율성, 유연성 극대화

3) 클라이언트서버 컴퓨팅 구현으로 시스템 성능 최적화

4) GUI등 신기술 이용, 사용하기 쉬운 정보환경 제공

5) 재고관리 능력의 향상

6) 업무의 효율화

7) 계획생산 체제의 구축 및 생산 실적 관리

8) 영업에서 자재, 생산, 원가, 회계에 이르는 정보의 흐름의 일원화

9) 데이터의 중복 및 오류배제

10) 필요정보의 공유화

5. 경영혁신과 ERP

1) 경영혁신 활동

기업의 경영목적을 달성하기 위하여, 새로운 생각, 방법, 도구를 활용하여, 기존의
모든 것을 다시 계획, 실천, 평가하고 재반복 활동을 전개하는 활동을 말함.

2) 경영혁신과 정보화

경영혁신 활동과 정보화 활동은 경영혁신과 정보화의 단절보다는 경영혁신과 연
계한 ERP를 구축하는 것이 바람직하다. 경영혁신 활동은 제조활동의 개선을 위한
현장개선, 설비개선, TPM활동, 품질경영 활동, 근본적인 프로세스 재설계를 위한
BPR, 지식경영 활동 등이 ERP와 연계된 활동으로 실시되어야 한다.

3) BPR과 ERP 전개

* BPR이란?
비즈니스 프로세스를 근본단위로 업무, 조직, 기업문화 등 전 부분에 대한 성취도
를 증가시키기 위해, 기존의 방식을 근본적으로 재고려하고 최신의 정보기술을 활
용하여 사람, 기술, 프로세스를 변화시킴으로써 기업시스템을 재구축하는 것을 말함.
* BPR 특징
(1) 고객이 만족할 수 있는 내부제도나 업무체계를 구축
(2) 기존 방식에 대한 근본적인 재검토를 수행하는 사고
(3) 고객만족의 관점에서 비즈니스 프로세스를 혁신하고 스피드 있게 구축
(4) 최소한 30% 이상, 50%에서 100% 정도의 획기적인 목표를 수립하고 BPR을
    추진
(5) 정보기술을 이용하여 혁신 결과를 통합시스템으로 표준화

* BPR의 관점에서 ERP시스템 구축 기대효과

(1) 통합시스템 구축에 따른 효과
   - 부서 간 정보의 실시간 교환, 중복업무 폐지
   - 업무 Lead Time 단축, 업무의 통합

(2) 업무 자동화 효과
   - 비용 절감, 시간 절감, 인건비 절감

(3) EDI / EC 구축 효과
   - 사외정보 고속화, 고객만족시스템, 물류 합리화

(4) 인터넷 적용효과
   - 외부정보와 지식습득, 업무의 국제화

(5) 데이터웨어 하우징 효과

(6) 그룹웨어 활용효과
   - 결재 간소화, 서류작업 근절, 대기시간 단축

(7) 시뮬레이션 효과
   - 의사결정 지원, 문제점 사전예방, 업무의 최적화

(8) 의사결정 신속화, 정보 및 지식의 축적

6. ERP 기능구조

1) ERP시스템 기능구조

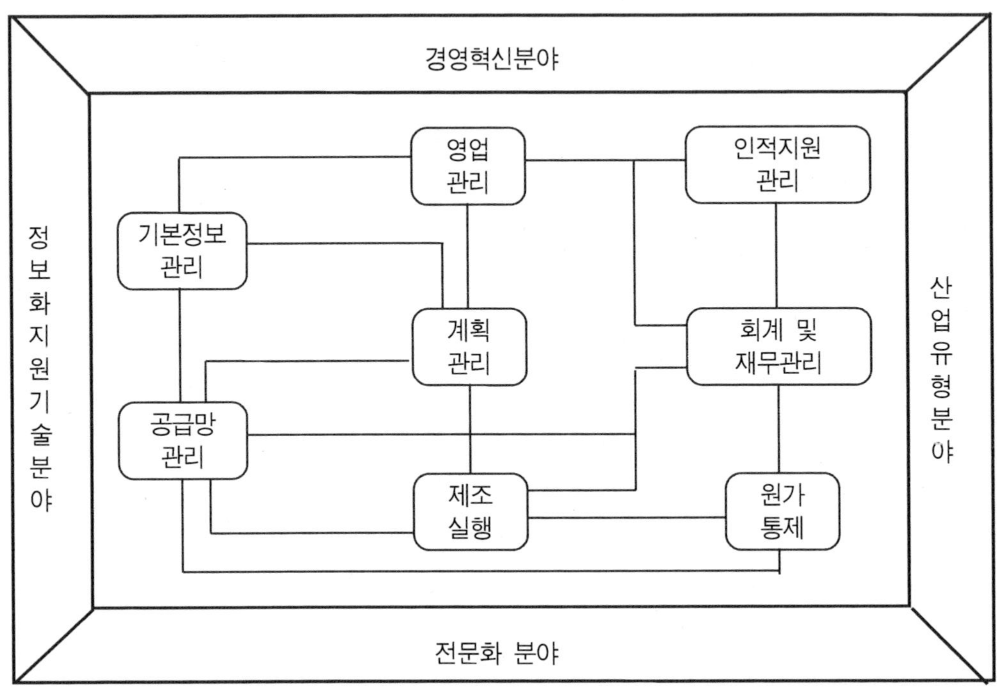

2) ERP 하부시스템 및 모듈구성

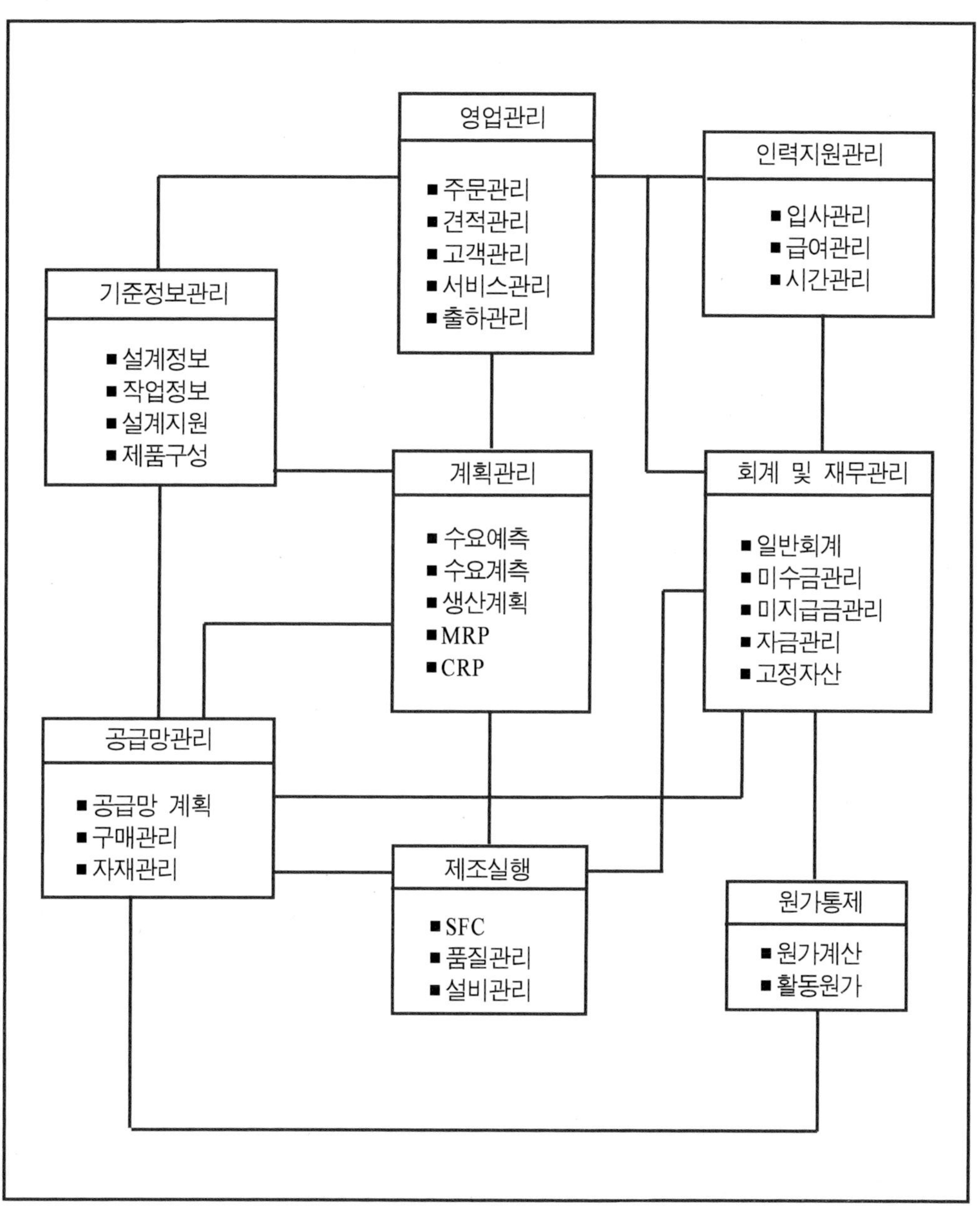

1. 정   의

동시생산이란 기업의 목표를 달성하기 위하여 제약자원에 초점을 맞추어 전체 생산시스템이 조화를 이루면서 생산의 흐름을 동시화하는데 주안점을 둔 시스템이다. 동시생산의 조직은 생산시스템을 이루는 모든 자원들이 함께 조화를 이루는 생산활동의 동시화이다.

2. 배   경

골드랏트가 창안한 OPT(Optimized production technology)와 제약자원관리(Constraint management)가 발전한 것으로 전통적인 일정계획에서 공정이나 생산자원의 이용률에만 초점을 맞추는 것은 바람직하지 못하다는 견해에 따라 애로공정이나 제약자원들을 식별하여 생산의 흐름을 동시화하는 것이다.

3. 동시생산의 기본원칙

① 애로공정이나 제약자원에 생산속도를 맞춰라.
② 공정품 재고와 시스템 산출량을 제한하는 데 가변적 로트 크기를 사용하라.

③ 애로공정이나 제약 자원들의 처리능력을 향상시키는 데 초점을 맞춰라.

④ 전략적으로 고려된 재고를 통해 애로공정이나 제약자원의 생산성을 확보하라.

⑤ 지속적 개선노력의 방향을 잡아 주기 위하여 완충재고의 실제 내용을 사용하라.

<참고> DBR 메커니즘(drum－buffer－rope mechanism)

－이는 제약자원관리에서 각 단계 간 생산흐름이 균형을 이루고 재고가 최소로 유지되도록 생산활동을 조정하는 메커니즘이다.

① 드럼(drum): 생산속도를 조종하는 메커니즘으로 드럼소리는 말하자면 생산리듬이다. 드럼은 간판방식(JIT)에서 '최종제품의 실제수요량'에 해당된다.

② 완충재고(buffer): 생산계획을 아무리 세심하게 짜더라도 생산시스템의 변동은 있게 마련으로 예정한 대로 정시에 생산하기 힘들다. 따라서 병목공정 앞에는 생산에 지장이 없을 만큼 안전재고를 항상 유지한다.

③ 로프(rope): 드럼이 생산리듬을 맞춘다고 할지라도 모든 단계에서 같은 페이스로 일하려면 단계 간을 잇는 통신연결이 필요하다. 로프는 병목공정과 선행작업장 간을 연결하는 통신망이다. 로프는 JIT생산의 간판과 같은 역할을 한다.

1. 감성공학의 정의

- 인간이 가지고 있는 소망으로서의 이미지나 감성을 구체적인 제품설계로 실현해 내는 과학적인 접근방법으로서 인간의 감성을 정성, 정량적으로 측정, 평가하고 과학적으로 분석하여 이를 제품이나 환경 설계에 응용하여 보다 편리하고 안락하며, 안전하게 하고 더 나아가 인간의 삶을 쾌적하게 하고자 하는 과학 기술이다.

2. 감성공학의 역할

- 종래의 기능, 품질, 가격만으로는 경쟁력 향상에 한계가 있으며, 제품이 인간에게 주는 개성화된 Image, 즉 고급감, 스포티함, 쾌적함 더 나아가서는 인간을 감동시킬 만한 사용 편의성이나 인텔리젼트함 세밀한 부분까지 신경 쓰지 않는다면 고부가가치 시장으로서의 진입은 곤란한 시대가 도래하였다.
- 고객의 필요욕구(Need) 또는 내재 욕구(Speed)를 충족시킬 수 있는 제품 개발기술이 요구되는데 이에 대한 해결책을 강구해 줄 수 있는 역할을 수행하는 것이 감성공학이다.

3. 감성제품 개발에 앞선 선결과제

- 다양한 요구의 감성제품 개발을 위해서는 감성을 디자인 요소로 변환하는 시스템적 접근 방법론의 개발이 감성제품의 개발에 앞서 해결되어야 할 중요한 선결과제이다.
* '양의 시대' ⇒ '질의 시대'로의 변환에 따른 소품종 다량생산 ⇒ 다품종소량생산 ⇒ 일품종 일량생산.
* 품질과 기능 그리고 비용문제를 넘어서서 소비자 마음에 드는 상품의 개발을 위한 기술 중의 하나로 일본에서 시작된 감성공학이며 이와 유한 분야로 구미 선진국에서 발달해 온 인간공학과 비교될 수 있다.
- 감성공학 기술은 고객의 상품에 대해 가지고 있는 욕구로서의 이미지나 느낌을 물리적인 디자인 요소로 해석하여 이를 상품의 Design에 반영시키는 기술로 정의되고 있다.
- 고객의 감성을 상품 설계자가 정량, 정성적으로 측정하고 과학적으로 분석 평가하여 이를 상품이나 환경의 설계에 적극 응용하여 보다 편리하고 더 나아가 인간의 삶을 쾌적하게 하고자 하는 기술이다.
- 상품과 관련된 인간의 감성은 상품의 외형에 대한 감각적 감성과 상품 사용 시에 편리함과 관련된 기능적 감성으로 나누어지는데 감성공학은 이러한 사람들의 감성을 측정하고 과학적으로 분석, 평가하여 이를 상품의 생산이나 생활환경 Design에 유용하게 하고자 하는 기술이다.

85 CIM(통합생산정보시스템)

1. 의 의

통합생산정보시스템은 여러 시스템이 관련되어 구축되는 것으로서 일반적으로 기업의 전체조직, 관리시스템, 생산시스템, 판매시스템을 통합 경영 Data 처리단계, 통제단계 등을 거쳐, 장기전략과 단기전술적 계획이 균형적으로 이룩되도록 하는 것으로 일관성 있게 통제되지 않는 기계장치 및 컴퓨터와 사람을 일괄통제 하여 공장의 기계 장치, 컴퓨터 하드웨어, 소프트웨어 및 사람이 정보를 통해 상호작용을 이루도록 통합하는 생산정보관리 방식이다.

2. 전략과제 선정

1) CIM시스템 기반구축 연구

① Factory workstation 개발 및 국산화 연구
② 자동인지시스템 개발 연구
③ 주요 업종별, 생산방식별, 요구분석 및 시스템화 연구

2) 기계 자동화 관련기술 개발

① CAD / CAM기술

② 산업용 로봇 및 자동화요소 부품 기술
③ N / 2공작기계 및 자동화요소 부품 기술

3) 생산관리 자동화 소프트웨어 기술 개발

① 생산자동화 Protocal 및 Communication Interface Standards 개발
② 생산관리 자동화 및 종합화를 위한 공통 Data Base 기술

3. 추진단계

1단계: 기술부문, 생산부문, 영업부문시스템에서 통합화에 관계될 부분을 시스템
　　　화하고 또 이미 사용하고 있는 시스템을 보완
2단계: 1단계에서 완성된 각 시스템 간의 통합
3단계: 기술, 판매, 생산의 완전한 통합으로 일체 값을 부여하고 활동범위를 확대

4. 대안의 검토와 평가

① 컴퓨터 시뮬레이션 ② 다단계의사 결정 ③ 오퍼레이션 리서치

CIM 구상

경영전략을 중핵으로 한 각 분야의 컴퓨터 네트워크에 의한 통합화

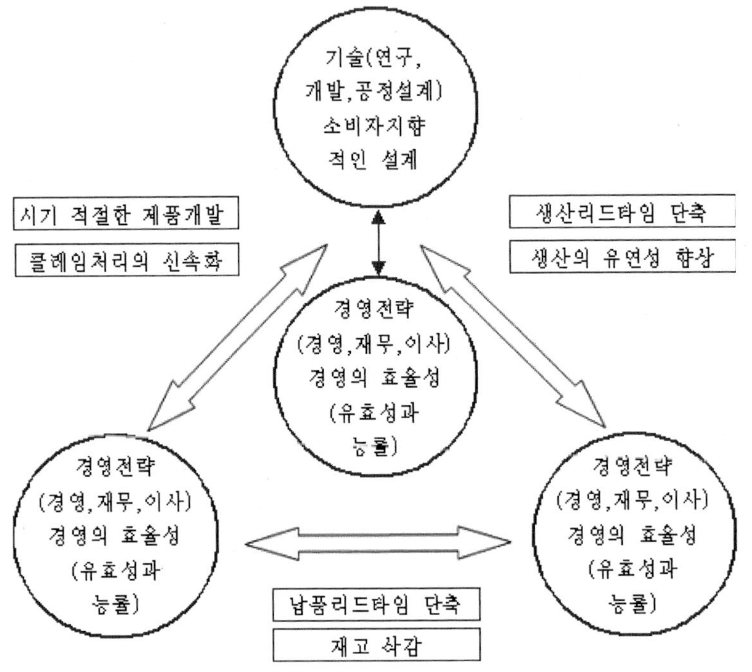

자동화와 통합화

항 목	자동화	통합화
근본 철학	단위 자동화	합리화, 최적화
목 표	무인화	조화된 기업
적용 범위	제조 부분	기업 전체
구성 요소	설 비	정 보
강조된 부문	하드웨어	소프트웨어
작업자 측면	자동화 설비 대체	경험과 지식 활용
사용 기술	로봇, CNC	BPR, MRP, CAD / CAM
가시화된 예	FMS	CAD / CAM, MRP
주 체	자동화 기술	정보처리 기술

 # CFT(Cross Functional Team)

1. CFT의 정의

동시병행 개발(C.E)을 기본사상으로 상품기획 및 개발부서를 비롯한 각 기능부서의 실무자로 구성되어 개발 초기단계부터 참여하는 조직을 말하며, 팀원들은 각 기능부서의 대표로서 전 개발과정을 기획, 문제점 검출, 개선방안 수립 등 협업 활동에 참여한다.

2. CFT의 목적

- 기능 Process(Function Process)들의 원활한 병행 진행
- Project와 관련된 정보 및 의사결정 사항의 공유

3. C.F.T의 적용범위

- 모든 신제품 개발과제는 개발 협업팀(CFT)을 구성, 운영하는 것을 원칙으로 한다.
- 단 군 개발의 규모, 난이도 등에 따라 멤버 구성과 운영에 있어 융통성을 가질 수 있다.

4. CFT 조직 및 원칙

신제품 개발 과제는 C.F.T체제를 구성하여 진행해야 한다.

C.F.T는 크게 상품기획 단계와 설계단계로 구분 운영되며 각각 상품기획 PL, 개발 PL이 실무적인 관장을 맡는다.

C.F.T활동 결과와 질은 C.F.T 멤버만이 책임이 아니라 소속부서의 책임으로 평가된다.

각 C.F.T 멤버는 해당 Project 개발에 참여하는 각 기능부서의 대표로서 소속부서의 전문지식과 경험, Know-How를 제시, 반영시켜야 한다.

P/L은 과제의 종류 및 난이도, 군 개발 규모 등 과제 성격에 따라 CFT의 구성 규모와 운영방법을 결정한다.

5. CFT 운영 방법

• CFT 운영 절차

CFT는 상품기획 발의 시 공식적으로 구성되어 개발 완료 시까지 운영됨을 원칙으로 하며 다음과 같은 절차에 의해 운영된다.

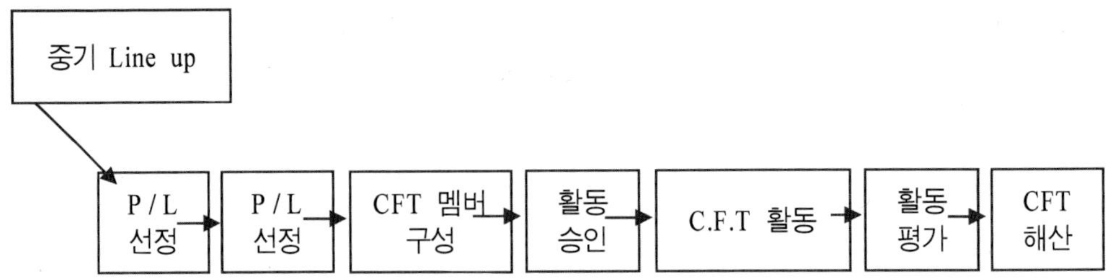

• CFT 활동 방법

CFT 실무 Leader인 P/L은 업무 성격상 상품 기획 P/L과 개발 P/L로 양분된다.

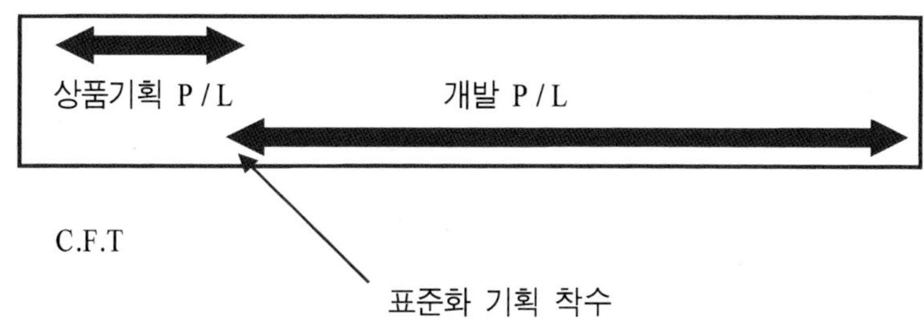

CFT 참여 멤버는 해당 PJ의 개발에 관련한 협업 부서의 업무를 전담하되, CFT 활동 참여시간에 따라 '전임, 비전임'으로 그 참여 정도가 구분된다.

－전　임: CFT 정기 활동에 반드시 참여해야 하는 핵심 멤버

－비전임: CFT 활동에 필요시 참여하는 멤버

개발단계(상품기획－설계－검증－양산검증)가 진행됨에 따라 CFT 멤버의 참여 정도는 PL의 판단하에 조정되며, 업무의 연속성을 고려하여 초기의 멤버가 개발 완료 시까지 Follow UP하는 것을 원칙으로 한다.

87

GT(Group Technology)

1. 정 의

제품의 생산과정에서 부품의 형상 치수 및 가공법이 유사한 것을 그룹화하여 각 그룹에 대하여 부품설계를 일괄적으로 하여 합리적인 생산을 하는 기법.

유사부품이나 유사공정으로 그룹을 이루도록 하여 작업준비시간, 공장 간의 운반시간 가공대기시간을 감소시켜 주고 수량을 증대 시켜 생산성 향상을 가져옴.

2. 개 요

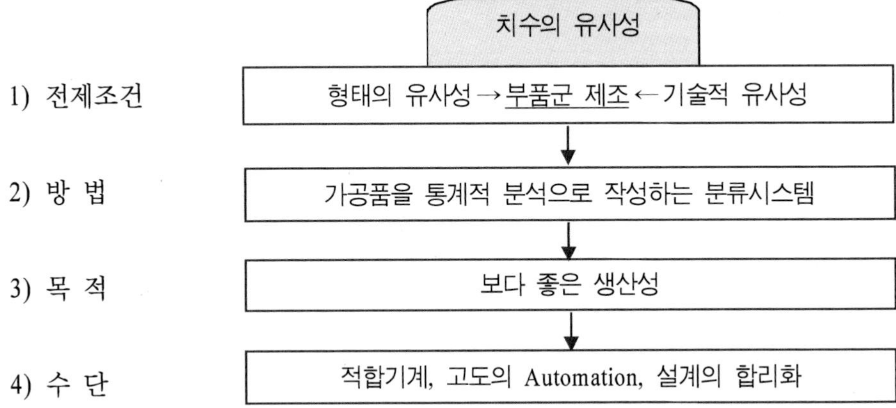

3. 목 적

    보다 높은 생산성과 설계, 일정계획, 공정계획, 작업계획에서 현존 부품을 반복적으로 사용함으로써 높은 기대 효과를 높이는 데 있다.

4. 추진절차

1) 가공법의 표준화

① 제품 등을 조립용 부품으로 나누고
② 동일제품조립에 이용되는 부품 내에 존재하는 부품의 수익성을 밝히고
③ 동일제품 간의 유사부품 통합

2) 부품의 유사성을 분류하는 시스템구축

① 형태의 동일성에 의한 것
② 형태의 유사성이 있고 작업의 순서가 동일하거나 유사한 것
③ 유사부품에 작업의 동일성이 있는 것

88

FMS(Flexible Manufacturing System)

1. 의 의

FMS는 다양한 제품생산을 자동으로 행하는 유연자동화의 개법에 의해서 여러 가지 자동 생산기술과 생산관리 기술을 종합한 유연성이 높은 생산시스템의 일종

 - FMS는 여러 대의 공작기계와 산업용 로봇·가공물의 자동착탈장치, 자동팰릿교환장치, 자동공구교환장치, 무인운반차, 자동창고시스템 등 자동생산기술과 이들을 종합적으로 관리하고 제어하는 컴퓨터와 소프트웨어 등 생산관리 기술을 하나의 생산시스템으로 종합한 자동생산시스템이다.

2. 효 과

 - 다양한 부품의 생산가공
 - 가공 준비시간 및 대기시간의 최소화
 - 설비 이용률의 향상
 - 생산인건비의 감소
 - 제품품질의 향상
 - 필요시 필요량 가공으로 공정품 재고의 감소
 - 종합생산시스템의 확립으로 생산관리 능력의 향상

3. 장 · 단점

- 다수의 상이한 부품을 이용하여 소량을 경제적으로 제조하는 능력
- 기계 이용률은 전형적인 50%에 비해 85% 수준
- 준비시간이 짧고, 부품운반이 능률적
- 운반비용과 생산비 저렴함
- 큰 규모의 고정자동화에 비해 적은 자본 투자로 유연성을 확보할 수 있지만 자동화시설과 장비 투자액이 높다.

4. 고정자동화와 유연자동화

- 고정자동화는 한정된 부품을 대상으로 고정된 순서로 작업을 진행하는 선형적 automation
   ⇒ 대량생산, 수험주기가 긴 제품 생산에 유리
- 유연자동화는 다양한 제품을 소량생산, 제품종류가 바뀔 때마다 프로그램을 변경하여 자동으로 생산

89 신뢰성 공학

1. 신뢰도

가. 정 의

- 신뢰성: 시스템이나 장치가 정해진 사용조건하에서 의도하는 기간 만족하는지 동작하는 시간의 안정성을 나타내는 성질
- 신뢰도: 시스템 기기 및 부품 등이 정해진 사용 조건하에서 의도하는 기간 내에 정해진 기능을 발휘할 확률.
  1) 고장이 나지 않도록 한다. (신뢰도 R(t)로 측정)
  2) 고장 또는 불만족 상태에 이르면 고친다. (보전도M(t)로 측정)
  3) 전체로서 만족한 상태에 놓여 있어야 한다.

신뢰성은 1) 2) 양쪽이 갖추어져 전체로서 만족스러운 정상상태에 있어야 한다.

가동성(유용성) − availabillity

= 신뢰도 + 보전도의 증분

= 광의의 신뢰도

나. 신뢰성 척도

- 일정수의 샘플을 고장 날 때까지의 시간을 조사하여 신뢰성 척도 계산
- 척도

－신뢰도 함수 R(t)

－고장 확률 밀도 함수 f(t), R(T)

－고장률 함수 X(t), R(t)

2. 고장률의 기본형

① 감소형(Decreasing Failure Rate: DFR)

② 일정형(Constant Failure Rate: CFR)

③ 증가형(Increasing Failure Rate: IFR)

3. FMEA에 의한 고장 해석

1) FMEA등급(고장등급)의 결정 방법

① 고장 평점법

5가지 평가요소 모두를 사용하는 경우

고장평점 $C_s = (C_1 \cdot C_2 \cdot C_3 \cdot C_4 \cdot C_5)^{\frac{1}{5}}$

C1: 기능적 고장의 영향의 중요도
C2: 영향을 미치는 시스템의 범위
C3: 고장발생의 빈도
C4: 고장방지의 가능성
C5: 신규설계의 정도

고장등급	Cs
I	7점 이상~10점
II	4점 이상~7점
III	2점 이상~4점
IV	2점 미만

고장등급	Ce
I	3 이상
II	1.0~3
III	1.0
IV	1.0 미만

② 치명도평점법

치명도평점 $C_E = (F_1 \cdot F_2 \cdot F_3 \cdot F_4 \cdot F_5)$

> F1: 고장의 영향의 크기
> F2: 시스템에 미치는 영향의 정도
> F3: 발생빈도
> F4: 방지의 가능성
> F5: 신규설계 여부

2) 치명도해석법(FMECA)(MIL – STD – 162 – 102)

$$C_\tau = \sum_{n=1}^{j} (\alpha \cdot \beta \cdot K_A \cdot K_E \cdot \lambda_G \cdot t)_n$$

> N: 구성품의 치명적 고장모드의 번호($n = 1,\ 2 \cdots\cdots j$)
> K_A: 운용 시의 고장률 보정계수
> K_E: 운용 시의 환경조건의 수정계수
> Λ_G: 기준고장률(시간 또는 사이클 당)
> t: 임무당 동작시간(또는 횟수)
> α: ΛG 중에 당해 고장이 차지하는 비율
> β: 당해 고장이 발생하는 경우에 치명적 영향이 발생할 확률

1. 6Sigma의 정의

고객의 관점에서 출발하여 문제를 찾아서 통계적 사고로 문제를 해결할 수 있는 인력(프로)을 양성하여 사무 간접부문을 포함한 전 프로세스를 표준화하고 프로세스 품질을 높여 고객 만족을 실현하는 활동

① 전략적 의미: 고객의 관점에서 품질에 결정적인 요소(CTQ)를 찾아서 문제를 해결할 수 있는 인재를 양성하고 통계적 기법을 적용하여 경영 전 분야에 걸쳐 무결점 품질을 추구함으로써 품질 불량으로 인한 과다한 손실비용을 제거하고, 프로세스의 질을 높여 궁극적으로는 기업경영 전 분야의 원가를 획기적으로 절감하기 위한 기업 전략이다.

② 통계적 측정치로서의 의미: 제품, 서비스 및 프로세스 등이 서로 다르지만 동일한 척도(Sigma)로서 비교 가능하여, 고객만족을 향해 나아가는 우리의 위치와 방향을 알 수 있게 한다.

2. 적용(활용)범위

사무부문을 포함한 전 프로세스의 질을 높임으로써 낮은 품질로 인한 업무손실 비용을 계획적으로 절감하여 경쟁력 있는 세계 최고 수준의 기업이 되는 것이 6Sigma의 전략이

며 이를 위해서는 규격관리가 아닌 산포관리를 통하여 무결점 품질을 추구해야 한다.

3. 6Sigma 경영의 특징

① 결함 없는 실행을 통한 고객만족
② 급격하고 혁신적인 개선
③ 효과적인 고도의 혁신도구
④ 기업문화의 긍정적이고 심도 있는 변화
⑤ 진실한 재무성과

4. 6Sigma 경영도입의 필요성

① 불량률 감소
② 수율 향상
③ 사이클 타임 감소
④ 품질비용 감소
※ 1 : 10 : 100의 규칙 → 설계단계, 검사단계, 고객단계의 품질비용의 증가

6Sigma와 기존의 품질관리와의 차이

	6Sigma 경영	기존의 품질관리
대상 불량의 개념 개선대상 활동	정보화시대에 알맞은 경영혁신활동 숨겨진 로스와 결함 프로세스 전체 최적화	대량생산 시에 부합하는 공장 중심의 활동 최종생산제품의 불량에 관심 해당문제 부분최적화
업무추진방식	상의하달	하의상달
의사결정	감각과 경험 중시	매뉴얼에 의한 표준화된 방법을 중시

1. 추진 방법

① 6Sigma 경영의 도입 필요성 검토: 성과, 예상문제점. 비용 사업전망 등

② 종업원들의 이해와 공감대 형성: 비전제시와 도전의식

③ 추진됨 선정과 추진계획수립: 운영체계구축과 사내 전문가 양성 Kick-off 등

④ 구성원에 대한 교육과 훈련: 계층별 교육, 각 업무에 대한 문서화된 시스템

⑤ 개혁 프로젝트 선정 및 추진

⑥ 개혁성과의 측정: 성과에 따른 보상

⑦ 개혁성과의 정착 및 확산

2. 6Sigma 활동의 문제 해결 절차

D: Define(정의): 고객의 소이 VOC 수집하여 문제를 정의

M: Measure(측정) → 특정요인도, QFD 등을 활용, Gage R&R

A: Anslysis(분석) → FMEA, 다변량분석, 공정능력분석의 기법사용 변수들에 대한
   우선순위 결정

I: Improvement(개선): 문제점을 개선하는 단계

C: Control(관리): 개선한 내용이 유지되도록 표준화, 문서화

3. 6Sigma 경영 도입 시의 유의사항

① 최고 경영자의 강력한 의지 필요

② data에 기초한 통계적 기법을 이용하여 근거를 갖고 의사결정

③ 직원들에 대한 교육과 훈련

④ 고객만족 대응체계구축

⑤ 충분한 준비시간

❑ 6Sigma경영과 PI(Process Innovation) 간의 차이점

　PI는 일하는 방법(Process)을 총체적으로 개혁하는 것으로, 업무처리 방식과 정보 및 물의 흐름을 고객지향으로 바꿈으로써 경쟁우위의 변화 대응력을 확보하는 것이며, 6Sigma 경영은 고객의 관점에서 출발하여 문제(Project)를 찾아서 통계적 사고로 문제를 해결할 수 있는 인력(프로)을 양성하여 사무 간접부문을 포함한 전 프로세스를 표준화하고 프로세스 품질을 높여 고객만족을 실현하는 활동임.

　즉 PI는 고객 위주로 프로세스 틀을 갖추는 것이며 6시그마는 프로세서의 산포를 줄이는 것이다.

경영혁신적 차원에서의 대응전략

　경영혁신활동의 개선이나 혁신의 결과가 일시적 활동이나 효과가 아닌 기업의 경쟁력을 확보할 수 있도록 하기 위해서는

① 원위치 방지: 1) 새로운 생각, 합리적 방법의 채용
　　　　　　　　　2) 활동결과의 표준화 및 정보화

② 지속적 결과 평가 및 보완: 1) 당초 설정목표에 대한 결과평가
　　　　　　　　　　　　　　　2) 주기적 평가 및 사후관리

③ 반복적으로 활동으로 추진: 1) 일회성으로 반복적 활동으로 전환
　　　　　　　　　　　　　　　2) 반복에 의한 효과누적으로 경쟁력 확보

이것을 표준화 활동으로 연계하고 정보시스템으로 연결하는 것이 바람직하다.
적용 예) ERP, SCM, CRM, KM 등

즉 경영혁신 활동은 제조활동의 개선으로 위한 현장개선, 설비의 합리적 예방, 보전을 위한 TRM활동, 품질경영 확보를 위한 ISO 인증 및 사후관리 활동뿐만 아니라 근본적인 프로세스 재설계를 위한 BPR, 지식을 무기로 새로운 부가가치를 찬조하는 지식경영에 이르기까지 모든 것이 기업의 통합정보시스템 구축과 연계된 활동으로 전개될 수 있는 모습을 있어야 함.

1) QFD(Quality Function Deployment)의 기본개념

- 고객의 요구사항을 제품의 기술특성으로 변환하고 이를 다시 부품 특성과 공정 특성 그리고 생산에서의 구체적인 사양과 활동으로까지 변환하는 것.
- 고객요구 품질과 제품의 기능을 2차기능 3차기능으로 전개하여 2원 매트릭스표로 상호연관 관계를 분석 정리하여 세일즈 포인트를 추출하는 것이다.

  또한 제품에 대하여 기능 전개에 따른 기술 품질 특성을 3차로 전개하여 2원 매트릭스표로 상호대응 관계를 정리한다.

  기술품질 특성 간의 상호관계를 검토하여 종합적으로 분석 정리하여 세일즈 포인트와 설계품질 특성 수준 및 주요기술품질특성곡선을 선정하는 데 효과적이다.

2) QFD의 목적

신제품의 기획 및 설계단계에서부터 고객의 요구를 반영함과 동시에 개발기간을 단축하는 것.

(1) 소비자의 요구를 회사의 전체조직으로 전달하여 요구항목을 구체화한다.

(2) 다른 부문의 의견을 수렴하여 품질정보를 질적으로 향상시킨다.

(3) 제품 품질 향상에 필요한 주요 품질특성의 우선순위를 정한다.

(4) 품질목표의 초과 달성과 품질비용 절감목표 절감목표의 범위를 확정할 수 있다.

(5) 경쟁업체를 벤치마킹하고 차이를 비교 분석하여 품위 수준을 설정한다.

(6) 간단명료한 품질표를 제시할 수 있고 확대적용할 수 있는 방법을 제시한다.

(7) 고객만족도를 증가(품질향상, 적은비용, 납기 일정관리)한다.

(8) 개발기간을 단축한다.

(9) 질적인 내부지식을 배양하고 수평전개할 수 있다.

　- 공통의 언어 전문 사고력을 배가, 기술적 지식을 간단명료한 형태로 전개횡적 인 기능 조직팀 구축한다.

3) QFD 효과

가장 큰 효과는 소비자 만족도 향상이다

QFD의 전체적인 목적은 신제품 개발기간을 단축하고 동시에 제품의 품질을 향상 시키는 것이다. QFD를 응용하면

(1) 설계변경의 감소

제품개빌과 관련된 모든 활동이 소비자의 요구사항을 근간으로 하여 통합적으로 이루어지므로 전통적인 순차식 개발 방식에서와 같은 기능부서 간 의사소통의 미비 로 인한 설계변경의 필요성이 근본적으로 줄어든다.

(2) 제품 개발기간의 단축

QFD응용 시 일반적으로 제품의 개념정립과 기초설계단계에서 약간의 시간을 더 필요로 하나 결과적으로는 이후 단계에서의 설계변경의 감소로 인하여 전체 개발 기간이 33%~50% 단축된다.

(3) 시제품 생산(시운전)의 문제점 감소

제품의 설계과정에서 공정 및 생산단계에서 발생가능한 상충관계를 미리 고려하 므로 시운전 시 문제점 발생의 가능성이 줄어든다.

(4) 설계과정의 문서화

QFD는 설계변수 간 상충관계 발생의 근원 및 설계 시 특별히 고려되었던 제품의 특성 등을 상세히 기록하게 되므로 이후 유용한 기록으로 남게 된다.

QFD의 기타 효과로는 판매 후 하자발생 감소, 품질비용감소, 기능부서 간 팀워크 향상 등을 들 수 있으며 무엇보다 중요한 효과는 소비자 만족도 향상이다.

(5) 판매 후의 불량 감소

(6) 품질보증 비용 감소

(7) 관련부문 간의 팀워크 향상

(8) 설계기술자의 교육 매뉴얼

설계기술자를 위한 기술교육 매뉴얼로 활용될 수 있으며 지속적으로 혁신하면 회사의 노하우가 되며 기술의 기본척도가 되어 단기간에 기술척도가 가능하다.

4) HOQ 전개

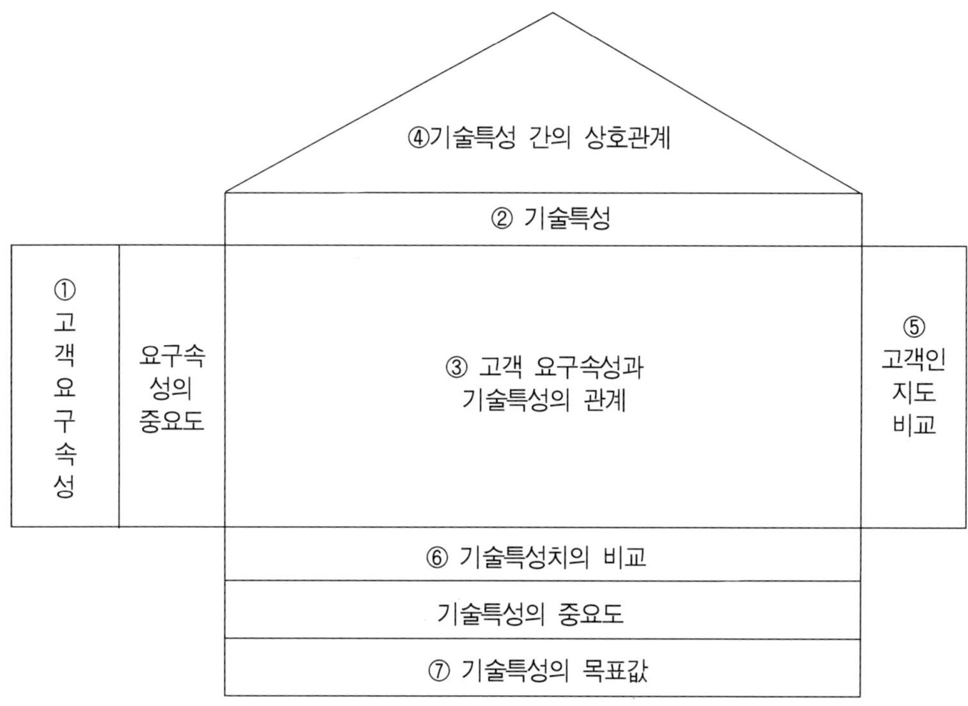

5) 품질기능전개의 4단계

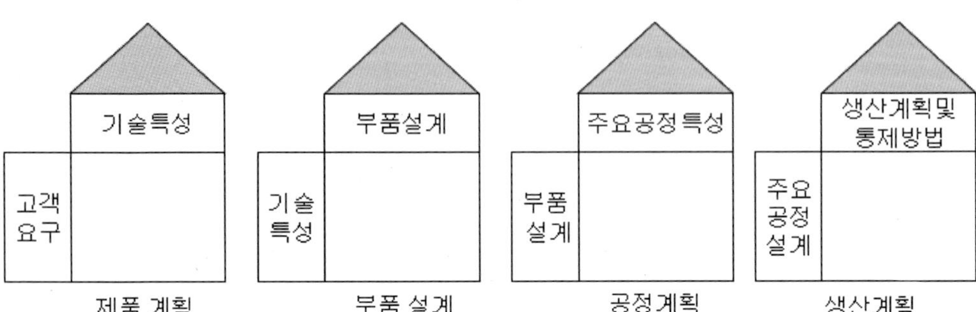

1. 정 의

관리도는 공정의 상태를 나타내는 특성치에 관해서 그려진 공정을 관리상태(안정 상태)로 유지하기 위하여 사용된다. 또한 관리도를 제조공정이 잘 관리된 상태에 있는가를 조사하기 위하여 사용할 수 있다.

2. 종 류

가. 계량치 관리도
- $\overline{X}-R$ 관리도 (평균치의 범위)
- X 관리도 (개개의 측정치)
- $\overline{X}-R$ 관리도 (메디안과 범위)

나. 계수치 관리도
- Pm 관리도 (불량개수)
- P 관리도 (불량률)
- C 관리도 (결점 수)
- U 관리도 (단위당 결점 수)

다. 특수 관리도
- L−S 관리도
- 수정한 데이터에 의한 관리도

X-R 관리도

가. 관리 한계선

① X 관리도

-개개의 측정치 X가 N(M, σ²)의 정규분포에 따르면, X는 평균치 M, 표준편차 $\dfrac{\sigma}{\sqrt{n}}$인 정규분포

$$\left.\begin{array}{c}-\text{UCL}\\\text{LCL}\end{array}\right] = M \pm 3\frac{\sigma}{\sqrt{n}} = M \pm A\sigma \ \left(A = \frac{3}{\sqrt{n}}\right)$$

$$-\text{M와 } \sigma\text{의 추정치: } \overline{M} = \overline{X} = \frac{\sum \overline{X}}{K}, \overline{\sigma} = \frac{\overline{R}}{d_2}$$

$$\Rightarrow \left.\begin{array}{c}\text{UCL}\\\text{LCL}\end{array}\right] = \overline{M} \pm 3\frac{\overline{\sigma}}{\sqrt{n}} = \overline{X} \pm 3\frac{\overline{R}}{\sqrt{n}*d_2} = \overline{X} \pm A_2\overline{R} \ \left(A_2 = \frac{3}{\sqrt{n}*d_2}\right)$$

② R 관리도

-n의 시료를 취할 때 범위 R의 기대치와 표준편차 $\Rightarrow E(R) = d_2 * \sigma \quad D(R) = d_3 * \sigma$

$$\left.\begin{array}{c}-\text{UCL}\\\text{LCL}\end{array}\right] = E(R) \pm 3D(R) = d_2 * \sigma \pm 3d_3 * \sigma$$

$$\left(\text{추정치}\,\overline{\sigma} = \frac{\overline{R}}{d_2}\right) = (d_2 \pm 3d_3)\overline{\sigma} = \left(1 \pm 3\frac{d_3}{d_2}\right)\overline{R}$$

$$\text{UCL} = D_4\overline{R} = D_2 * \overline{\sigma}$$

$$LCL = D_3\overline{R} = D_1 {}^* \overline{\sigma} \qquad \begin{bmatrix} D_4 = 1 + 3\dfrac{d_3}{d_2} & D_2 = d_2 + 3d_3 \\[2mm] D_3 = 1 - 3\dfrac{d_3}{d_2} & D_1 = d_2 - 3d_3 \end{bmatrix}$$

94   공정능력 지수

1. 공정능력이란

"관리상태에 있는 공정이 만들어 내는 품질달성 능력", 즉 "표준화된 공정에서 생산되는 제품(치수, 불량률 등)이 나타내는 산포의 범위를 말한다.

공정능력지수는 공정능력의 정도를 평가하기 위해 산출하는 데 주어진 작업조건 하에서 나디나는 제품의 품질 산포 정도를 그 공정이 품질규격(공차:T)과 비교함으로써 공정능력지수(T / 6σ)를 측정할 수 있다.

$$Cp = \frac{\text{공정에서 허용하는 산포}}{\text{실제 중점 산포}} = \frac{Su - S1}{6\sigma}$$

Cp는 단지 변동에 대한 공정의 잠재 능력을 나타낸다.

즉 공정이 규격한계 내 중심에서 정확하게 작업이 이루어질 때 규격한계와의 상대적인 공정이 상태를 나타낸다.

따라서 이것은 공정의 효과가 중심에 있는지 없는지를 알 수는 없다.

이런 이유로 또 다른 지수 Cpk를 사용한다.

① $Cp = \dfrac{\text{공정평균과의 규격한계 간 거리}}{3\sigma} = \dfrac{Su - \overline{X}}{3\sigma} \text{ or } \dfrac{\overline{X} - S1}{3\sigma}$

② $Cpk = (1 - k)Cp$

$$K(\text{치우침도}) = \frac{1(Su+SL)/2 - \overline{X}1}{(Su+SL)/2}$$

※ Cp / Cpk평가 시 주의사항

공정능력을 규격한계와 비교하여 능력(여유)이 있느냐 없느냐로 나타내며, 일반적인 상대 평가는 규격한계 내에 있게 되는 측정치 또는 값들의 비율로서 나타내는 것이다. 즉 공정능력을 표준한계와 공정의 전 변동을 비교하여 나타낸다. 이때 주의할 점은 산포가 개별 측정치와 Data이어야 한다는 것이다. 통계적인 관리를 다루는 데 있어, 각 샘플로부터 통계량($x^{\wedge}$)은 민감도에 주로 사용되는데, 개별 측정치가 아닌 통계량의 분포는 개별 측정치 모집단의 표준절차보다는 작은 표준 절차를 가지고 정규 분포한다는 것을 기억해야 한다. 따라서 샘플의 평균과 규격한계의 직접적인 비교는 피해야만 하며 규격한계는 $x^{\wedge}$관리도의 비교기준선(관리한계선)으로 대신할 수 없다

문제] 공정능력 지수에 대하여 설명하시오

답) 의미: 공정능력(Process Capability)이란 공정이 관리상태에 있을 때 그 공정에서 생산되는 제품의 품질변동이 어느 정도인가를 나타내는 양이라고 할 수 있다.

공정능력의 정량화로 가장 많이 사용하는 것을 공정능력지수
(CPI Process Capability Index)이다. 이지수를 CP 또는 CPK로 나타낸다.

● 공정능력 지수 3가지

1) 양쪽 규격이고 치우침이 없는 경우
규격상한(Su)과 규격하한(SL)이 있고 제품의 특성치가 양쪽 규격 중앙에 치우침

이 없게 되어 있는 공정에 적용

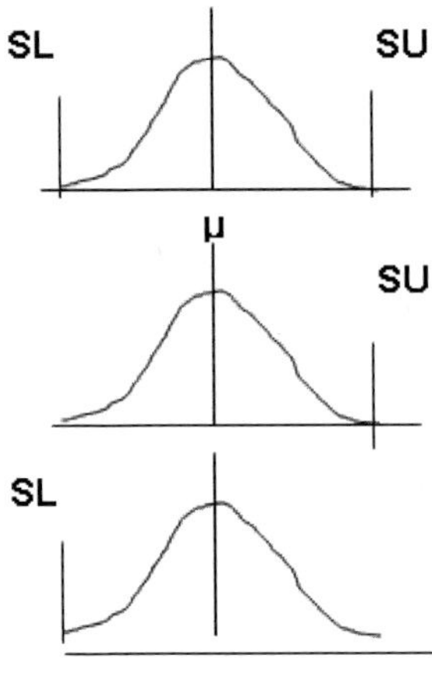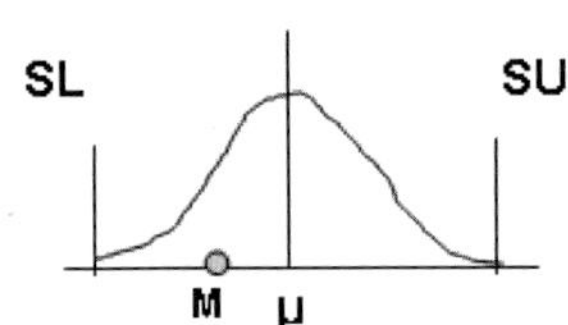

양쪽 규격이 있는 경우

$$CP = \frac{SU - SL}{6\sigma}$$ (SU - SL) --> 규격의폭

$$CPU = \frac{SU - \mu}{3\sigma}$$ 상한규격만 있는 경우

$$CPL = \frac{\mu - SU}{3\sigma}$$ 하한규격만 있는 경우

양쪽 규격, 치우침이 있는 경우

$$CPK = (1 - K)\,CP$$

치우침도 $K = \dfrac{M - \mu}{T/2}$

문제] 공정능력과 실제 공 정능력에 대하여 간단하게 설명하라.

답) 공정능력이란 통계적 관리상태에 있는 공정의 정상적인 움직임으로 운영되고
있는 공정의 능력이라 할 수 있다. 공정능력을 평가하기 위해서는 먼저 공정
이 통계적으로 관리상태에 있어야 한다.
즉 이상원인이 제거된 상태에서 공정능력을 측정해야 한다.
이때 공정능력은 우연원인에 따라 변화가 있게 된다.
공정능력은 규격공차와 공정변동폭을 비교하여 나타낸 것으로 이들 양자의
퍼짐 위치를 비교하지 못하는 단점이 있어, 중심을 측정할 수 있는 실제 공

정능력지수가 있다.

* 규격한계(upper(lower) specification limit)와 관리한계(Upper(Lower) Control Limit)의 차이: 규격한계는 규격상한과 하한으로 미리 설계 시에 규정된 것이고, 관리한계는 실제 생산능력이다.

관리한계는 평균값에±3σ로 계산된다.

● 공정능력지수 판정

	지　　수	판　　　정
1등급	$CP \rangle 1.67$	공정능력 최상
2등급	$1.67 \rangle CP \rangle 1.33$	공정능력 충분
3등급	$1.33 \rangle CP \rangle 1.0$	공정능력 보통, 불량가능성
4등급	$1.0 \rangle CP > 0.67$	공정능력 부족
5등급	$0.67 \rangle CP$	대단히 부족으로 긴급조처

TQM(Total Quality Management)

제조업의 경쟁력 강화를 위한 품질관리의 효율화 방향은 생산성 개념의 불량을 통제를 중심으로 하는 QC(품질관리)에서 품질비용의 통제를 중심으로 하는 QM(품질경영)으로 전환되어야 한다.

그것은 제조 직접 부문의 Q-COST(품질예방비용, 품질평가비용, 품질실패비용)뿐만 아니라 간접 부문의 COQ(결함방지비용 및 결함비용)에도 중점을 두어야 하기 때문임.

QM은 기법이나 도구가 아니라 개념에 기초를 둔 경영방식임.

계층별 관리자의 의식혁신과 기업문화 조성의 견지에서 보는 TQM에서 결함비용을 산출하는 목적은 코스트 다운에 대한 최고 경영자의 관심을 언제나 선명하게 부각시킴과 동시에 결함의 크기를 비용으로 나타내고 시정조치를 취해야 할 중점이 어디에 있는가를 찾아내어 결함을 뿌리 뽑으려는 중요한 경영정략의 일환이 되도록 하기 위함임.

❑ 품질경영

1) 품질경영이란: 어떠한 경영환경에서도 생존하고, 위기를 기회로 승화하여 항상 WIN-WIN할 수 있도록 회사의 체질을 개선하는 활동
2) 품질 경영활동 대상: 기업의 경영사원인 사람, 설비, 자재, 계기 및 측기 방법 등의 능력향상이 품질 경영활동의 대상이다.
3) 표준품질 생산방식이란: 공정능력(Cp)을 개선하여 균일한 품질(6σ제품)을 생산하기 위한 생산방식으로 표준작업서에 의한 작업, 중점관리Point, 공정조건관리, 계기 및 측기의 신뢰성 확보 등 활동을 수행하는 것
4) 표준 품질 생산방식 추진목적 생산공정에서 발생되는 문제의 문제점을 분석하여 참원인을 찾아내고 개선된 내용을 표준화하고 개정된 표준을 준수하여 공정을 항상 정상상태로 유지함으로써 균일한 품질을 생산하는 것이다.

   문제의 참원인은 항상 사람, 설비, 자재, 방법, 측정 및 평가이며 이 다섯 가지의 능력이 확보되면 공장에서 생산되는 제품을 균일한 품질(6σ품질)이 나오게 되어 있다. 이 다섯 가지(5M) 능력이 확보되기 위해서는 표준화를 실시해야 한다.
5) 추진방법
   - 1단계: 제조 공정능력의 평가
   - 2단계: SQM표준의 정리(List up)

     (표준작업서, 중점관리Point, 기본준수, 공정 Spec)

 # 품질비용 COQ(Cost Of Quality)

품질코스트 Quality Cost
품질결함방지비용
품질결함비용

1. 결함비용이란 일을 '처음부터 바르게' 하지 않았기 때문에 발생하는 비용으로서 직접비, 간접비, 각종 수당 등이 포함된다.

2. 결함방지비용이란 일이 처음부터 옳게 행해지도록 하기 위한 비용이다.

품질비용(Cost Of Quality) = 결함비용 + 결함방지비용

종래에는 품질비용 = 실패비용 + 평가비용 + 예방비용으로 분류되어 왔으나 QM에서는 평가, 예방비용을 통합한 결함방지비용으로 하고 있다.

3. 품질비용의 산출목적

품질에 대한 최고 경영자의 관심을 언제나 선명히 부각시킴과 동시에 결함의 크기를 비용으로 나타내어 시정조치를 취해야 할 중점이 어디에 있는가를 발견하고 결함을 뿌리 뽑으려는 데 있음

미국에서 일반적으로 제조원가에 대한 품질코스트의 적정비율을 A. V. Feigenbaum은 약 9%로 보았으며, 대체로 6~7%가 적당하다는 것이 일반적인 견해이다.

A. V. Feigenbaum은 P-Cost가 5%, A-Cost가 25%, F-Cost가 70%의 수준이라고 한다.

① 예방코스트를 약간 증가시킴으로써 평가
　 코스트와 실패코스트를 크게 감소시킬
　 수 있다. 제조공정이 안정되면 평가코스
　 트가 감소된다.
② 평가코스트가 증가되면 실패코스트는 감
　 소된다.
③ 고품질일수록 예방코스트 및 평가코스트
　 는 증가한다.

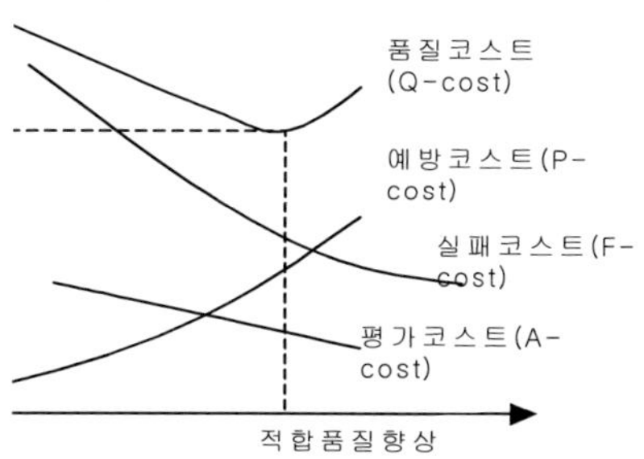

4. 품질코스트의 이용방법(효용)
① 품질코스트는 측정(평가)기준으로 이용한다.
② 품질코스트는 공정품질의 해석기준으로 이용한다.
③ 품질코스트는 계획을 수립하는 기준으로 이용한다.
④ 품질코스트는 예산편성의 기초자료로 이용한다.

• 결합비용의 산출방법
① 회계에 기초한 비용집계
② 요원 수에 기초한 비용집계
③ 노무비에 기초한 비용계산
④ 결함의 금액계산에 기초한 비용계산
⑤ 실태조사와 기초한 비용계산－Work Sampling
⑥ 이론치와 실적치 차이에 기초한 비용계산－설비의 유효가동률, 작업표준시간
　 과의 차이 등

QC기법을 활용한 문제 해결절차

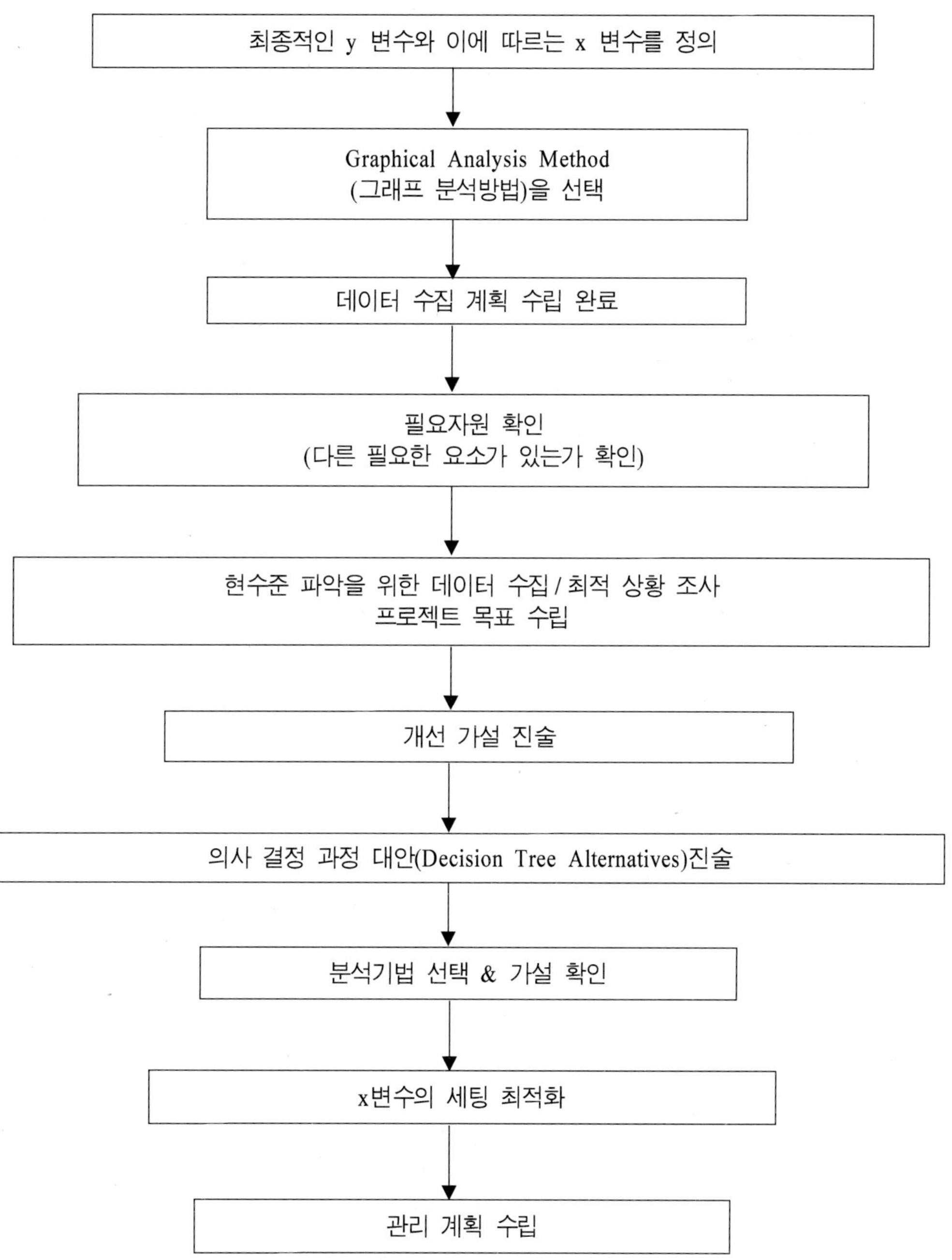

최종적인 y 변수와 이에 따르는 x 변수를 정의
Graphical Analysis Method
(그래프 분석방법)을 선택
데이터 수집 계획 수립 완료
필요자원 확인
(다른 필요한 요소가 있는가 확인)
현수준 파악을 위한 데이터 수집 / 최적 상황 조사
프로젝트 목표 수립
개선 가설 진술
의사 결정 과정 대안(Decision Tree Alternatives)진술
분석기법 선택 & 가설 확인
x변수의 세팅 최적화
관리 계획 수립

1. FMEA의 정의

고장모드 영향의 분석이며 일종의 신뢰성 예측을 말하는 것으로 설계된 시스템이나 기기의 잠재적인 고장모드(mode)를 알아내고, 사용 중에 고장이 발생하였을 경우 임무달성에 미치는 영향을 검토하고 영향이 큰 고장 모드에 대하여는 적절한 대책을 세워 고장을 미연에 방지하는 수법이며(Bottom Up으로 고장의 영향을 예측하는 수법) 양산적 설계단계에서 모든 문제점을 제거함으로써 양산 후에는 문제점이 없는 양질의 제품을 고객에게 제공하는 것.

2. FMEA의 적용

1) 제조공정의 불량예방   2) 설비 고장예방   3) 검사시스템 개선   4) 재해 예방

3. FMEA의 종류

1) 설계 FMEA: 설계품질 보장을 위해서
2) 공정 FMEA: 공정 안에서 예견되는 불량요인이 품질에 미치는 중요도를 평가
   하여 공정에서 품질의 신뢰성을 높여 가는 방법.

4. FMEA의 효과

1) 잠재결함 및 고장모드를 미리 제거할 수 있는 체계적 방법
2) 주요 신뢰성 항목을 결정
3) 이상조치 매뉴얼을 작성 가능
4) 고장검출방법 및 시스템 성능을 모니터할 때 기초자료

5. FMEA 실시 순서

① 가공공정의 흐름과 합부 규격을 확인한다.
② 각공정의 기능분석 레벨을 정한다.
③ 분석하는 공정 레벨에 대응한 가공 프로세스를 명확히 한다.
④ 가공 프로세스의 블록 그림을 작성한다.
⑤ 각각의 가공 프로세스마다 발생하는 불량모드를 열거한다.
⑥ 불량 요인별 모드정리하여 검토대상으로 하는 불량모드를 선정한다.
⑦ 불량품 발생 확정원인을 열거한다.
⑧ 공정 FMEA 기입용지에 기입한다.
⑨ 큰 영향을 주는 불량모드, 직접원인이 되는 불량모드 등급별로 분류한다.
⑩ 설비개선이나 공정변경 여부를 검토한다.

❏ **FMEA와 FTA의 차이점을 답하시오.**

항 목	FMEA	FTA
목 적	부품의 고장모드가 시스템이나 기기에 어떤 영향을 주는가 평가	시스템이나 기기에 발생하는 고장이나 결함의 원인을 논리적으로 규명
분석방법	부품의 고장모드를 검토하여 그러한 고장이 발생하면 시스템이나 기기의작동이나 사용자에게 어떠한 영향을 주는가를 분석하고 이를 해결 대책 마련 • 영향분석(원인 → 결과)	정상사상을 일으키는 원인을 파악하며 논리기호를 이용한 FT를 작성하고 고장의 근본 원인을 제거대책을 마련 • 요인분석(결과 → 원인)
입력자료	−시스템이나 기기의 구성동작 조종에 관련된 자료 −신뢰성 블록다이어그램 −고장모느	−시스템이나 기기의 구성동작 조종에 관련된 자료 −시스템의 결함 −기본사상, 비전개사상의 확률
산출자료	공정 FMEA표 설계 FMEA표	−FT도 −정상사상의 확률
효 과	잠재결함 및 고장모드 미리 제거 주요신뢰성 항목 결정 제품개발기간과 비용 절감	FT도 사용 신뢰성 약점지적과 대책안 마련
특 징	−하드웨어나 단일 고장분석 용이 −부품의 고장에 대한 검토가능 −기기나 시스템의 고장을 사전에 조사 가능 −BOTTOM −UP 방식	−정상사상 발생의 메커니즘을 규명할 수 있다. −시스템의 신뢰성 블록 다이어 그램으로 사용가능 −TOP −DOWN 방식

FTA(Fault Tree Analysis): 고장 나무 분석

1. 정의: 고장의 원인이 무엇인가 하는 사고방식으로 제품의 고장을 수형도(樹形圖)로 더듬어 나가 어떤 부품이 고장의 원인이었는가를 찾아내는 해석 수법.
2. 효과: ① FTA는 원래 안정해석에서 시작된 수법
   ② FMEA의 보조 수단으로 사용
   ③ 고장해석의 검토용으로 사용
3. 활용: ① 개발설계 시
   ② 설계변경 시
   ③ 클레임 대책 시
4. FTA 실시 순서

순서 1	해석의 대상이 되는 시스템 및 기기의 구성 기능, 동작을 조사하고 조작방법을 파악한다.
순서 2	시스템 또는 제품에 대한 정상사상을 선정한다.
순서 3	정상사상에 관련된 1차 요인을 열거하고 관련된 외부 요인도 검토한다.
순서 4	정상사상과 1차 요인의 인과관계를 논리기호를 사용하여 연결한다.
순서 5	1차 요인마다 2차 요인을 열거하고 서로 논리 기호로서 연결한다.
순서 6	순서 5와 유사하게 3차, 4차……n차 요인을 열거하고 각각상위의 요인과 논리기호로 연결하여 FT도를 완성한다.
순서 7	불(Boole)대수를 이용하여 FT도를 그린다.
순서 8	각 요인에 발생확률을 배분한다. 이 경우 기본사상, 비전개사상 모두에 발생 확률이 제대로 배분되었는지 확인한다.
순서 9	논리기호를 쫓아 정상사상의 발생확률을 계산한다.
순서 10	정상사상의 발생확률이 요구 이하로 낮은가 확인한다. 요구에 적합하지 않으면 대책을 검토한다.

PFMEA 작성법

단계 1: PFMEA를 작성하기 전에 이 문서는 개정이 수시로 이루어지므로 이력 관리를 위한 첫 장(PFMEA 작성 번호, 공정, 책임자, 작성자, 팀원, 제품, 작성 및 시작 일자 등)을 반드시 기록한다.

단계 2: XY 매트릭스에서 상위 50%에 속하는 입력에 대한 공정 기능(단계)목록을 작성한다.

단계 3: 잠재고장 유형 및 영향을 열거한다.

단계 4: 각 항목의 심각성을 지정한다.

단계 5: 고장원인이 될 소지가 있는 것을 모두 적는다.

(한 항목에 여러 잠재원인을 적을수록 분석을 용이하게 할 수 있다.)

단계 6: 각 원인에 대하여 발생 빈도 수준을 지정한다.

단계 7: 고장형태의 예방 및 탐지를 위한 현 공정 통제 사항과 수준을 적는다.

단계 8: 위험 우선순위를 계산한다.

단계 9: 추천할 만한 조치 사항 및 책임자 및 일정을 적는다.

단계 10: 취할 조치를 부과하여 실행한 후 위험 우선순위를 다시 계산한다.

FTA: 대상물의 고장원인이 무엇인가를 나뭇가지의 형태로 하나하나 세목별로 부품의 레벨까지 분해하여 최종적으로 어느 부품이 고장의 원인인가를 규명해 나가는 해석수법이다

- 신뢰성 개선은 설계 시에 행하는 것이 가장 효과적이다. 설계단계에서 신뢰성을 향상시킬 수 있는 방법에 대하여 기술하시오. (8가지 이상)

1) 병렬 및 리던던시 설계
  (1) 구성품의 일부가 고장 나더라도 그 구성부분이 고장 나지 않도록 설계되어
      있는 것을 리던던시(redundancy) 설계라고 한다.

2) 부품의 단순화와 표준화: 구체적으로는
  (1) 요구되는 기능을 될 수 있는 대로 적은수의 부품으로 실현하도록 할 것
  (2) 가능하면 단순기능의 부품을 많이 사용할 것
  (3) 사용부품의 종수를 줄일 것
  (4) 표준부품, 표준회로, 표준재료 등을 사용할 것 등이다

또한 표준화함으로써 양산경험과 사용경험이 많은 부품은 결함과 약점이 충분히
제거되어 안전성이 높다.

3) 최적 재료의 선정
4) 디레이팅(derating): 구성부품에 걸리는 부하의 정격 값에 여유를 두고 설계하는
   방법.
5) 내 환경성 설계: 제품의 여러 가지 사용 환경과 이의 영향도 등을 추정, 평가
   하고 제품의 강도와 내성을 결정하는 설계를 내환경성 설계라 함
6) 인간공학적 설계와 보전성 설계

FMEA 사례

공정	고장시간영향요인	잠재 고장유형(Y´s)	잠재고장영향(kpovs)	심각도	잠재고장원인(kpivs)	발생빈도	현공정통제	검출도	RPN	조치계획	심각도	발생빈도	검출도	RPN
A B S Comp´d 압출기	Strand 검출 센서	• 센서결로	• 검출오류 • 기기Stop	10	• WT Spray 분사각도	10	각도 조정	10	1000	방사 적외선 선서로 교체	10	1	3	30
					• 센서사양 부적합	10	수분 제거	10	1000			1	3	30
		• 감지범위 이탈	• 센서기능 상실 • Block 형성	10	• 고정Screw 풀림	7	Screw 재 조임	7	490	Banding식 체결	10	1		20
					• 기기진동	7	진동 완충	7	490	위치변경		1	2	30
		• Interlock	• 기기Stop 안됨	10	• 구성미비	3	수동기 기Stop	7	210	Inter-Lock 구성	10	0	3	0
		• 센서감지 실패	• 수명저하	7	• 장기사용	7	센서 교체	10	147	방사 적외선 선서로 교체	7	1	2	14
		• 센서설치 방법	• 센서파손		• 보수작업 시충격	3	육안 점검	7	147	위치변경	7	1	2	14
					• Door Open 시 충격	3	육안 점검	7	147	위치변경		1	3	21

416

ISO9001에서 요구하는 공정관리의 범위와 실행절차

1. 공정관리의 범위

ISO9001은 외부 품질보증 규격을 정한 것으로서 설계／개발, 제도, 설치 및 품질보증 모델

  특징: －구입자가 공급자에게 요구
　　　 －고객 또는 외부인증기관에게 보여주기 위한 우리 조직의 품질시스템 및 이에 관련되는 활동
　　　 －구매자／고객을 위한 규격

2. 실행절차

① 제품, 서비스의 품질을 확보하기 위해 필요한 모든 품질활동을 명확히 한다. (품질정책, 설계관리, 공정관리, 계측기관리, 교육시정 및 예방조치, 내부감사 등)
② 품질을 확보하기 위한 모든 활동의 책임과 권한을 명확히 한다. (경영자, 부서장, 업무주관부서, 사원 등)
③ 모든 활동을 표준화(프로세서화)하고 문서화한다.

④ 품질활동 결과 및 프로세스의 최종결과를 문서화한다.

(고객요구에 의한 계약검토결과, 계측기 교정 감사 서적서, 각종 검사 성적서, 구매발주서, 내부감사결과 등)

⑤ 작업이 정해진 절차에 의해 실시되었다는 것을 보여주는 증거를 제시한다.

(책임자의 도장 또는 사인)

ISO9000

- ISO9000: 2000 규격의 체계

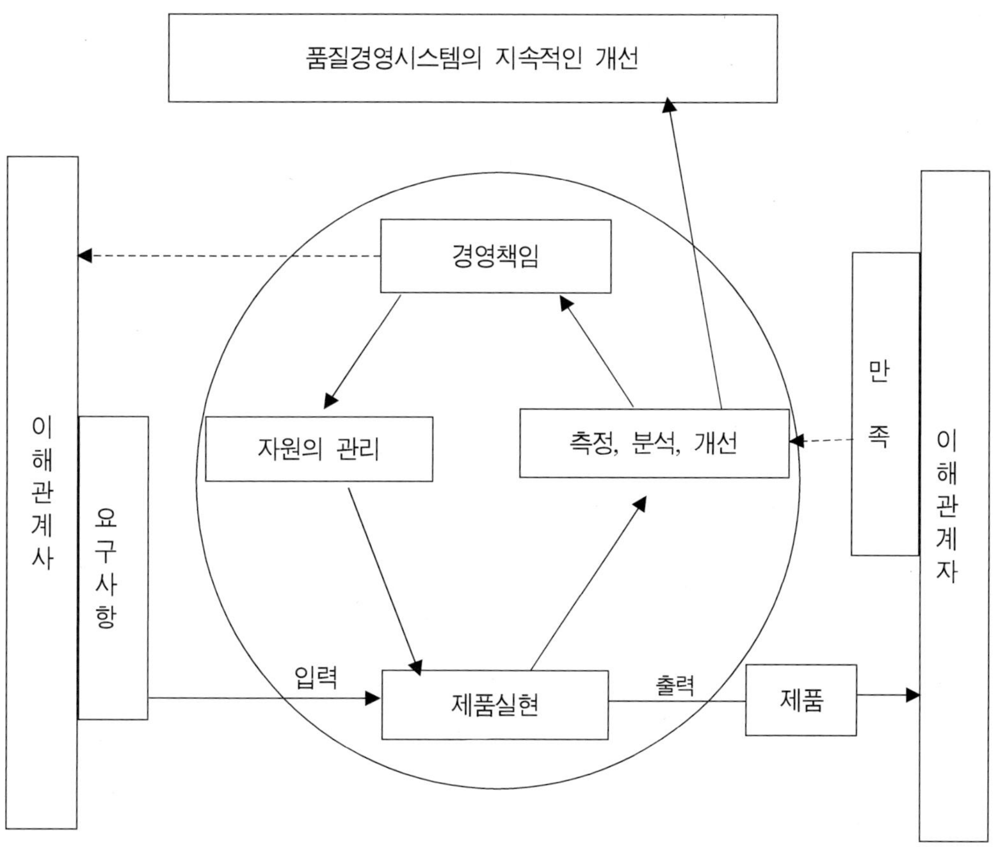

■ ISO9001(1994)과 ISO9000(2000)의 차이

구 분	특 징
ISO9001 (1994)	규격 수는 25개, 인증규격은 3개(9001, 9002, 9003) 품질인증시스템이 제조업에 거의 국한 ISO9000과 ISO9004의 규격체제가 일관되지 못함. 요구사항은 ISO9001의 20개 －고개만족(QA)이 핵심
ISO9000 (2000)	규격 수는 4개, 인증규격은 1개(ISO9001)로 통합, 제조업체뿐만 아니라 Business Process를 강화. 20개 요구사항을 4개로 대별(경영책임, 자원관리, 제품책임, 측정분석 및 개선)하고 각각의 20개 요구사항을 삽입 －품질경영의 8원칙 제시 －지속적인 개선을 매우 강조 －ISO90001과 ISO9004규격을 일관된 쌍의 규격으로 개발

ISO－품질경영 8원칙

1) 고객 중심(Customer Focus): 현재 및 미래의 고객요구를 이해하고 고객의 기대를 능가하는 노력을 해야 할 것이다.

2) 리더십(Leader Ship): 리더는 조직의 목적과 방향의 일관성을 확립한다. 리더는 구성원들이 조직의 목적을 달성하는 데 전적으로 참여할 수 있는 내부환경을 조성하고 유지해야 할 것이다.

3) 전원참여(Involvement of People): 모든 계층의 구성원들은 조직의 필수 요건이다. 따라서 전원이 참여함으로써 그들의 능력이 조직의 이익을 위해 발휘될 수 있다.

4) 프로세스 접근 방법(Process Approch)

관련된 자원과 활동이 하나의 프로세스로 관리될 때 바라는 결과가 보다 효율적으로 얻어진다.

5) 경영에 대한 시스템적 접근 방법(System Approach to Management)

주어진 목표에 대한 상호 연계된 프로세스의 시스템을 파악하고 이해하며 관리하는 일이 조직의 유효성과 효율성에 기여한다.

6) 지속적 개선: 조직의 영원한 목표는 지속적 개선이다.

7) 의사결정에 대한 사실적 접근 방법: 효과적인 결정은 data 및 정보의 논리적 또는 직관적인 분석에 근거한다.

8) 상호 유익한 사실적 접근방법: 조직과 공급자가 가치를 창조하는 능력은 상호 이익이 되는 관계에 의해 향상된다.

1. PL(제품 책임)의 정의

상품의 생산, 유통, 판매 등 일련 과정에 관여한 자가 그 상품의 결함에 의하여 야기된 생명, 신체, 재산 및 기타 권리에 대한 침해로 인해 생긴 손해에 대하여 최종소비자나 이용자 또는 제3자에 대하여 배상할 의무를 부담하는 것

* 결함의 분류 및 발생요인

결함구분		결함구분
제품 자체결함	설계상의 결함	- 안전설계의 미비(예상오용에 대한 대비도 포함) - 안전, 기술기준에 불합격 - 안전장치의 불비 - 주요안전부품의 내구성 부족
	제조상의 결함	- 제조상의 품질관리 불량에 의한 안전장치고장 - 검사오류에 의한 재료부품의 결함, 조립불량 - 원재료의 불량, 원료혼입 실수 - 수송 포장, 보관 등 불비

결함구분		결함구분
경고. 표시 상의 결함	취급설명서 및 경고라벨의 결함	- 경고사항의 탈루 불충분 - 예견 가능한 오사용 방지의 경고내용 미비 - 명시적 보증위반 - 경고라벨의 위치 불량, 부착불량
	광고, 선전 카탈로그 영업사원의 설명 등의 결함	- 품질특성의 중요성 불성실 표시 - 명시적 보증 위반

2. PL의 구분

- PLP(Product Liability Prevention: 제품 책임예방): PL발생을 사전에 방지하거나 발생 후 피해를 무효화 또는 최소화하기 위해 취하는 회사의 예방활동
- PLD(Product Liability Defence: 제품 책임 방어): 소송발생 시 이를 법률 면에서 검토하고 유리한 증거가 될 수 있는 자료, 증언을 준비하여 회사의 책임을 최소화할 수 있도록 소송 등을 수행하는 것

3. 제품책임을 법률 이론적 근거 측면에서 구분하면 불법행위 책임상

(1) 과실책임: 제조업자의 행위에 초점을 두며 제조가공상의 결함, 설계상의 결함, 제품 사용상의 위험 및 사용자에게 충분한 경고를 하지 않는 경우 등
(2) 엄격책임: 부당하게 위험한 결함상태에서 제품을 팔아 사용자나 재산에 손해를 입힌 경우
(3) 보증책임: 계약 당사자 사이에 있어 제품의 품질이나 안전에 대한 합의로 제조업자나 판매자가 계약사항에 대한 위반이 있으면 당연히 책임을 져야 한다는

개념

(4) 제품 책임에 대한 대책

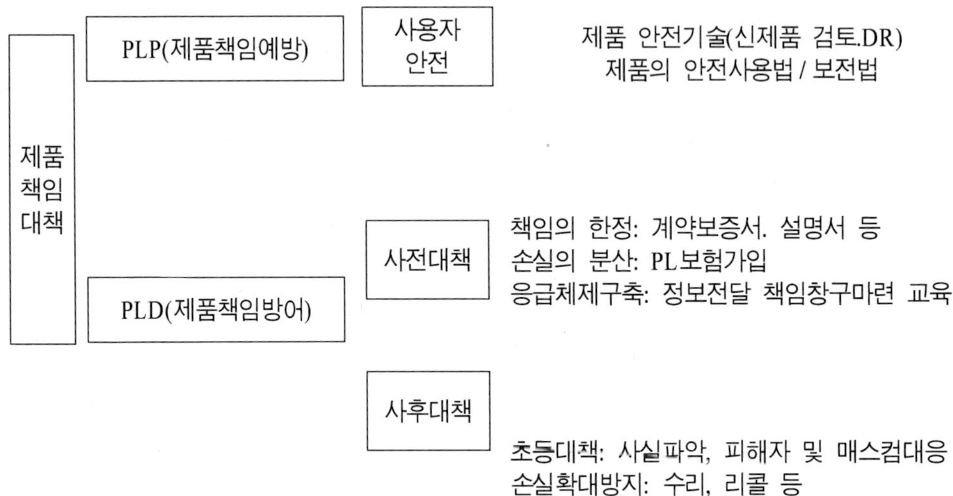

용어해설

기출용어 해설

자율경영팀(Self managed team, Self－directed Work Team)

1. 특정 제품이나 서비스의 창출과 관련된 업무 프로세스를 책임지고 자율적으로 움직이는 작업집단이다. 이것은 권한이양 원리 아래 실무자들의 자율성과 창의성을 중시하는 현장 중심형 조직으로, 1980년대 중반 이후 미국 기업(특히 제조업의 공장 부문)들 사이에 유행하고 있는 새로운 조직 운영 방식이다. 수직적인 계층이 매우 적고, 권한책임이 일선 실무자들에게 대폭 이양되어 작업 프로세스를 책임지고 자율적으로 운영하는 다기능 / 다능력적인 작업집단.
2. 임파워먼트는 힘을 주는 것으로 파워가 없거나 부족한 사람들에게 역량을 강화시켜주는 힘이다. 이때의 힘은 주어진 역할을 제대로 수행할 수 있는 권한을 부여하는 것이다. 자율적인 업무 수행을 위한 능력배양, 동기부여, 권한과 책임의 위임은 엠파워 먼트의 3요소이다.
3. 품질혁신, 생산성 향상, 참여확대를 위한 자율작업집단을 의미하는 것으로, 일상적인 작업뿐만 아니라 자신의 모든 일을 스스로 관리할 수 있는 권한을 부

여받은 이들로 구성된 소규모집단을 일컫는다.

AGV(AUTOMATIC GUIDED VEHICLE)무인운반차

무인운반차는 Controller에 의해 자체의 구동력으로 지정된 경로를 따라 이동하는 운반 System의 일종으로. Conveyor나 Rail방식의 대차와는 달리 자유로운 궤도 설정이 가능하고 목적에 맞는 이재 장치를 쉽게 결합할 수 있으므로 주변 기기와의 연결 및 System의 확장 시 수정이 용이한 장점을 가지고 있다.

AGV의 장점

- 인력의 감소
- 생산성과 품질의 향상
- 작업 환경과 안정성 개선
- 물류의 실시간 제어(Real-Time Control)
- 작업 중인 물류 관리의 정확성
- Floor 적치 및 분배 시간 감소
- 정보의 Update에 따른 시간 지연 감소
- 자재 관리 비용 감소
- 생산 의뢰의 빠른 응답
- 요구 공간의 감소
- 제품의 손상 감소
- 주변 자동 기기와의 조합 용이(자동문, Elevator)
- System의 적응성 및 유용성 증대
- Plant의 변경 및 확정성이 용이 생산 장비의 현대화에 대응

Maslow의 욕구 5단계와 그 내용

욕구단계	결핍상태	충족	예
생리적 욕구	배고픔, 갈증 성적인 좌절 긴장 피로	편안함 긴장의 해소 감각의 만족감 감각의 만족감	좋은 음식을 먹은 후에 누리는 만족
안전의 욕구	주거의 결핍 불안 갈구 두려움	안락함 안전 안락함 평정	안정된 직업에서 갖는 안전감
소속의 욕구	과잉 자의식 바라지 않는 느낌 무가치한 느낌 고립	평온, 평정 자유로운 감정표현 온전한 감정 생명과 힘이 솟는 느낌	사랑의 관계에서 전체적인 수용의 경험
존경의 욕구	무능력한 감정 열등감	자신감 승리감 긍정적인 자아관 자존 자기개발	어떤 일을 성취시킴에 대한 보상을 받음
자아 실현의 욕구	소외 삶의 의미상실 권태 일상적인 생활 한정된 활동	건강한 호기심 정정상에서 느끼는 경험 가능성의 실현 즐겁게 일하고 가치실현 창조적인 생활	깊은 통찰력을 경험함

휴리스틱 계획기법

총괄생산계획의 기법으로 수리적 최적화기법과는 달리 생산수량계획의 문제를 경험적 내지 탐색적 방법(heuristic approach)으로 해결하려는 이른바 휴리스틱계획 기법에는

1) 경영계수 모델
2) 매개변수에 의한 생산계획 모델
3) 생산전환 탐색법
4) 서어치 디시즌 룰 등이 있다.

가상제조시스템(VMS)

컴퓨터 그래픽(CG) 기술을 이용, 기계, 전기, 전기회로나 컴퓨터 설계 CAD(computer aided design)와 소재의 특성, 제조방법 등의 데이터를 기초로 컴퓨터의 화면상에 제조 공정을 시뮬레이션(simulation)한다.

전자화폐(CYBER MONEY)

실제 우리가 사용하는 실물화폐가 아닌 가상의 화폐 내지는 실물화폐를 대체할 수 있는 새로운 지불 수단을 가리키는 총칭을 전자화폐라 한다.

요즘 사용되고 있는 전자화폐는 크게 두 가지 종류로 첫 번째는 신용카드와 비슷한 모양의 IC내장 카드형.

둘째는 네트워크상에서 소프트웨어적으로 구현되는 사이버 머니형으로 두 가지 형태의 전자화폐를 경제용어사전에서는 다음과 같이 정의하고 있다.

전자지갑

IC카드에 전자신호의 돈을 저장해 둔 새로운 개념의 플라스틱카드. 생김새는 신용카드와 다를 바 없다.

지폐와 동전을 지갑에 넣어 가지고 다니듯이 현금을 IC카드에 넣어 둔 것이 전자화폐다.

전자화폐는 언뜻 보면 돈을 미리 주고 구입하는 선불카드(先拂, prepayed card)와 비슷하다.

하지만 선불카드가 백화점, 정유회사 같은 기업들이 발행하는 것과는 달리 전자화폐는 은행이 발행한다. 현재 유럽 국가들과 미국, 싱가포르, 홍콩, 호주에서 시험운용 중이다.

Electronic money

수표거래의 불편은 부도위험과 그로 인한 통용지역과 범위의 제한 그리고 수표를 추심하기까지의 소요시간 등이다. 전자화폐는 지폐나 수표를 사용하지 않고 거래쌍방의 은행계좌를 통하여 자금을 직접 이체하는 수단을 말한다. 최근 컴퓨터와 통신

기술의 혁신은 전자이체제도를 이용한 지급제도를 발달시키고 있는데, 우리나라의 지로제도, 온라인제도, 자동출납기, 판매점단말기 등이 전자이체제도의 대표적 예이다

모듈생산

단적으로 이야기하면 '총괄납품'으로 완성품 메이커에서 조립공정 수를 줄이기 위해서 부품의 기능과 특성에 관계없이 근접한 부품을 총괄하여 납품하는 방식 예를 들면 에어컨시스템의 콘덴서와 엔진냉갓 시스템의 라디에이터를 조립하여 납품한다.

PDM(PRODUCT DATA MANAGEMENT)

상품의 사양정보와 제품의 기능정보 및 부품사양정보의 관계를 매트릭스 관계로 복잡하다. 그래서 제조업에서 설계를 지원하기 위해 상품사양정보 제품기능정보 부품기능 정보 등 세 가지 기본 DATA와 그와 같은 것을 이용하는 애플리케이션 프로그램(적용)집단을 만드는 일련의 과정을 PDM이라고 한다.

이런 개발과정 정보가 조직적으로 관리되면 모델체인지, 마이너체인지가 있을 때 신속하고 적절하게 참조할 수 있고, 제품개발의 스피드, 품질과 원가조성, 부품의 유용화 등을 단계적으로 추진할 수 있다.

TOC의 기본 사고방식

상식적인 접근방식의 이해하기 쉽고, 실용적인 체계적 사고로,
- 전체최적화(Global Optimum)
- 집중(Focusing)
- 지속적 개선(Ongoing Improvement)을 추구하는 경영철학(management philosophy)

TOC의 기본원리

- 시스템을 체인에 비유
- 부분최적화와 전체 최적화
- 원인-결과의 사고방식
- 바람직하지 않은 결과와 핵심문제
- 해결방안의 진부화
- 물리적 제약조건과 방침상 제약조건
- 아이디어(제안)는 해결방안이 아니다

※ 집중개선의 다섯 단계

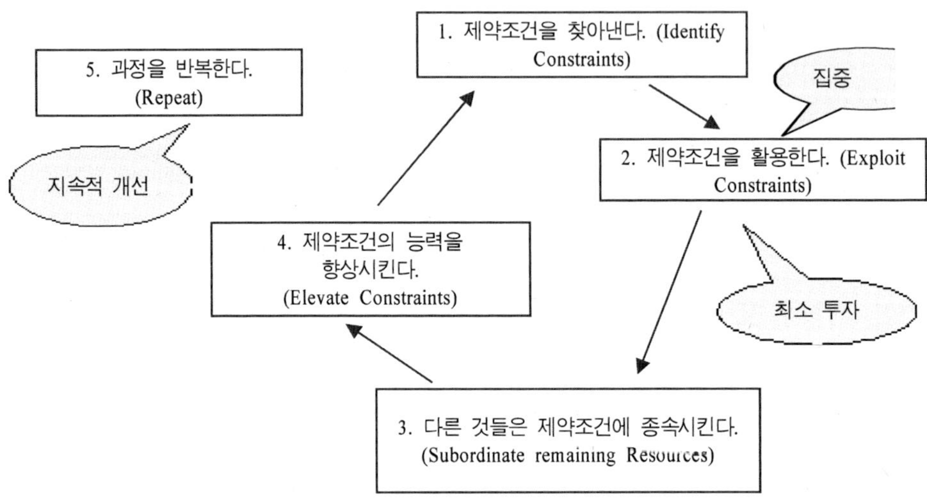

DBR의 개념

- 드럼: 시스템의 제약조건을 고려해서 전체 시스템의 보조(생산속도)를 결정한다.
- 버퍼: 어느 시스템에나 내재되어 있는 혼란으로부터 시스템을 보호한다.
- 로프: 제약조건을 기준으로 자재 투입시기를 정하며, 시스템의 모든 자원을 드럼에 동기화하기 위한 메커니즘이다.

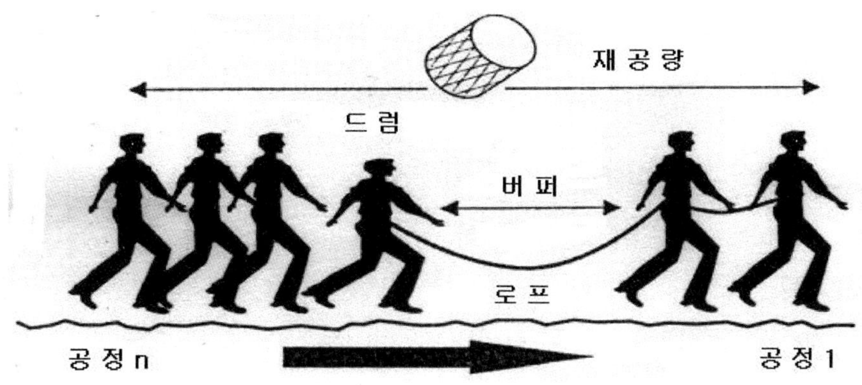

DSS(decision support system): 의사결정지원시스템

DSS란 사용자들이 기업의 의사결정을 보다 쉽게 할 수 있도록 하기 위해 사업 자료를 분석해 주는 컴퓨터 응용프로그램을 말한다.

'정보를 제공하는 응용프로그램'을 의미하는 것으로서, 일상적인 업무 운영을 통해 데이터를 수집하는 등 '운영시스템'과는 구별되는 것이다.

의사결정지원시스템을 통해 얻을 수 있는 전형적인 정보로는 다음과 같은 것을 들 수 있을 것이다.

- 주간 판매량 비교
- 신제품 판매 전망에 기초한 수입 예측
- 어떤 환경하에서 주어진 과거의 실적에 따라, 서로 다른 의사결정 대안별 결과 분석 의사결정지원시스템은 정보를 도식화하여 나타내 줄 수 있으며, 경우에 따라 전문가시스템이나 인공지능 등이 포함될 수도 있으며, 이를 통해 기업의 최고경영자나 다른 의사결정 그룹들에게 도움을 줄 수 있다.

아메바기업 [amoeba]

　　최고 경영자가 따로 있는 것이 아니라 사안에 따라 각자의 주특기를 살려 가며 유연성을 발휘할 수 있는 새로운 개념의 기업형태. 2000년대 이후 등장하기 시작한 새로운 개념의 기업 형태로, 연체동물처럼 필요에 따라 분리될 수도 있고 합쳐질 수도 있으며, 경영자의 리더십 역시 아메바처럼 유연성이 요구되는 기업을 말한다.

　　여러 분야에서 전문성을 가진 사람들이 모여 사안에 따라 각자의 주특기를 살려 의사결정을 내리는 기업 형태로, 이러한 조직을 아메바 조직이라 하고 이러한 경영을 아메바 경영이라 한다.

　　일본의 첨단 세라믹 기업인 교세라에서 처음 도입해 성공을 거둔 이후 일본뿐 아니라 세계 여러 기업으로 확산되고 있는 추세이다. 이들 아메바기업들은 예를 들어 디지털 프로그램 제작이나 부가사업 개척, 연예 매니지먼트와 애니메이션 제작 등 여러 가지 일을 동시다발적으로 진행하는 것이 특징이다. 이 과정에서 각자 자신의 주특기를 십분 발휘해 결국 이 모든 것을 유기적으로 결합해 이들 기업만의 독특한 인프라(시스템)를 구축하는 것이다.

　　이와 비슷한 형태의 기업을 서유럽에서는 '미니 프로핏 센터(mini profit center)'라고 한다. 이익을 낼 수 있는 가장 작은 단위로 기업 조직을 나누어 스스로 운영해 나가도록 함으로써 구성원의 창의력을 최대한 살릴 수 있도록 하는 시스템이다.

Process Approach란

　　Process Approach란 관련된 활동과 필요한 자원의 프로세스 관리를 통한 고효율적 목표 달성방법

프로세스의 Input / Output은 유형 또는 무형의 형태(Input / Output의 예: 장비, 자재, 부품, 에너지, 정보 등) 프로세스 내에서의 적절한 활동에는 자원이 필요 측정체계가 설립되어 정보 / 데이터를 수집 수집된 정보를 분석하여 프로세스의 효율성 및 Input / Output 특성 평가

목 적

부가 가치를 창출하는 활동의 식별, 실행, 관리 및 프로세스의 효과성을 지속적으로 개선조직의 목표를 효율적인 품질경영체계(Quality Management System)통하여 달성 Focusing on Performance Improvement

천인율

'재해율(천인율)'이라 함은 근로자수 100(1,000)인당 발생하는 재해자 수의 비율을 말하며 다음과 같이 계산한다.

$$\text{재해자 수} / \text{시근로자 수} \times 100(1,000)$$

도수율

'도수율(또는 빈도율)'이라 함은 100만 근로시간당 재해발생건수를 말하며 다음과 같이 계산한다.

$$\text{재해자 수} / \text{연근로시간 수} \times 1{,}000{,}000$$

강도율

'강도율'이라 함은 근로시간 합계 1,000시간당 재해로 인한 근로손실 일수를 말하며 다음과 같이 계산한다.

$$\text{총근로손실일수} / \text{연근로시간수} \times 1{,}000$$

근로자 수

'근로자 수'라 함은 일용, 상용 구분 없이 사업장에 종사하는 모든 근로자의 수를 말한다.

품질관련 용어 해설

* <u>가설(Hypothesis)</u>

모집단의 모수에 대한 가정이나 주장을 말함.

어떤 사실의 원인을 설명하거나 어떤 이론체계를 연역하기 위하여 설정한 가정.

* <u>가설검정</u>

모집단의 모수에 대한 가설을 세우고 표본에서 얻은 통계량을 바탕으로 설정한 가설의 진위를 판단하는 방법.

두 샘플이 통계적으로 유의하게 다른지 결정하는 방법으로 산포의 근본원인을 찾을 때 사용.

* <u>가설지향</u>

실제의 활동(정보수집 분석)에 옮기기 전에 그 과정이나 결과 / 결론을 추정, 사고하는 태도.

* <u>가중이동평균법</u>

약간의 시계열의 데이터를 그대로 이용해서 이동평균을 구하는 것이 아니라 그 데이터에 어떠한 중요도를 곱하여 구한 이동평균.

* <u>갑작스런 변화(Sudden Shift)</u>

새로운 과정요소를 갑작스럽게 도입하거나 기존의 요소를 갑작스럽게 변화시키면 공정전체에 변화를 초래하게 되어 이것이 관리도에 반영되는 것. 그 원인은 전원의 변화, 조작자들의 교대, 교대에 따른 변화, 계절변화, 기준을 벗어난 부품들, 피로, 관리계획, 설비나 측정기구의 교대, 어떠한 종류의 주기적 변화 등.

* <u>강건설계(Robust Design)</u>

제품이사용, 이동, 저장, 조립, 취급, 제조 등 과정과 잘 어울리도록 충격, 변동 등 영향을 적게 받도록 설계하는 것.

* <u>검사특성 곡선(Operating Characteristic Curve: OC Curve)</u>

로트가 합격할 확률을 로트의 불량률 또는 평균치의 함수로 나타낸 곡선.

* <u>검정(Test)</u>

데이터의 신뢰성을 확인하기 위하여 가설(Ho: 귀무가설, H1: 대립가설을 설정하고 검정통계치를 구해서 귀무가설을 채택했을 경우와 기각했을 경우로 구분하여 데이터의 신뢰성을 구한다.)

* <u>검정통계량(Test Statistics)</u>

가설 검정에서 귀무가설을 검정하기 위한 기각역을 결정할 때 기준이 되는 통계량을 의미하는데, 표본이 적용되는 분포에 따라 Z, t, F 등이 있다.

* <u>검출력 또는 검정력(Power of Test)</u>

검정하려는 귀무가설이 거짓일 때(즉 대립가설이 참일 때) 귀무가설을 기각시키는 확률, 즉 귀무가설의 잘못을 검출해 내는 확률.

검출력은 제2종 과오의 확률이 최소일 때 가장 커지게 되며, 제2종 과오의 확률을 β라고 하면 검출력은 $1 - \beta$가 된다.

* <u>결점수(c)관리도(c Control Chart)</u>

일정한 단위 중에 발생한 결점 수 등 품질 특성치로서 공정을 관리하는 경우 사용하는 관리도.

* <u>결정계수(coefficient of determination)</u>

총변동 중에서 회귀선에 의하여 설명되는 변동이 차지하는 비율. ($0 \leq r2 \leq 1$) 적합도를 측정하는 척도로 두 변수의 상관계수 R을 제곱한 R2로 표현된다.

$0 \leq r2 \leq 1$이며, 1에 가까울수록 추정된 회귀식이 자료를 잘 설명하는 것이 된다.

* <u>결측치(Missing Value)</u>

실험 중 기록의 잘못이 있거나 사고가 있었을 경우에 어떤 수준조합에서 데이터가 빠지는 경우

* <u>경향(Trend)</u>

관리도에서 점이 계속 위로 또는 아래로만 향하고 있을 때, 그 원인은 도구의 마모, 용액의 고갈, 피로, 튜브의 마모, 온도변화 점진적인 느슨해짐이나 기준의 요염유동 등.

* <u>계량인자(Quantitative Factor)</u>

온도, 압력, 습도 등과 같이 계량치로 측정되는 인자.

* <u>계량형 데이터</u>

연속적으로 측정되는 품질특성의 값(무게, 시간, 길이, 온도, 두께, 치수, 조업 등) 측정기로 측정하여 얻는 데이터.

* <u>계량형 관리도(Variable Control Chart)</u>

길이, 중량, 강도, 부피 등과 같은 계량형 품질특성치를 사용하여 작성된 관리도.

Xbar－R, Xbar－S, I－MR(Individual－Moving Range)관리도 등이 있음.

* <u>계수형 데이터</u>
셀 수 있는 데이터, 즉 불량품의 수, 흠이나 이물의 수, 사고 건수 등과 같이 1, 2, 3, ……으로 헤아려서 얻는 데이터를 의미한다.

* <u>계수인자</u>(Qualitative Factor)
촉매의 종류, 원료의 종류 등과 같이 계량치로 측정되지 않는 인자.

* <u>계수형 관리도</u>(Attribute Control Chart)
부품의 개수, 불량률과 같은 계수형 품질 특성치를 사용하여 작성된 관리도. 종류에는 p 관리도, np 관리도, c 관리도, u 관리도 등이 있음.

* <u>계통적 이상원인</u>
관리상태에 있다고 하나 타점된 점들이 어떤 일정한 패턴을 갖고 있는 경우 계통적 이상원인을 갖고 있음.

* <u>계측기 편향</u>(정확도)
같은 부품의 동일 특성에 대한 복수 계측에 대해 실질 값과 관측평균의 차

* <u>계측기 R&R</u>(Gage Repeatability & Reproducibility)
계측기의 반복성, 재현성으로 인한 오차가 공차에서 차지하는 비율을 구해 계측 시스템의 적합성을 평가하는 기법.

* <u>계층화</u>(Stratified)
관리도에서 가끔씩이라도 관리한계 근처까지 가는 점수가 없이 부자연스럽게 중심선에 몰려 있는 유형.

그 원인은 비랜덤적 표집, 스크리닝, 최신화된 관리한계, 속임 등.

* 단위당 결함 수(DPU, Defects-per-Unit)
하나의 Unit에 존재하는 모든 Defect의 수

* 다원분산분석(Multi-way ANOVA)
종속변수에 영향을 주는 인자가 3개 이상인 경우의 분산분석법

* 다중회귀분석
하나의 종속변수(Y)에 대하여 복수 개의 독립변수(X) 간의 관계를 연구하는 회귀
분석

* 단측검정
귀무가설이 크거나 같다, 작거나 같다 등으로 표현된 경우, 이 주장을 확인할 때
표본분포의 양쪽 꼬리 중 어느 한쪽만을 고려함으로써 채택여부를 결정할 수 있다.
이 경우 기각 값은 하나만 존재하게 되는데, 표본정보와 이 기각 값과의 비교를
통해 검정이 이루어지므로 단측검정(One-sided Test)이라고 한다.
단측검정은 우측 단측검정(Right-hand side Test)과 좌측 단측검정(left-hand side
Test)으로 구분되는데, 귀무가설의 모수 값이 특정 값보다 크거나 같다는 식으로 나
타난 경우에는 좌측 단측검정, 작거나 같다는 식으로 나타난 경우에는 우측 단측검
정이라고 한다.

* 양측검정
귀무가설이 母數의 값이 특정한 값과 같다(Equal)는 형태로 가정되었을 때, 표본
조사 결과 얻어진 표본통계량이 그 값보다 아주 크거나 아주 작을 때 귀무가설을
기각할 수 있게 된다.
이때 아주 크거나 아주 작다는 값의 한계는 표본평균의 분포를 이용하게 되며,

이 분포의 양쪽 꼬리 부분에 해당하는 값으로부터 도출된다.

이 값이 기각 값(Critical Value)이다.

이 값은 양쪽 꼬리 부분에서 두 개가 얻어지며, 이 값을 중심으로 귀무가설의 기각 영역(Reject Region)과 채택영역(Accept Region)이 결정된다.

귀무가설의 채택여부는 표본정보와 이 두 개 기각 값과의 비교를 통해 결정되므로 이러한 검정형태를 양측검정(Two-sided Test)이라 한다.

* 대립가설(Alternative Hypothesis-H1 또는 Ha)

연구가설(Research Hypothesis)로서 '변화 또는 차이가 있다' 내지 '효과가 있다'라는 주장을 담고 있는 가설.

이것은 귀무가설이 기각될 때 우리가 수용할 수 있는 하나의 가능성을 의미한다.

* 데이터 Plot

측정하려는 데이터를 관리도에 그리는 과정. 즉 관리도에 각각 점이 찍히는 것이 Plot.

* 독립성 또는 관련성 검정(Test of Independence)

Chi Square검정 시 변수가 두 개인 경우에 분할표(Contingency Table)상의 두 변수 간에 관련성이 있는가를 검정한다.

* 명목척도

사물, 사람 또는 속성을 분류하는 목적으로 숫자나 기호를 부여함으로써 범주로서만 그 의미를 지니는 척도로 성별, 인종, 혈액형, 취미, 자동차 유형이 있다.

* 반응표면계획

통계적 분석방법의 하나로 반응 표면 분석을 염두에 두고 데이터 수집계획을 세우는 실험계획법으로 최적 조건을 찾기 위해 사용된다.

* 변동

변동은 통계학적 용어로서 각 관찰치가 평균치에서 벗어난 값. 즉 편차를 제곱한 후 모두 더한 것, 즉(편차) 제곱합을 말한다. 변동의 값이 크면 평균을 기준으로 관찰치들의 변화가 크다는 것을 의미하는데 결국 분포의 형태가 퍼져 있는 형상을 취한다.

반대로 변동이 작으면 변화가 작다고 할 수 있으며 분포의 형태는 뾰족해진다.

* 보정

상황을 야기한 인자를 파악하거나 교정하지 않고, 변수를 관리 상태로 되돌리기 위해 프로세스 조정을 하는 관리 행동이다.

* 분산(Variance)

각 데이터들과 평균(mean)과의 사이를 제곱해서 산술 평균을 구한 것.

* 분산분석(ANOVA)

실험의 결과 관측된 특성치의 변동량을 분산개념으로 파악한 다음, 분산의 원인이 어디에 있는가를 알아보는 통계적 방법이다.

* 사분위수(Quartile)

데이터를 순서대로 정렬하여 중앙값을 찾고 최솟값과 중앙값 사이에 가운데 위치한 값(25%에 해당하는 값)을 마지막으로 중앙값과 최댓값 사이 가운데 해당하는 값(70%에 해당하는 값).

* 선정요소 방법론

여러 선정요소의 기준에 따라 선정대안을 비교, 점수화해서 순위를 매기는 방법론.

선정요소 테스트 방법론은 문제를 정의하고 선정하는 데도 사용되지만 개선단계에서 선정대안을 비교할 때 사용하면 유용하다.

* <u>선형성</u>

어떤 계측기에서 사용하는 전체 측정 범위에 걸친 치우침의 차이를 의미하는 것.

* <u>순위척도(ordinal scale)</u>

범주의 의미와 함께 순위 및 대소관계를 나타내는 척도.

수학적 조작은 불가능. 교육정도(국졸 이하 / 중졸 / 고졸 / 대졸 이상), 사회경제수준 (상, 중, 하) 등이 해당한다.

* <u>스코아보드(Score Board)</u>

6시그마를 가속화하기 위해 사업팀별 6시그마 재무성과(40%), Project 진행도(30%), Belt보유율(30%) 등을 신속하고 정확하게 평가한 게시판을 말하며, 사내시스템에 반영한다.

* <u>시그마수준(Sigma level)</u>

제품들의 평균수준 및 각기 다른 프로세스를 비교하기 위한 잣대. 시그마수준은 $3 \times$(치우침이 있을 경우는 $3 \times (Cpk + 0.5)$)로 계산한다.

시그마수준을 계산하기 위해선 특성치(CTQ)를 결정해야 하는데, 대표적인 품질관련지표는 고객라인 이탈률, Q-cost, 직행률이 있으며, 프로세스 관련지표에는 적기 조달률, 재고일수, 입고율 등이 있다.

* <u>요인배치법</u>

인자의 각 수준의 모든 조합에 대하여 실험을 행하는 실험계획법.

실험순서는 랜덤하게 정의.

* <u>위험 우선순위 번호(RPN)</u>

고장 모드의 원인 및 영향, 고객에 도달하기 전 고장을 검출하는 프로세스의 현재 능력 이 세 가지에 근거하여 계산된 번호이다.

RPN = 심각도 × 발생 빈도 × 검출도

* <u>유의수준 또는 위험률(Significance Level)</u>

가설검정에서 귀무가설이 사실임에도 불구하고 이를 기각하게 될 확률의 상한 값. 즉 제1종 과오를 범할 확률을 a로 표기하여 a는 대개 1%, 5%, 10% 등이 선택되는데 그중에서도 5%가 주로 적용됨.

* <u>이상요인</u>

공정 자체의 문제, 즉 기계의 마모, 원자재 불량 등의 원인에 의해서 발생하는 반드시 제거되어야 할 원인.

* <u>이상적인 측정시스템</u>

다음과 같은 조건을 만족하는 측정시스템.

1. 매번 참값(True Value)을 보여준다.
2. 계측시스템의 품질은 통계적 특성, 즉 치우침과 산포에 의해 결정되는데 측정시스템에서의 산포는 우연원인에 의해서만 발생하는 통계적 관리 상태를 보여야만 한다.
3. 측정시스템에 의한 산포가 제품 규격보다 작아야 한다.
4. 측정시스템 의한 산포가 프로세스 산포보다 작아야 한다.
5. 계측기의 차별력(Discrimination)은 시스템이 측정할 수 있는 소수점 이하 자릿수로서, 측정 눈금은 제품규격이나 프로세스 산포의 10분의 1 정도까지 되어야 한다.

* <u>이원분산분석(Two-way ANOVA)</u>

종속변수에 영향을 주는 인자가 2개 있는 경우의 분산분석법

* <u>인자 또는 요인(Factor)</u>

분산분석에서 취급하는 독립변수.

* <u>인자의 수준(Factor Level)</u>

한 인자 내에서 실험에 영향을 미치는 여러 가지 특별한 형태를 인자수준 또는 처리(Treatment)라고 한다.

* <u>일부 실시법</u>

불필요한 교호작용이나 高次의 교호작용은 구하지 않고 각 인자의 조합 중에서 일부만 선택하여 실험을 실시하는 방법.

* <u>일원분산분석(One−way ANOVA)</u>

하나의 인자가 종속변수에 미치는 영향을 조사하는 분산분석법

* <u>자유도(Degree of Freedom)</u>

자유롭게 크기가 변할 수 있는 변수의 수. 일반적으로 관찰한 표본의 수에서 계산해 내고자 하는 통계량의 수 또는 제약식의 수를 차감하면 자유도가 됨.

* <u>잔차(Residual)</u>

실제 관측치와 추정회귀선에 의한 적합 값(fit)과의 차이.
회귀식으로는 설명될 수 없는 부분을 말함.

* <u>잔차분석</u>

회귀모형에 대한 가정(정규성, 등분산성, 독립성)의 충족여부의 검토
그리고 이상 값의 개입여부에 대해 검토하는 일련의 절차.

* <u>장기공정능력(Long−term Capability)</u>

오랜 기간 동안의 외부적 영향으로서 공구나 부품의 시간경과에 따른 마모, 재료 간의 미세한 성분변화 등이 발생함에 따른 변동을 포함하고 있을 때의 공정상태.

* <u>적합도(goodness of fit)</u>

회귀선이 종속변수의 변화를 얼마나 잘 설명해 주는가를 나타내는 것.

* <u>적합도 검정(Test of Goodness of Fit)</u>

Chi Square 검정 시 변수가 하나인 경우에는 표본에서 얻은 실제도수와 기대도수 간의 차이가 있는지를 밝혀 모집단의 분포에 대하여 추론한다.

* <u>주 효과</u>

실험계획을 통해 실험을 실시할 경우 실험의 Input에 해당하는 각각의 인자가 실험의 결과에 얼마만큼의 영향을 미쳤을까 하는 인자의 영향의 정도.

* <u>주 효과 분석(Main Effect)</u>

ANOVA분석의 일종으로 이것을 사용하면 한눈에 모든 인자의 움직임을 파악할 수가 있어 어떤 변수가 다른 변수에 비해 변동이 큰지를 파악할 수 있으며 변동폭이 클수록 Y에 미치는 영향이 크다고 할 수 있다.

* <u>집단간 변동(SSB)</u>

각 집단(또는 수준)의 평균에서 전체평균을 뺀 후 제곱한 것으로서, 이것은 설명되는 변동이라고도 한다.

이것은 요인수준 평균 간의 차이 정도를 측정한 것인데, 만일 모든 표본의 요인수준의 평균이 같다면 0이 된다.

평균 간의 차이가 클수록 SSB는 커진다.

* <u>집단 간 평균제곱(MSB: Mean Squares Between Groups)</u>

집단 간 변동을 집단 간 자유도로 나눈 것.

* <u>집단 내 변동(SSW)</u>

집단내의 관찰치(Yij)에서 각 표본의 평균을 빼서 제곱합을 구하고 다시 이를 모두 더한 것.

* <u>집단 내 평균제곱(MSW: Mean Squares Within Groups)</u>

집단 내 변동을 집단 내의 자유도로 나눈 것. 이것은 각 요인수준의 평균에 대한 관찰치들의 임의변동을 측정한 것으로서 변동이 작을수록 SSW는 작아진다.

만일 SSW＝0이라면 한 요인수준에서의 모든 관찰치가 같다는 것을 의미하고 다른 요인수준에서도 마찬가지라고 할 수 있다. 이것은 설명되지 않는 변동이라고 한다.

* <u>핵심공정 인풋 변수(KPIV)</u>

아웃풋 변수에 대해 가장 큰 영향을 가지는 몇 개의 공정 인풋 변수. 보통 X라고 불림.

* <u>핵심공정 아웃풋 변수(KPOV)</u>

아웃풋 변수. Y라고 불림.
공정 실적 또는 제품 특성.

* <u>회귀분석</u>

종속변수(dependent variable)인 결과(Y)와 여기에 영향을 끼치는 요인(X), 즉 독립변수(independent variable)의 관계를 명확히 규명하여 종속변수와 독립변수 사이의 관계를 분석할 때에 활용되는 통계적 방법.

* <u>Big Y</u>

보통 우리가 함수관계를 얘기할 때의 종속변수를 말한다.

여기서 말하는 Big Y도 전체 기업을 대표하는 종속변수를 말하는 것이며, 전체 기업의 전략, 즉 이익률 5% 향상이라든지, 매출액 20% 향상이라든지, 업계 1위 달성 등 목표들이 이에 속한다.

함수관계에서의 Y, 즉 이익률 5% 향상을 달성하기 위한 수단인 영업이익의 20% 향상, 제품가격의 30% 증가 등과 같은 변수가 함수관계에서 X가 되는 동시에, Big Y를 풀어 주는 Small Y라 할 수 있다.

* <u>Belt 제도</u>

6시그마는 서양의 과학적인 방법론과 동양의 장인제도 개념이 결합된 독특한 제도로서, 모든 임직원이 6시그마 활동에 참여하고 통계적 문제해결력을 터득하여 최고 경지에 오르게 하는 제도. 화이트 벨트(White Belt) → 그린 벨트(GB: Green Belt) → 블랙 벨트(BB: Black Belt) → 마스터 블랙벨트(MBB: Master Black Belt) 등 자격을 두어 운영한다. -Chi square 분포: 정규분포를 이루고 있는 모집단에서 대표본을 추출하였을 때, 각 표본의 표준화된 분산의 합이 이루는 분포.

* <u>C&E 매트릭스(Cause & Effect Matrix)</u>

단순화된 QFD(품질기능전개)의 개념을 활용하여 프로세스 맵핑에서 얻어진 Input과 Output을 고객 요구사항의 중요도에 따라 어떤 프로세스의 어떤 Input을 먼저 관리할지 결정한다.

* <u>Control Plan</u>

기존의 DMAI 단계를 통해 정의하고 측정하고 분석한 후, 개선한 것을 개선된 상태로 유지하기 위해 취하는 일련의 조치(관리방안)들.

개선된 프로세스의 산포를 지속적으로 관리하기 위하여 모든 요소들을 표준화한다.

* <u>P / T비</u>

측정시스템이 규격과 관련해서 얼마나 기능을 잘 발휘하고 있는지를 평가할 때 적합하며, 공차 중 몇 % 정도가 계측오차에 의한 것인가를 나타내며, 계측시스템의 정밀도를 추정하는 데 널리 사용.

* <u>RTY(Rolled Throughput Yield)</u>
재작업이나 수리 없이 공정을 마치는 제품의 이론적 누적수율.
전체 공정 각 단계의 직행률(FPY)을 모두 곱하여 계산한다.

* <u>SIPOC(Supplier Input Process Output Customer)</u>
핵심 프로세스의 구체화를 위하여 프로세스 매핑 시 프로세스에 대한 인풋, 아웃
풋 정보뿐만 아니라 아웃풋을 제공받는 고객 및 VOC를 파악하고, 아울러 인풋을
제공하는 공급자까지 확대 정의함으로써, 이들의 정보를 바탕으로 시스템 관점에서
고객 지향적 문제해결을 도모할 수 있다.

* <u>SPC(Statistical Process Control: 통계적 프로세스 관리)</u>
관리도를 활용하여 문제를 정의하거나 프로세스 아웃풋의 데이터를 관리한계와
비교하여 모니터링하고 불안정한 패턴이나 관리이탈 상황이 발생하면 적절한 조치
를 취함으로써 프로세스를 통계적으로 관리한다.

* <u>SQM(Standard Quality Management: 표준품질생산방식)</u>
선도적 품질, 원가 및 고객만족을 달성하기 위하여 표준을 설정, 데이터를 분석
평가하고 피드백시스템을 구축하여 공정의 input / output 산포를 6σ수준으로 개선하
는 일련의 활동을 말한다.

기타 관련용어 해설

ABC(Activity based costing: 활동기준 원가 계산)

기업 활동을 기준으로 원가를 산정하는 방식으로 표준 원가방식보다 원가 정확하다. 기업의 모든 활동을 정확하게 분류하여 원가를 산정하는 것에 초점을 맞추는 계산 방식이다.

ADSL(Asymmetric Digital Subscriber Line: 비대칭디지털가입자회선방식의 초고속 통신 방식)

ADSL은 현행 전화선이나 전화기를 그대로 사용하면서도 고속데이터통신이 가능할 뿐 아니라 데이터통신과 일반 전화를 동시에 이용할 수 있는 것이 특징이다. ISDN(Integrated Service Digital Network: 종합정보통신망)도 ADSL과 같은 초고속 통신방식의 일종인데, ADSL에 비해 속도가 떨어지는 단점이 있다. 현재 GLS에서는 택배영업소와 본사 간의 통신을 위해 ADSL을 채택하고 있으며, Call Center 재택근무자와 본사 간의 통신방식으로도 활용하고 있다.

ARS(Audio Response System / Automatic Response Service: 음성자동응답시스템)

ARS는 Audio Response System 또는 Automatic Response Service의 약어로 음성 응답시스템을 말한다. GLS에서는 물류정보(출고정보, 신제품정보)를 고객들에게 ARS로 서비스하고 있으며, 주요 고객에게는 ACS(Auto Calling System)서비스도 제공하고 있다.

ASP(Application Service Provider: 애플리케이션 서비스 제공업체)

ASP는 소프트웨어 기반의 서비스 및 솔루션들을 중앙 데이터 센터로부터 광역통신망을 통해 고객들에게 배포하고, 관리하는 회사이다. 본질적으로, ASP는 자신들의 정보기술 수요의 일부 또는 거의 전부를 아웃소싱하려는 회사들을 위한 방안이다. ASP는 단순히 애플리케이션 소프트웨어를 패키지화하여 판매하는 것이 아니라, 웹에 띄워 일정 비용만 내고 빌려 쓸 수 있도록 하는, 일종의 애플리케이션 아웃소싱으로 이해할 수 있을 것이다.

ASRS(Automated Storage and Retrieval System: 자동 창고)

컴퓨터의 지시에 따라 로케이션 지정 및 입출고 지시가 내려질 수 있도록 설계되어 있으며, GJS는 수지물류센터에 설치되어 있다.

ATP(Available to promise)

고객의 주문에 대해 납품을 약속할 수 있는 재고를 의미하며, ERP의 주요 요소 중의 하나이며, 고객서비스를 위해 도입되어야 할 선진 주문 방식의 하나이다.

B2B(business−to−business; e−biz: 기업 간 상거래)

B2B는 기업과 소비자 간이 아닌, 기업과 기업 간에 이루어지는 제품이나 서비스 또는 정보에 관한 거래를 말한다. GLS의 주요 사업군인 공동물류(3PL 또는 TPL)도 광의의 B2B에 해당되며, GLS의 경우 3PL과 기업 택배를 합쳐 B2B사업팀으로 칭하고 있다. 협의의 의미로 B2C(business−to−consumer, or business−to−customer)는 인터넷상에서 공급자와 실소비자 간에 행해지는 소매형태의 전자상거래를 말한다.

그러나 B고객의 물량을 개인고객, 즉 C에게 delivery하는 모든 거래를 B2C라 칭하며, CJ39쇼핑물량이 대표적인 B2C 거래이다.

Batch: 일괄 작업

컴퓨터에서 batch, 즉 일괄 작업은 사용자의 추가적인 개입 없이 실행되는 프로그램으로 PC에서 프린트 출력, 웹사이트 로그 분석, 주기적으로 계산처리하는 회계결산이나 급여작업 등이 이에 해당한다.

<u>Before Sales Service / After Sales Service / Happy Call</u>

BS, AS라고 흔히 쓰이며, 의미 그대로 판매활동 이전에 이뤄지는 고객 서비스 활동과 이후에 이뤄지는 고객서비스 활동을 의미한다. GLS에서는 고객지원팀과 Call Center에서 사전 고객 니즈나 클레임 파악을 위해 BS활동을 하고 있으며, AS활동으로는 Happy Call제도를 시행하고 있다. Happy Call은 판매활동이 이뤄진 후 고객의 만족도 조사 활동으로 주로 전화나 설문조사 방식이 활용되고 있다.

<u>Benchmarking</u>

목표가 되는 선진기업이나 산업의 기업활동 방식을 조사, 연구, 분석하여 기업활동의 개혁, 개선의 지표로 삼는 활동을 말한다.

<u>BPR(Business Process Reengineering: 업무 프로세스 진단 및 재설계)</u>

BPR(Business Process Reengineering: 업무재설계)은 새로운 환경에 적합한 효율적인 업무 처리의 흐름을 만드는 것을 말하며, 기업 또는 핵심적인 업부 프로세스에 대한 근본적인 사고의 전환과 급진적인 재설계(redesign)를 내포하고 있다. 핵심적인 프로세스를 고객지향적으로 최적화하며, 효율성을 제고하여 기존의 것과는 완전히 다른 새로운 구조를 정립하는 과정을 의미한다.

Call Center: 콜센터

콜센터는 고객 및 기타 전화통화가 조직적으로 처리되는 중추적인 장소로서, 대개 어느 정도는 컴퓨터 자동화가 되어 있다. 일반적으로, 콜센터는 적지 않은 양의 통화를 동시에 처리하고, 통화를 구분하여 그 일을 처리할 수 있는 다른 사람에게 연결하며, 또 통화 내역을 자동으로 기록하는 등 능력을 가지고 있다. 콜센터는 우편주문 카탈로그 단체, 텔레마케팅 회사, 컴퓨터 제품의 고객상담실, 전화를 사용하여 제품이나 서비스를 판매하는 대형 조직 등에서 주로 사용된다.

CALS(Commerce at Light Speed: 광속의 전자 상거래)

CALS는 군관련 문서들과 정보들을 전자적으로 관리하고 보관하려는 시도에서 시작되었으며, 문서를 전자화하여 공간절약과 정보검색의 신속화를 지향하였는데, 이것이 페이퍼리스(paperless) 운동의 시작이다. GLS에서는 CJ그룹의 생판물 연결시스템을 CALS시스템이라고 칭하고 있는데, 고객 지원팀의 주문처리시스템이 CALS시스템을 사용하고 있다.

CEO / CIO / CFO

CEO(Chief Executive Officer): 대표이사

CIO(Chief Information Officer): 기업의 정보담당 총괄 임원

CFO(Chief Finance Officer): 기업의 자금담당 총괄 임원

CIM(Computer Integrated Manufacturing: 컴퓨터통합생산시스템)

CIM은 컴퓨터 통합생산시스템을 말하며 제조업에 있어 수주로 부터 설계, 제조, 출하에 이르는 모든 기능·공정을 컴퓨터로 통합·수용해 이들 공정·업무를 효율화하여 전략적인 경영을 가능하게 하는 시스템이다. GLS에서는 CJ 공장들의 생산시스템을 CIM으로 칭하고 있으며, 공장물류시스템도 CIM의 일부로 운영되고 있다.

클라이언트 / 서버(Client / Server)

클라이언트 / 서버는 두 개의 컴퓨터 프로그램 사이에 이루어지는 역할 관계를 나타내는 것이다. 클라이언트는 다른 프로그램에게 서비스를 요청하는 프로그램이며, 서버는 그 요청에 대해 응답을 해 주는 프로그램이다. 클라이언트 / 서버 개념은 단일 컴퓨터 내에서도 적용될 수 있지만, 네트워크 환경에서 더 큰 의미를 가진다. 네트워크상에서 클라이언트 / 서버 모델은 여러 다른 지역에 걸쳐 분산되어 있는 프로그램들을 연결시켜 주는 편리한 수단을 제공한다.

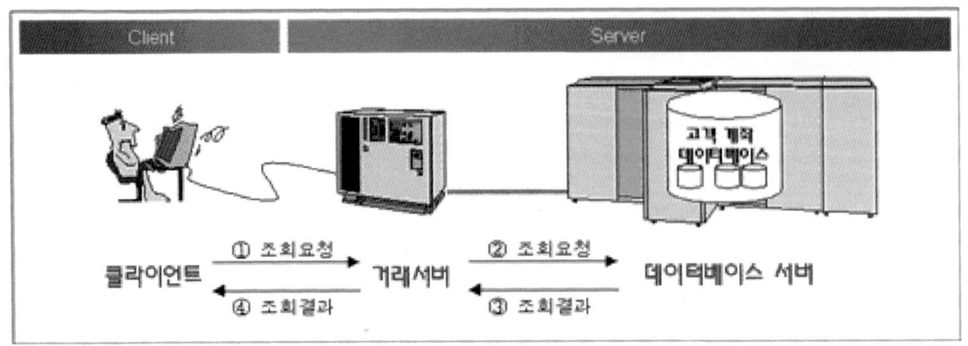

국제 택배사업에 있어서 Courier는 상업용 서류를 비행기를 이용, 빠르게 delivery 하는 사업분야를 일컫고, Sample은 상업용 샘플류 등 delivery를 칭한다.

국제 Courier Express Delivery는 DHL이 세계 1위이며, UPS, FeDex 등도 강세를 보이고 있다.

C / S환경 / Host

C / S환경: 위에서 설명한 Client / Server 환경으로 설계된 프로그램을 말한다. Host 란 한기업의 주전산시스템으로 모든 정보가 취합되어, 저장되는 대용량의 하드웨어를 말한다. GLS의 경우, 고객지원팀이 사용하고 있는 시스템을 Host라고 할 수 있다.

Cross−dock / Flow thru

물류 출고방법의 일종으로 Cross−dock은 어떤 물량이 물류센터에 입고되어 다른 물량과 혼재(Re−Packing)작업을 거쳐 출고되는 경우를 칭하고, Flow thru는 입고 후 물류센터에서 다른 부가작업 없이 출고되는 경우를 말한다. GLS에서는 두 가지 경우 를 구분 없이 Cross−dock으로 칭하고 있다. 재고 보관 없이 효율적인 물류수행을 할 수 있으므로, 광역 센터와 자센터, OEM제품, 3PL 고객의 물량 출고 등에 널리 활용 되고 있다.

CRM(customer relationship management: 고객 관계 관리)

CRM은 기업이 잘 정리된 방법으로 고객관계를 관리해 나가기 위해 필요한 방법론이나 소프트웨어 등을 지칭하는 정보산업계 용어로서, 대개 인터넷 서비스 기능을 가지고 있다. 예를 들면, 기업은 관리계층이나 판매사원들이 서비스를 제공하기 위하여, 자기 고객들에 대한 관계를 설명해줄 수 있을 만치 충분히 자세한 데이터베이스를 구축할 수 있을 것이며, 심지어 고객이 요구하는 제품계획과 매출을 부합시키고, 고객의 서비스 요구를 상기시키며, 그 고객이 다른 어떤 제품을 함께 구입했었는지 등을 알기 위해, 고객들이 그 정보에 직접 액세스할 수 있도록 할 수도 있을 것이다.

CRM 구축은 최근 기업들이 경쟁적으로 구축하고 있는 선진시스템으로 CRM구축을 위해서는 ERP, Data Warehouse 등 기간시스템 구축이 통상 선행되고 있다.

CSP(1) / Commerce Service Provider / 상거래 서비스 제공자

전자상거래를 Back−bone으로 지원해 주는 인증, 물류, 웹호스팅 등의 서비스를 제공하는 회사와 기관을 말한다.

CSP(2) / Contents Service Provider / 컨텐츠 서비스 제공자

인터넷 사이트 등에 제공하는 내용물(기사, 사진, 자료) 등을 제공하는 서비스업 CTI / Computer Telephony Integration CTI란 컴퓨터와 전화시스템을 통합하여 고객서비스를 향상시키는 Call Center용 솔루션이다.

GLS고객지원팀에 도입되어 있으며, 전화 접수와 동시에 고객화면에 Pop−up, Call과 Data의 동시 Transfer, 고객 Call의 경로 지정 등 여러 가지 기능이 활용되고 있다

Cut−off Time

주문마감시간을 말하며, B고객의 경우 Cut−off time의 연장은 영업확대 및 고객서비스 향상에 상당한 효과가 있어 Cut−Off Time 연장을 위한 노력들이 계속되고 있다.

CVO 방식

무선 핸드폰을 이용해서 차량이나 화물의 위치를 추적하는 방식으로 GLS에서는 019핸드폰으로 수송, 간선 차량에 활용하고 있다. 인공위성을 이용한 GPS에 비해 지역적 정확도는 떨어지나, 비용이 저렴한 것이 장점이다.

Database 영업

고객 수주, 배달, 클레임 정보 등을 축적, 분석, 가공하여 영업활동에 활용하거나, D / B자체를 상품화시키는 활동이다. 인터넷 기술의 발달로 선진국에서는 고부가가치 상품 및 서비스 향상 수단으로 각광받고 있다.

Data Mining: 데이터 마이닝

데이터 마이닝은 Database 영업을 위해 Data Warehouse에 저장된 Data를 분석 가공하여 중요한 영업지표나 상품으로 사용할 수 있도록 하는 것이다.

Door to door

Door to door는 문전에서 문전까지 배달이라는 의미로 국내에서는 택배C2C영업에서 고객서비스의 화두로 사용되고 있다. 세계 유수의 택배업체인 UPS, FedEx, DHL 등은 door to door 서비스를 하고 있지 않고 있다.

DW(Data Warehouse: 데이터웨어하우스)

데이터 웨어하우스란, 기간시스템의 데이터베이스에 축적된 데이터를 공통적인 형식으로 변환하여 일괄 관리한 데이터베이스를 말한다. 데이터 웨어하우스는 주요 의사·결정·자원 등 정보계시스템에 사용하며 저장 및 분석, 방법론까지 포함하여 말하는 경우도 있다. Data Mining, Database 영업이라는 용어가 동시에 사용되고 있으며, ERP 도입 기업 들이 2단계로 구축하는 것이 DW이며, 궁극적으로 CRM(Customer Relationship Management)을 구축을 지향하고 있다.

DPS(Digital Picking System: 전자피킹시스템)

피킹 물량을 디지털로 표시하여 피킹 리스트 없이 신속하고, 정확하게 피킹할 수 있도록 도와주는 시스템으로 낱개 피킹(화장품, 약품 등)에 널리 쓰이고 있으며, GLS에서는 아직 도입되지 않은 시스템이다.

EAN code(European Article Number)

바코드는 판매시점에서 정보관리를 통한 단품과 재고관리는 물론 물류 과정의 효율화를 위한 기본 수단이며 국제적으로 표준화된 바코드를 사용하고 있다. 표준화된 바코드를 'EAN'이라고 부른다. EAN에는 두 가지가 있는데, 첫째는 EAN-13이고, 또 하나는 EAN-14라는 것이다. EAN-13은 개별상품에 부착하는 표준 바코드이고, EAN-14는 BOX단위에 부착하는 표준 바코드이다. 국내에서는 Korean EAN-13, Korean EAN-14를 줄여서 KAN-13, KAN-14라고 불리고 있다. CJ는 ERP 도입에 맞추어 표준 바코드 도입 예정이다.

EC(Electronic Commerce: 전자상거래)

전자상거래(electronic commerce)는 인터넷이나 PC통신을 이용해 상품 등을 사고 파는 행위를 말하는 것으로 넓은 의미로는 컴퓨터 통신망을 통해 이루어지는 상품 및 서비스 구매나 발주 광고 활동 등이 모두 포함된다.

ECR(Efficient Customer Response) / QR(Quick Response)

ECR은 1980년대 말, 미국 의류업계의 QR(Quick Response)과 도소매업계의 EDLP(Every Day Low Price)개념을 통합한 개념으로 시작되었다. ECR(Efficient Customer Response)이란 상품의 제조 생산으로부터 유통, 도소매를 통한 판매에 이르기까지 전 과정을 일관된 흐름으로 보고, 각 단계의 관련기업들이 공동참여를 통해 총체적으로 경영 효율을 개선하여 보다 낮은 비용으로, 보다 빠르게, 보다 나은 소비자 만족을 달성하는 데 초점을 둔 공급경로(Supply Chain)의 효율을 극대화한다는 전략이다. 즉 QR(quick response)의 개념을 가공식품과 잡화부문에 응용한 정보시스템으로 유통정보시스템에서 불필요한 비용을 줄이고 소비자의 요구에 보다 신속하게 대응하기 위한 전략적 정보기법이다. 전체 유통공급망이 시간과 비용을 최소화하는 동시에 소비자에 대한 서비스를 개선하려는 것이다.

e-Catalog

전자문서화된 카탈로그를 의미하며, EC업체들의 Sourcing을 지원한다. 선진국에서는 전자 카탈로그의 표준화를 널리 도입하고 있으나 국내에서는 아직 구체화되지 않고 있다.

e-Fulfillment / Fulfillment

Fulfillment는 Order Fulfillment의 의미로 협의로는 물류센터에서 발생되는 Pick, Pack, Kit 등 행위를 말하며, 광의로는 고객의 Order 수행에 따르는 전체 물류활동을 의미한다.

E-Fulfillment는 e-Tailer(EC 업체)의 주문에 의한 Fulfillment 활동을 의미한다.

이는 EC업체에 국한되지 않고 Third Party를 이용하여 아웃소싱하는 기업들에게 on-line, off-line을 포함한 전체 물류 서비스(Total Service Provider)를 제공하고, 인터넷 기술을 이용하여, 관련 시스템 간의 통합을 이뤄 실시간 Tracking과 Visibility를 제공하는 사업 영역을 칭한다.

e-Marketplace

여러 기업의 구매자와 판매자가 필요한 제품이나 서비스를 최적의 조건으로 다양한 구매방식에 의해 사고팔 수 있도록 하는 인터넷 가상공간, 즉 기업 간의 전자상거래를 위한 사이버 장터를 의미한다. 기존에도 기업 간의 전자상거래는 이루어져 왔다.

그리고 앞으로도 그러한 거래는 지속적으로 이루어질 것이다. 하지만 새로운 패러다임은 그러한 1:1의 관계를 지원하기 위한 기업 내에 있는 운영시스템에서 벗어나 N:N의 관계를 지원하기 위해서 기업 외부에 독립적인 형태로 구축 운영되는 e-

Marketplace를 통한 상호 시너지 효과에도 많은 기대를 하고 있다.

ERP(enterprise resource planning: 전사적 자원 관리)

ERP란 제조업을 포함한 다양한 비즈니스 분야에서 생산, 구매, 재고, 주문, 공급자와의 거래, 고객서비스 제공 등, 주요 프로세스 관리를 돕는 여러 모듈로 구성된 통합 애플리케이션 소프트웨어 패키지를 뜻하는 산업 용어이며 재무 및 인적자원을 위한 모듈 또한 포함되어 있다.

CJ에서는 SAP R / 3 패키지의 ERP를 도입하여 구축 중이며, 내년 이후에는 GLS를 포함한 계열사로 확산시킬 예정이다.

FIFO(First－in First－out: 선입선출법) / LIFO(Last－in First－out: 후입선출법)

(1) FIFO(First－in First－out: 선입선출법)

물류센터 출고 시의 선입선출. 먼저 입고된 제품을 먼저 출고시킨다는 의미로 유효기간 등이 있는 식품류 등의 출고에 엄격히 적용된다.

(2) LIFO(Last－in First－out: 후입선출법)

후입선출. 최근 입고된 제품(물량)부터 먼저 출고시킨다는 의미로, 가격이 상승되고 있는 원부자재의 경우 이 출고원칙을 지켜 평균원가를 낮추는 효과를 얻을 수 있다.

Front－end / Back－end

우리말로 표현하면 전방과 후방을 나타내는 것으로서 사용하는 상황에 따라 의미의 차이를 가질 수 있다. 전자상거래시스템에서 거론할 때는 인터넷 사용자에게 보이는 Shopping Mall을 Front－end라 하고, 쇼핑몰에서 보이는 부분을 통해 어떤 Activation이 이루어졌을 때 이것을 처리하는 부분을 Back－end라고 하며, 일반적으로 Database 처리 부분을 Back－end라로 칭한다.

<u>4PL / 3PL / 2PL</u>

(1) 1PL

기업이 사내에 물류조직을 두고 물류업무를 직접 수행하는 경우로 이를 자사물류(first-party logistics, 1PL)라고 함

(2) 2PL

기업이 사내의 물류조직을 별도로 분리하여 자회사로 독립시키는 경우를 자회사물류(second-party logistics, 2PL)라고 함

(3) 3PL

제3자 물류(TPL, Third Party Logistics)의 정의에는 크게 두 가지 관점이 포함되어 있다.

첫째는, 기업이 사내에서 직접 수행하던 물류업무를 외부의 전문물류업제에게 아웃소싱한다는 관점이며, 둘째는, 전문물류업체와의 전략적 제휴를 통해 물류시스템 전체의 효율성을 제고하려는 전략의 일환으로 보는 관점이다. 계약에 의해 기업전체의 물류를 최적화, 효율화하는 역할을 한다고 해서, Third Party가 아닌 Contract Logistics라고 하기도 한다.

(4) 4PL

4PL(제4자물류)는 3PL에서 한 단계 더 발전한 개념으로 4PL이라는 용어를 처음부터 사용한 앤더슨 컨설팅사의 Trade Mark를 붙여서 사용하고 있다. 4PL은 3PL 공급업체, IT 업체, 컨설팅업체, 물류 솔루션업체들을 포괄적으로 연결하여 기업의 Supply Chain을 통합 관리하는 서비스를 제공해 주는 역할을 한다. 즉 한 기업이 제3자에게 물류대행을 위탁할 때, 3PL업체 IT업체 등을 각각 접촉, 솔루션을 찾는 것이 아니라 4PL업체와 계약을 하면 4PL업체가 관련업체들을 연결, Total Service를 제공하는 것이다.

GPS(Global Positioning System: 위성 위치 확인 시스템)

GPS는 1970년 초 미국 국방부가 지구상에 있는 물체의 위치를 측정하기 위해 60억 불을 들여 만든 군사 목적의 시스템이다. 그러나 오늘날에는 일부를 민간에게 개방하는 것을 전제로 미 의회에서 승인되어 민간에서도 사용되고 있다.

주로 비행기, 선박, 차량의 항법장치에 전자 지도(GIS)와 함께 GPS가 사용되고 있으며, 사람들이나 차량 등 이동체의 위치를 파악하는 데에도 사용된다. 또한 개인 휴대용 GPS 수신기가 개발되어 미지 탐사나, 군 작전 시 자기 위치파악에 이용되고 있다. 최근에는 휴대용 무선전화기 내에 GPS 수신기를 내장하는 것도 개발, 출시되었다.

GIS(Geographic Information System: 지리정보시스템)

GIS는 Geographic Information System의 줄임말.

GIS란, 지리공간 데이터를 수집·저장·분석·가공해 지형 관련(도로·교통·전신 전화·가스·상하수도·수자원·산림자원·지질 토양 등) 분야에 활용할 수 있는 지리정보시스템을 말한다.

HQ(Headquarters) / HO(Head Office)

본사를 칭할 때 사용되며, 물류에서 흔히 사용되는 Site라는 용어는 물류센터를 지칭한다.

Hub and Sub

택배사업에서 Hub터미널이란 전국의 물량을 한곳에 모아 각각의 지역으로 분배하는 중앙의 대규모 터미널을 말하며, GLS는 계룡 터미널과 부곡 터미널이 Hub기능을 하고 있다. 통상 Hub에서는 자동 분류기(Sorter) 등 많은 화물을 신속하게 집합, 분류하는 시스템이 설치되어 있다. Sub터미널은 Hub으로부터 물량을 받아 산하 영업소로 물량을 분배하거나, 영업소 물량을 집합하여 Hub으로 보내는 역할을 하는 지역 터미널을 말한다.

Inventory Turns: 재고 회전율

Inventory Turns는 재고회전율을 의미한다. 물류센터효율을 측정할 때 사용되는 지표이며, 재고회전율이 높을수록 재고관리가 효율적으로 이뤄진다고 할 수 있다. 재고회전율계산은 연간 총출고량을 평균재고로 나눈 것이다.

재고회전율＝총출고량/평균재고량

재고관리에서 안전재고는 재고유지비용, 원가, 기준수요 등을 감안하여 Stock－out(결품) 발생 없이 보유하는 재고수준을 말한다. 이와 관련하여 EOQ(경제적 발주량)도 많이 거론되는데, 이는 안전재고를 유지하면서 가장 효율적으로 최적화된 1회 발주량을 말한다.

ISP(Internet Service Provider: 인터넷서비스제공자)

ISP란 인터넷 서비스 제공자를 의미하며 Internet Service Provider의 줄임말.

인터넷 이용자들이 인터넷에 접속할 수 있도록 기능을 제공하는 회사와 기관을 말한다.

IT / Solution

IT(Information Technology): 정보시스템 Solution: 어떤 사안을 해결하기 위해 제공되는 정보시스템 패키지이나, 정보시스템이 아닌 다른 해결방안도 Solution이라고 할 수 있다.

JIT(Just In Time)

입하된 재료를 재고로 남겨 두지 않고 그대로 사용하는 상품관리 방식.

즉 재고를 0으로 해 재고비용을 최대한 줄이기 위한 방식으로 재료가 제조라인에 투입될 때에 맞춰서 납품업자로부터 재료가 반입되는 이상적인 상태에 접근하려는 것이다.

이 방식은 일본의 도요타자동차의 생산방식으로 유명한데 제조공정의 시간을 단축하기 위해 필요한 재료를 필요한 때에 필요한 양만큼 만들거나 운반하는 것이다.

이를 간판방식이라고도 한다.

J / V, Alliance

J / V: Joint Venture, 합자회사

Alliance: 전략적 제휴

Key Account

매출, 수익 면에서 주요 대형 고객이다. CJ의 경우 이마트, 까르푸 등 신유통업체들을 Key Account라고 할 수 있고, GLS의 경우 39 쇼핑, 질렛트, 신무림제지 등이 될 수 있다.

KIOSK(Directory Service Using Touch Screen)

지하철역, 편의점, 주유소 등에 설치된 PC를 통해 인터넷으로 기차표, 공연표 등을 예매하고, 쇼핑몰과 접속, 구매활동도 할 수 있도록 하는 시스템이다. GLS택배 사업의 입장에서 보면 KIOSK를 택배 개인 고객의 Drop Point로 활용가능하다. Drop Point란 개인고객의 택배물량을 직접 pick-up하고 Delivery하지 않고 CVS등 취급점 등 Drop Point를 통해 Pick Up과 Delivery하는 것을 말한다.

KMS(Knowledge Management System: 지식관리시스템)

지식관리시스템이란 조직 내의 인적자원들이 축적하고 있는 개별적인 지식을 체계화하여 공유함으로써 기업경쟁력을 향상시키기 위한 기업정보시스템이다.

지금까지 기업정보시스템은 기업내외의 정형화된 정보만을 관리해 왔다. 재무, 생산, 영업 등 기업활동에서 발생하는 수치데이터를 저장, 관리하는 것이 정보시스템의 역할이었고 실제 판단을 하고 의사결정을 내리는 것은 기업 내 인적자원이 수행하는 것이었다. 결국 의사결정의 주체인 인적자원이 떠나면 그가 갖고 있던 지식자원도 함께 떠나가고 기업의 지적자원이 소실된다는 관점에서 지식관리시스템은 출발했다. 인적자원이 개별적으로 보유하고 있는 지식은 비정형의 형태로 존재한다.

즉 기업 내 각 개인들은 자신의 지식을 각종 문서로 작성 보유하고 있으며 이를 바탕으로 관련 업무담당자와 의사교환을 하고 이러한 활동을 기반으로 최종 판단을 하게 되는 것이다.

따라서 지식관리시스템의 기본 개념은 인적 자원이 소유하고 있는 비정형 데이터인 지적자산을 기업 내에 축적·활용할 수 있도록 하자는 것이다.

Last Mile

개인 고객의 가정이나 사무실까지 택배물량을 배달할 때, 영업소에서 개인 고객 혹은 가정까지의 거리를 Last Mile이라고 한다. 이 구간은 비용이 많이 들고 까다로운 서비스를 요구하기 때문에 택배기업들의 가장 큰 부담이 되는 부분이다.

Leading Company

어떤 분야에서 앞선 기업이라는 의미이다. GLS는 국내 3PL산업에서 Leading Company이다.

Market Value

기업가치를 의미하며, 상장기업의 경우 총주식가치를 의미한다. 과거에는 매출 규모로 기업의 순위를 결정하였지만, 최근에는 상장 주식가치로 기업을 평가하고 있다.

MIS(Management Information System: 경영정보시스템)

경영정보시스템은 기업경영의 의사결정에 사용할 수 있도록 기업 내외의 정보를 전자계산기로 처리하고 필요에 따라 이용할 수 있도록 인간과 전자계산기를 연결시킨 경영방식을 말한다.

경영 각 부문의 정보가 따로 처리되어 있으면 경영 전체의 정보를 정확하게 파악할 수 없기 때문에 일상적인 데이터 처리를 경영의 토털시스템으로 통합한 것이 MIS이다.

MOU(Memorandum of Understanding), LI(Letter of Intent)

두 개 이상의 기업이 공동의 프로젝트를 수행하기 전, 상호 비밀유지를 서약하고 상호협의 할 분야를 사전저의하기 위해 MOU 또는 LI를 체결한다. MOU나 LI는 기본적으로 법적 구속력이 없도록 체결된다.

MRO(Maintenance, Repair and Operations)

MRO사업의 주요 품목으로는 각종 설비의 정비·보수를 위한 자재(공구, 모터, 베어링 등 전기 자재와 각종 기계 부품)와 사무용 자재, 빌딩 관리에 소요되는 각종 기구 및 자재가 모두 포함될 만큼 광범위하다. 미국 등 선진국에서는 기업이 조달하는 자재와 서비스 중 원재료를 제외한 모든 간접 자재를 지칭하고 있다

Nego(Negotiation: 협상)

Next Step

다음 단계. 어떤 프로젝트 또는 업무를 수행할 때, 다음 단계는 어떤 일을 상호협의 할 것인가 하는 것을 정할 때, 많이 사용된다.

Non Asset / Asset

자산 보유 없는 기업운영 및 자산보유형 기업운영을 의미하며, 선진국 물류업체(3PL)는 Non Asset based Logistics, Asset based Logistics로 구분되는데, Non Asset은 정보시스템, 기술, 인력만 보유하고 창고, 차량 등은 Third Party로부터 조달되는 물류사업을 영위하는 것이며 CH Robinson이 대표적인 기업이다. Asset은 창고, 차량, 정보시스템을 보유하고, 물류사업을 영위하는 업체로 Non-Asset 대비 주식가치가 떨어지는 면이 있다. Rider, UPS, FedEx가 대표적인 Asset 기반 기업이다.

One-stop Service

고객이 전화든 방문이든 한 곳과 연결이 되면 원하는 모든 서비스를 제공받을 수 있도록 서비스를 제공하는 것이다.

<u>Point to point</u>

택배운영에서 사용되는 용어로 물량이 집하된 거점에서 Hub터미널을 거치지 않고 목표거점이나 고객에게로 직접 보내는 방식이다. 반대되는 방식인 Hub and Spoke 방식에 비해 비용이 절감되나 규모의 물량이 확보되어야 활용될 수 있다.

<u>POS(point of sale: 판매시점관리)</u>

POS란 판매와 관련된 데이터를 물품이 판매되는 그 시간과 장소에서 즉시 취득하는 것이다. POS시스템은 상품에 붙어있는 바코드를 읽어 들이는 바로 그 시점에 재고량이 조정되고, 신용조회 등 판매와 관련되어 필요한 일련의 조치가 한 번에 모두 이루어지는 시스템이다. 이를 위하여 POS시스템은 바코드리더, 광학스캐너 카드리더 등이 계산대와 결합되어 있는 PC나 또는 특별한 단말기를 사용한다. POS시스템은 신용조회나 재고량 조정 등을 위해 중앙컴퓨터와 온라인으로 연결되거나,

또는 일괄처리를 위해 수선산기에 전송되기 전까지 일일거래를 저장하기 위해 독립된 컴퓨터를 사용할 수도 있다.

<u>PDA / 바코드 PDA / HPC / HHT / RF / Terminal</u>

(1) PDA

PDA(Personal Digital Assistants)는 미국 애플컴퓨터가 주창하여 개인정보통신기기 라고도 하며 그 외에도 휴대용 정보 단말기, 퍼스널 커뮤니케이터, 퍼스널 인포메이션 프로세서 등 다양하게 일컬어지고 있다. PDA는 손으로 쓴 정보를 입력할 수 있는 휴대형 컴퓨터의 일종으로 전자수첩처럼 개인의 정보관리나 일정관리 기능을 갖춘 한편 컴퓨터와의 정보교류, 팩시밀리 송신 등 무선통신 기능도 수행하는 휴대용 개인 정보 단말기이다. 전자펜으로 액정화면에 글씨를 쓰면 PDA시스템이 이를 인식하여 액정화면상에 표시되므로 컴퓨터에 대한 특별한 지식이 없어도 이용할 수 있다.

(2) 바코드PDA

바코드PDA(Barcode Personal Digital Assistants)는 바코드 스캔 기능을 내장한 정보단말기(PDA)를 말한다. 바코드PDA는 전용 핸디터미널보다 가격이 저렴할 뿐 아니라 개인스케줄관리, 전자우편, 무선데이터통신 기능을 가지고 있어 개인 휴대단말기로도 이용할 수 있다. 바코드PDA는 기업 시장을 겨냥하여 바코드 터미널의 한 분야로 떠오르고 있으며 일반 소비자뿐 아니라 현장에서 데이터를 수집해야 하는 영업, AS, 검침 요원 등을 중심으로 수요가 크게 늘어날 것으로 보인다.

(3) HPC

HPC(Handheld Personal Computer)는 윈도CE가 채용된 손바닥만 한 크기의 컴퓨터를 말한다. HPC는 데스크톱PC에서 사용할 수 있는 워드프로세서, 웹브라우저, 스프레드시트 등 소프트웨어를 그대로 사용할 수 있다.

(4) HHT

HandHeld terminal은 휴대형 터미널이라고 부르며, 소형화되어 휴대가 간편하고 작은 출력기(액정화면), 입력기(키보드, 스캐너), 처리기(CPU) 등이 일체형으로 구성된 단말기를 말한다.

(5) RF-Terminal

일반적으로 Handheld terminal에 Radio Frequency(무선주파수) 기능이 내장된 단말기로서 고주파수를 사용함으로 짧은 거리(수십 미터~수백 미터)의 무선 통신용 Handheld terminal의 의미로 사용된다.

(6) Terminal

Terminal(터미널)은 사용자가 컴퓨터시스템을 이용하는 위치, 즉 컴퓨터의 관점에서는 최종 단말기 위치에 연결되어 동작되는 장치를 말한다. 터미널은 단말기 또는 컴퓨터시스템의 가장 말단에 붙어있다는 뜻에서 종단기라고도 한다. 일반적으로 컴

퓨터시스템에서 사용되는 단말기에는 사용자가 정보를 입력하고 컴퓨터에서 생성된
정보를 눈으로 볼 수 있도록 키보드와 모니터 등으로 구성되어 있다

Picking, Packing, Loading, Replenishment, Shipping, Delivery, Returns, Inventory Management

피킹, 보장, 하역, 보충, 배송, 반품, 재고관리, 물류센터에서 발생되는 일련의 활동을 말한다.

<u>PUD(Pick-up, Delivery)</u>

PUD는 Pick-up / Delivery의 약어로 택배에서 사용된다.

<u>Option</u>

추가의 선택권. 어떤 문제니 사안에 대한 해결책이 제시될 때, 차선책이나 추가의 해결책이 제시될 수 있으면 Option이라고 한다.

<u>RDC(Regional Distribution Center) / FDC(Front Distribution Center)</u>

RDC는 FDC보다 큰 규모의 물류센터를 의미한다. GLS에서는 광역센터를 RDC, 자센터를 FDC라고 한다.

<u>ROI / ROA / CFROI / △CVA</u>

(1) ROI(return on investment: 투자수익)

ROI는 기업에서 정해진 자금의 사용에 대하여, 대체로 이익이나 비용 절감 등 얼마나 많은 회수가 있느냐는 것을 말한다. ROI 추정은, 때로 주어진 제안서를 위한 비즈니스 사례를 계발하기 위해, 다른 접근방법과 함께 사용된다. 어떤 기업에 대한 전반적인 ROI는, 그 기업이 얼마나 잘 관리되고 있는지를 평가하는 방법으로 사용되기도 한다.

만약 어떤 기업이 시장점유율, 기반시설 확충, 매출 확장을 위한 배치 또는 그 밖의 목적을 얻기 위한 단기 목표를 가지고 있다면, ROI는 오히려 지금 당장의 이익이나 경비 절감보다는, 이러한 목표들을 하나 이상 달성하는 형태로 평가될 수 있다.

(2) ROA(return on assets)

총자산순이익률(return on assets: ROA)은 총자본순이익률이라고도 부르며 순이익을 총자산(또는 총자본)으로 나눈 비율이다. ROA는 기업에 투자된 총자본이 최종적으로 얼마나 많은 이익을 창출하는지를 측정하는 비율로서 기업의 재무 및 경영성과를 종합적으로 일목요연하게 파악할 수 있는 대표적인 분석이다.

(3) CFROI(CASH FLOW RETURN ON INVESTMENT: 투자 현금 흐름 수익률 혹은 현금흐름 수익률)

영업에 따른 현금 흐름 대비 영업활동에 투자된 총 투자의 함수로 계산되는 수익성 평가지표로서 현재 사업의 이익률 및 향후 기업 가치를 판단할 때 사용되는 매우 중요한 지표이다.

CVA(CASH VALUE ADDED)

기업이 영업활동에 따른 금액 기준의 실질적인 현금 부가가치로(CFROI-WACC(가중 평균 자본비용) * 총투자로 계산된다.

(4) △CVA(DELTA CVA)

사업부의 성과 개선도를 측정하는 자료로서 전년 대비 CVA의 증분을 의미한다, = (당기 CVA-전기 CVA)

Same day delivery / Next day delivery

주문당일 배달 / 주문익일배달. 선진기업의 경우 Express 상품으로 Sameday Delivery

를 판매하고 있다. GLS의 자회사인 E-Cline이 Same day delivery 전담업체이다.

SCM(supply chain management: 공급망 관리)

SCM은 물자, 정보, 및 재정 등이 공급자로부터 생산자에게, 도매업자에게, 소매상인에게 그리고 소비자에게 이동함에 따라 그 진행 과정을 감독하는 것이다. SCM은 회사 내부와 회사들 사이 모두에서 이러한 흐름들의 조정과 통합 과정이 수반된다. 효율적인 SCM시스템의 최종 목표는 재고를 줄이는 것이라고도 말할 수 있다(필요할 때면 제품이 항상 쓸 수 있다는 전제하에).

SCM은 제품 흐름, 정보 흐름, 재정 흐름의 세 가지 주요 흐름으로 나누어질 수 있다.

제품 흐름은 공급자로부터 고객으로의 상품 이동은 물론, 어떤 고객의 물품 반환이나 애프터서비스 요구 등을 모두 포함한다. 정보 흐름은 주문의 전달과 배송 상황의 갱신 등이 수반된다. 재정 흐름은 신용조건, 지불계획, 위탁판매 그리고 권리 소유권 합의 등으로 구성된다.

Sourcing / outsourcing

Sourcing: 구매활동 지원

Outsourcing: 제3자에게 기업 활동의 일부를 위탁하는 것

Storefront Management

기업활동의 Value Chain(가치사슬)상에서 인터넷을 기반으로 서비스를 제공하는 것을 Storefront Management라고 한다. Web Site를 기획, 구축, 호스팅하는 서비스에서 인터넷으로 고객이 필요로 하는 정보(주문, 확인, 추적 등)를 실시간으로 제공하는 것은 물론, Credit Card 결재를 위한 조회 등도 포함이 된다.

Sub-contract

하청업체, 재계약업체

Total Service Provider

재고관리, 배달이라는 한정된 범위의 물류서비스가 아니고 고객사의 Supply Chain을 관리하는 물류서비스를 제공하는 것이다. Total Service에는 주문대행, 구매대행, DB관리, 물류서비스 제공, 관련 정보시스템의 통합 등이 모두 포함되며, GLS가 추구하는 중장기 목표이다.

TRS(Trunked Radio System: 주파수공용통신)

TRS(Trunked Radio System, 주파수 공용 무선통신)은 무선 데이터통신의 한 방법이며 하나의 주파수를 여러 명의 이용자가 공동으로 사용하는 시스템이다.

저렴한 비용으로 가입자 간의 그룹통화, 개별통화와 같은 다양한 통신방법이 가능하나, 통화시간의 제한이 있고 같은 망의 가입자 이외의 불특정 다수와는 통신할 수 없는 단점이 있다.

VAN(Value Added Network: 밴 / 부가가치통신망)

VAN은 Value Added Network의 약어로 부가가치통신망을 뜻한다.

부가가치통신망이란 공중전기통신사업자로부터 회선을 빌려 컴퓨터를 이용한 네트워크를 구성, 정보의 축적·처리·가공을 하는 통신서비스 또는 그 네트워크를 제공하는 사업을 말한다. VAN에 가입·이용하는 목적으로는 (1) VAN을 이용함으로서 이기종 호스트 컴퓨터 간 접속이나 단말기와의 접속 프로토콜변환을 네트워크 내에서 해 호스트 컴퓨터의 부하경감과 (2) 이업종, 이기업 간의 접속에 의한 뉴비즈니스의 발굴, (3) 데이터통신의 효율향상과 통신코스트의 절감, (4) 회선의 확장·변경 및 오퍼레이션 등의 운용관리를 VAN에 맡김으로써 얻어지는 부하와 코스트의 경감화 등을 들 수 있다.

VMI(Vendor Managed Inventory)

VMI 방식(Vendor Managed Inventory)은 모기업과 연관된 업체와의 재고, 면적운영, Delivery type. cycle 등을 고려하여 상호 협의 후 관련된 업체에서 물류환경 요소를 검토하여 생산(출하)량만큼 보충 입고하는 개념을 말한다. VMI 방식이 지향하는 목표는 모기업의 재고를 최소화하고 납품업체의 재고를 모기업 내에 두고 운영하는 Store 및 재고관리방법의 일환이다. VMI를 구축하면 컴퓨터의 발주처리비용이 필요 없게 되고, 상품의 리드타임단축과 대폭적인 재고삭감이 실현될 수 있다. 또 제조업과 도매업이 소매업의 점포에서 품절을 감소시키고, 그 제품의 매상을 증가시킬 수 있다. 또한 소매업으로부터 제품 파이프라인을 거슬러 전송되는 단품별 매상정보를 제조업과 도매업 측에서 시장분석, 상품기획, 단품별 매상예측 등에 이용함으로써 과잉생산과 과잉재고를 방지할 수 있다.

Warehousing

창고관리 업무를 총칭하며, 물량의 입고, 출하, 재고관리, 유통가공, 반품관리, 인보이스 생성 등이 포함된다.

WMS(Warehouse Management System)

창고관리시스템. 물류센터 내 일련의 활동을 정보시스템화 시킨 패키지 상품을 말한다.

GLS는 미EXE사로부터 WMS패키지를 도입하여, 구축 중에 있다.

Web Agency

웹에이전시는 기업전략을 위한 컨설팅·정보기술·마케팅·웹디자인을 모두 제공하는 종합 서비스라고 정의할 수 있다. 한마디로 e비즈니스 해결사인데 컨설팅에서부터 웹디자인과 웹사이트 제작, 솔루션 구축·교육 등 e비즈니스에 필요한 모든 것을 제공하고 지원한다. 웹에이전시 사업은 흔히 세 가지로 분류된다. 첫째, 웹전략 수립과 사업기획을 위한 비즈니스 컨설팅 둘째, 시각적 효과를 주는 그래픽이나 멀티미디어를 제작하는 크리에이티브 셋째, 웹애플리케이션을 개발하거나 시스템을 구축 통합해 주는 정보기술 부문이 그것이다.

<u>Web-based / Web site</u>

Web-based란 용어는 인터넷 기반으로 이뤄진다는 의미이다. Web-site는 기업의 홈페이지, 쇼핑몰에서 여러 기업들이 인터넷으로 필요한 정보를 실시간으로 공유할 수 있는 인터넷 기반의 Site까지 총칭한다.

<u>XML(eXtensible Markup Language)</u>

XML(eXtensible Markup Language)은 인터넷 웹을 구성하는 HTML을 획기적으로 개선한 차세대 인터넷 언어다. HTML의 확장 언어격인 XML은 홈페이지 구축 기능, 검색 기능 등을 향상시켰을 뿐 아니라 비즈니스에 필수적인 클라이언트시스템의 복잡한 데이터 처리를 용이하게 하는 기능을 갖고 있다. 또한 인터넷 사용자가 웹에 집어넣을 내용을 작성, 관리하고 접근을 용이하도록 하는 포맷으로 돼 있다. 이 밖에 HTML은 웹 페이지에서 데이터베이스(DB)처럼 구조화된 데이터를 지원할 수 없는 반면 XML은 사용자가 구조화된 데이터베이스를 뜻대로 조작할 수 있다.

최근 기출문제

63~82회

분야: 산업응용

자격종목: 공장관리

제 1 교시

다음 12문제 중 10문제를 선택하여 설명하십시오. (각 10점)

1. LCA
2. 원단위
3. Autonomation
4. 기회원가
5. SLP 입력요소
6. 표준시간
7. 예지(예측) 보전
8. PL
9. ERP
10. Hidden Factory
11. 기능분석
12. Modular 생산

제 2 교시

다음 6문제 중 4문제를 선택하여 설명하시오. (각 25점)

1. 다품종 소량 생산기업이 당면하고 있는 문제점을 열거하고 해결책을 제시하시오.
2. 공장입지 선정 시 고려해야 할 자연, 경제, 사회적 요인을 구체적으로 열거하시오.
3. 신MAPI방식에 의한 설비갱신 시 긴급률(Urgency rating)을 구하는 데 필요한 계산 요소를 설명하시오.
4. K공업사에서 주력설비로 사용하고 있는 프레스의 월간 동작시간은 228시간, 정지시간은 12시간, 정지횟수는 4회이었다.
    1) 월간부하시간
    2) MTBF
    3) MTTR
    4) 고장도수율
    5) 고장강도율을 구하시오.
       (각 5점)(계산결과는 소수점 이하 두 자리까지만 적으시오.)
5. 다음과 같은 자료에 의해
    1) 생산량 손익분기점
    2) 비용 · 수익 손익분기점
    3) 4만 단위에서의 이익을 결정하시오.
    가격=7만 원 / 단위, 변동비=2만 원 / 단위, 고정비=8억 원 / 단위
6. 공장 자동화의 진전은 많은 편의성 증대와 더불어 고용 감소의 문제점을 야기하고 있다. 자동화의 이점과 불리점을 제시하고, 기존 기능인력의 고용을 유지할 수 있는 방안을 논술하시오.

제 3 교시

다음 6문제 중 4문제를 선택하여 설명하시오. (각 25점)

1. 작업자의 '다기능화'가 제기된 배경과 필요성을 설명하고, 다기능화를 추진하는 데 현실적으로 작용하는 장해요인을 논술하시오.

2. 다음 자료에 의해 단위당 표준시간을 산출하시오.

(소수점 이하 두 자리까지 계산)

내 용	특정기간 중의 Data	Data의 출처
1) 작업자가 소비한 총시간	460분	Time Card
2) 생산량	300개	검사과
3) 작업시간율(%)	85%	Work Sampling
4) 유휴시간율(%)	15%	〃
5) 평균수행도(%)	110%	〃
6) 총여유율 (%)	10%	사내규정

3. 사이클 타임이 8분인 조립공정이다. 다음 자료에 의해

   1) 작업순서도표를 그리고

   2) 최소 가능작업장 수를 구하라.

   3) 그리고 Line Balance가 되도록 순서도표상에 점선으로 작업을 할당하고

4) Line Balance 효율을 구한 후

5) 개선방안을 제시하시오. (각 5점)

과 업	소요시간(분)	수행순서
A	5	−
B	3	A
C	4	B
D	3	B
E	6	C
F	1	C
G	4	D, E, F
H	2	G

4. 공정설계(Process planning) 단계에서 결정해야 할 중요사항에 대하여 쓰시오.

5. 전통적 생산설비 배치 형태와 자동화 생산시스템 형태와의 관계를 P−Q분석에 의해 크게 3가지 영역으로 구분하고, 생산 형태의 특징에 대해 쓰시오.

6. 단일설비 일정계획(Scheduling) 시 다음과 같은 작업배정 규칙에 의해 작업순서를 결정(Sequencing)하시오.

작업번호	작업일수	납기일수
1	6	9
2	12	1
3	3	11
4	10	19

1) SPT에 의한 작업순위

2) EDD에 의한 작업순위

3) MST에 의한 작업순위

4) CR에 의한 작업순위

제 **4** 교시

다음 6문제 중 4문제를 선택하여 설명하시오. (각 25점)

1. 일정계획 관점에서 생산의 합리화를 추구할 수 있는 방안에 대해 설명하시오.

2. 제품의 생산공정에 대해 작업을 분할하고 그 구분방법에 대해 쓰시오.

3. 설비종합 효율 산출지표와 로스(loss)개선방안을 연계하여 설명하시오.

4. SCM의 특징 및 과잉재고를 줄일 수 있는 방안을 설명하시오.

5. 기업의 사업성과를 재무지표 관점에서뿐 아니라 경영시스템 전반에 걸쳐 측정할 수 있는 균형적인 성과지표 산출방안에 대하여 설명하시오.

6. ISO9001에서 요구하는 제품설계 시 고려해야 할 설계검토(Design Review), 설계검증(Design Verification), 설계 유효성 확인(Design Validation)에 대하여 설명하시오

분야: 산업응용

자격종목: 공장관리

제 1 교시

다음 13문제 중 10문제를 선택하여 설명하십시오. (각 10점)

1. QFD(Quality Function Deployment)

2. Design Score Card

3. Benchmarking

4. Robustness

5. Target Cost

6. COPQ(Cost of Poor Quality)

7. 자동주행차량(AGV)

8. 가상제조시스템(VMS)

9. PDM(Product Data Management)

10. 전자화폐(Cyber Money)

11. ATO(Assemble to Order)

12. Project형 조직

13. DFSS(Design for 6σ)

제 2 교시

1. 장기경영 계획의 의의(意義)를 설명하시오.

2. 표준원가시스템의 장점을 열거하시오.

3. 학습조직에서 조직과 구성원들의 5가지 기본학습 분야를 설명하시오.

4. 2차 가공업체인 S철강은 경기침체로 매출액이 감소하여 손익이 악화되고 있다. 따라서 임원회의에서 손익분기점을 낮출 수 있는 경영혁신에 대하여 컨설팅을 받기로 결정하였다. 귀하가 컨설턴트라면 고정비 인하 측면에서 어떠한 제안을 하겠는가?

5. 전략자재팀(Commodity Team)의 활동사례를 기술하시오.

6. 제품개발에서 다세대상품 및 선행개발(MGPP&TD) 기획을 하는 목적을 설명하시오.

제 3 교시

다음 6문제 중 4문제를 선택하여 설명하십시오. (각 25점)

1. CRM(Customer Relation Management)의 정의와 목적을 기술하시오.

2. 6σ 개선활동의 성공 여건을 열거하시오.

3. VMI(Vendor Managed Inventory) 활동의 목적 및 기대효과를 설명하시오.

4. 귀하가 사동차 정비 공장을 세운다면 공장부지의 평가요소를 설명하시오.

5. 다품종 소량생산 방식에서 각광받고 있는 모듈러 셀(Modular Cell) 방식에 대해 설명하시오.

6. 경제성 분석의 기초자료로서 초기비용(first cost)과 매몰비용(sunk cost)에 대해 설명하시오.

제 4 교시

1. 일반적인 수송문제(Transportation Problem)와 중계수송문제(Transshipment Problem)에 대하여 논하시오.

2. Global Market을 대상으로 성장전략을 전개하는 A전자는 참여시장의 증가로 Model수의 다양화가 진행되고 있다. 지난 1년간의 경영 실적을 분석하니 전년 대비 매출액은 10% 증가하였으나 매출총원가는 15%가 증가하여 손익이 악화되고 있다. 귀하가 제품개발을 담당하는 임원이라면 현행 개발상의 문제점을 나열하고 개선전략을 제시하시오.

3. Gage R & R Study에서 반복성과 재현성이 무엇을 의미하는지 설명하시오.

4. 소비자 needs 파악을 위한 기법 3가지를 설명하시오.

5. Kano의 품질 속성별 구분방법을 나열하고 설명하시오.

6. S사의 지난 4개월간 월별 생산량과 생산원가는 다음과 같다. 준평균법을 이용하여 단위당 변동원가와 고정원가를 산출하시오.

월	생 산 량(EA)	생산원가(원)
1	100	14,000
2	170	18,000
3	120	16,000
4	250	32,000

분야: 산업응용

자격종목: 공장관리

제 1 교시

다음 13문제 중 10문제를 선택하여 설명하십시오. (각 10점)

1. 종합설비 효율이란?
2. 유연생산시스템(FMS)이란?
3. 욕조곡선(Bathtub Curve)이란?
4. 결점나무 분석(Fault Tree Analysis)이란?
5. 고장형태 및 영향분석(FMEA)을 설명하시오.
6. VE(가치공학)에서 중시하는 네 가지 가치를 설명하시오.
7. 공정능력 분석자료를 활용하는 종류를 기술하시오.
8. Q-Cost의 외적 실패코스트를 설명하시오
9. F검증(Ftest)이란?
10. ABC 자재분류법
11. EOQ(경제적 발주모형)를 예제와 함께 설명하시오.
12. 용장성(고장예방기법)
13. 제품책임(Product liability)

제 2 교시

다음 6문제 중 4문제를 선택하여 설명하십시오. (각 25점)

1. 6시그마에서 결함의 발생확률을 3.4ppm으로 규정하는 사유를 그림과 함께 설명하시오. (이론상 0.002ppm)

2. 작업의 준비시간 단축의 필요성과 개선기법을 G.T와 연계하여 설명하시오.

3. U자 Line 레이아웃의 필요성, 실현원칙, 적합한 범위와 효과를 기술하시오.

4. 생산의 Loss 중에서 사람과 관련된 부문을 설명하고 계산을 사례로 기술하시오.

5. 60개를 조립하는 데 소요되는 시간은 1시간이며 1개 조립하는 데 불필요하게 공구를 집기 위해 보행하는 거리는 3보이다. 이때 계속 생산한다고 볼 때 불요동작에 따라 연간 발생되는 낭비액은 얼마인가?
   (조건) 월작업일: 25일, 1일작업시간: 8시간, 1보소요시간: 2초
   작업자 1인급료: 100만 원 / 월, 연간작업월: 12월

6. 관리도(control chart)의 종류와 사용용도를 설명하시오.

제 3 교시

다음 6문제 중 4문제를 선택하여 설명하십시오. (각 25점)

1. Fool Proof(실수방지) 시스템의 개요와 방법과 구조를 설명하시오.

2. 동작경제 11개원칙을 설명하시오.

3. 개선의 E.C.R.S.A 기법을 설명하고 사례를 기술하시오.

4. 재현성과 반복성(R&R)을 사례를 중심으로 기술하시오.

5. 여러 가지 천을 염색하는 데 있어 각 색깔에 따라 염색기계를 Cleaning해야 하기 때문에 색깔을 바꿀 때마다 표와 같은 많은 준비시간이 소요되었다. 가장 빠른 준비시간에 의거, 각 색깔을 염색할 수 있도록 5개의 색깔별로 순서를 정하시오.
   예) 붉은색 → 하얀색 → 갈색 → 푸른색 → 회색

총   시간

FROM		회색	갈색	푸른색	하얀색	붉은색
	회 색	0	2	2	4	3
	갈 색	1	0	2	2	2
	푸른색	1	3	0	4	3
	하얀색	1	1	1	0	1
	붉은색	2	3	3	4	0

6. TPM(종합설비보전)을 Loss 중심으로 분류하고 개선방안을 설명하시오.

제 4 교시

1. 체계적 배치기법(SLP)을 설명하시오.

2. 우리나라 기업의 QR(Quick Response) 시스템의 도입과 문제점에 대하여 기술하시오.

3. JIT(Just In Time)생산방식의 평준화와 Batch 생산의 특징을 고려하여 다음 조건의 월간 생산계획을 제시하시오. (단, 휴일은 없다고 가정하고, 각 기종의 공수는 동일함.)
   (A품종: 120대 / 월, B품종: 80대 / 월, C품종: 40대 / 월, 능력: 10대 / 일)

4. 소품종 대량 생산방식과 다품종 소량생산의 단납기 생산방식에서 IE전문가로서 자재, 설비, 인력 운영 면에서 효과적으로 기법을 적용하는 방법을 기술하시오.

5. 8명이 근무하는 직선라인 stop watch로 작업시간을 측정하여 아래와 같은 결과를 얻었다.

공 정	1	2	3	4	5	6	7	8
작업시간(초)	26	23	23	24	29	38	34	27
인 원(명)	1	1	1	1	1	1	1	1

(조건): 실동시간을 460분으로 한다.
2초 단위까지는 작업분배 가능한 것으로 본다.
손으로 하는 조립작업이다.

① 일생산량과 현효율은?

② 애로공정을 개선 후의 효율은?

6. 서비스 공정의 분류를 고객 접촉과 노동집약도 측면에서 설명하고 관리 문제
   를 기술하시오.

분야: 산업응용

자격종목: 공장관리

제 1 교시

다음 13문제 중 10문제를 선택하여 설명하십시오. (각 10점)

1. MOT(Moment Of Trues): 고객접점관리
2. MV(Management vision): 경영비전
3. OC(Organizational Culture): 조직문화
4. Maslow의 욕구 5단계
5. LP의 필수조건
6. RWF(Ready Work Factors)
7. 경로분석
8. 경영조직의 구성원칙
9. Pitch Time
10. 특성요인도(Cause Effect Diagram)
11. 프로세스 접근방법
12. eBiz(e-Business)
13. CRM(Customer Relationship Management)

제 2 교시

다음 6문제 중 4문제를 선택하여 설명하십시오. (각 25점)

1. 제품기술의 급속한 변화에 따라 실무담당자의 다기능화가 요구되고 있다. 이를 위한 직무설계 방법과 운용방법을 설명하시오.

2. 대량생산방식(Mass. Production System)과 개별 생산방식(Job－Shop Production System) 에 적합한 공장배치 형태를 비교하여 설명하시오.

3. 표준시산의 설정에 필요한 여유시간의 종류를 열거하고 설명하시오.

4. 종합생산보전(Total Productive Maintenance: TPM)의 전개방법과 성과분석법을 설명하시오.

5. 귀하의 컨설팅 상품을 제품수명의 주기를 고려하여 예상되는 문제점을 검토하고 해결 방안과 대응 전략을 수립해 보시오.

6. 수요예측을 위한 질적방법을 열거하고 장단점을 설명해 보시오.

제 3 교시

1. 신제품개발과정을 단계적으로 설명하시오.

2. 생산기간(Lead Time)의 구성요소를 고려하여 생산기간의 합리적인 단축방안을 설명하시오.

3. 고객이 기존의 50일 납기를 35일로 단축해 줄 것을 요구하였다. 이를 위한 방안을 수주에서부터 납품(제품 인도)까지 모든 활동을 대상으로 구체적으로 작성하시오.

4. 표준원가와 실제원가 간에 원가 차이를 분석하기 위한 이 요소를 열거하고 설명하시오.

5. A 물류업체가 시장상인에게 공급하는 가공식품 중에서 내용물이 바뀌고, 손상되고, 유효기간을 초과하는 문제가 자주 발생하고 있다. 이러한 문제를 해결할 수 있는 취급방법을 설계해 보시오.

6. 전자제품에 사용되는 리드선에 단자를 조립하는 작업장에 여러 부품이 바닥에 흩어져 있고 작업자가 반장의 지시에 따라 작업을 하고 있다. 생산형태는 다품종 소량 주문 생산이다. 이 경우에 생산성을 개선할 수 있는 방법을 설명해 보시오.

제 **4** 교시

1. 어떤 제품을 예를 들어 가치공학의 기능분석방법을 적용하여 제품가치에 대한 개선안을 작성해 보시오.

2. 기존 제품과 고객으로는 회사의 발전에 한계를 인식한 최고 경영자가 귀하를 신규사업을 위한 프로젝트 책임자로 임명하였다. 어떻게 프로젝트를 수행할 것인지 그 방안을 단계적으로 설명하라.

3. 종업원 40명 정도인 소기업이 신규공장을 건축하기 위하여 공장배치 계획을 수립 중이다. 이때 고려해야 할 요소들을 설명해 보시오.

4. 귀하가 최근에 경험한 업무상의 문제를 예를 들어 문제해결 절차에 따라 해결방안을 제시해 보시오.

5. 집단 아이디어 창출방법인 브레인스토밍(Brain Storming)의 4가지 규칙을 설명하시오.

6. A회사는 소규모 제조업체로서 작업환경과 급료도 비교적 만족스럽지만, 최근에 작업자의 이직이 빈번하고 사기도 크게 저하되었다. 귀하가 생산부장이라면 어떻게 이 문제를 해결하겠는가?

분야: 산업응용

자격종목: 공장관리

제 1 교시

다음 13문제 중 10문제를 선택하여 설명하십시오. (각 10점)

1. 고장곡선(Bathtub Curve)
2. SLP 입력요소
3. 환경친화적 생산
4. 제품수명주기(Product Life Cycle)
5. 도수율과 강도율
6. 제품책임(PL)
7. OPT(Optimized Production Technology)
8. 자율경영팀(Self-managing Team)
9. Modular 생산
10. 학습곡선
11. 선입선출법(FIFO)
12. QFD(Quality Function Deployment)
13. MTO(Make to Order)

제 2 교시

1. 설비의 보전비용을 설비보전의 유형에 따라 분류할 수 있는데, 어떤 비용들이 있는지 2가지 이상 들어 설명하시오.

2. 생산정책은 생산관리의 목표를 어떻게 달성할 것인가를 결정한다. 생산관리의 목표는 무엇이며, 생산정책은 어떤분야에 대해서 결정하여야 하는지 설명하시오.

3. 수요예측에서, 정성적 기법과 인과형 모형은 재고관리와 일정계획에는 그 다지 유용하지 않다고 한다. 왜 그런지를 설명하시오. 그리고 적합한 예측기법을 나열하시오.

4. 공정대기 현상은 어떤 경우에 발생하며, 이의 해결방안에 대하여 설명하시오.

5. 한 개의 작업장을 거치는 경우, 재공품 재고와 작업정체가 최소가 되고, 작업장이 덜 혼잡해지며 고객에게 평균적으로 가장 빠른 서비스를 제공할 수 있는 작업 우선순위 규칙은 무엇이며, 그 이유와 이 규칙의 결점에 대하여 설명하시오.

6. 해외에 생산(사업) 입지를 정할 때 고려해야 할 사항에 대하여 설명하시오.

제 3 교시

다음 6문제 중 4문제를 선택하여 설명하십시오. (각 10점)

1. 6시그마 활동과 활동에 따른 사용기법을 단계별로 구분하여 설명하시오.

2. 총괄 생산계획에서 여러 대안을 평가할 때 고려해야 하는 비용 요소들에 대하여 설명하시오.

3. 생산현장에서 볼 수 있는 낭비(7가지)를 나열하고, 그중에서 가장 나쁜 낭비는 무엇이며, 그 이유를 설명하시오.

4. 소사장제 도입을 위한 세부추진 절차에 대하여 설명하시오.

5. 재고관리시스템은 수요패턴에 따라 구분, 적용하는 것이 합리적이다. 재고에 대한 수요는 독립수요와 종속수요로 구분할 수 있는데, 이러한 구분에 따라 재고모델을 연계시켜 설명하시오.

6. 정미시간을 계산할 때 직접시간 관측법에서는 레이팅(Rating)이 필요하다. 그 이유를 설명하고, 레이팅 종류를 나열하시오.

제 4 교시

다음 6문제 중 4문제를 선택하여 설명하십시오. (각 25점)

1. 주문조립(assemble to order) 전략과 예측생산(make to stock) 전략을 비교하여 설명하시오

2. 생산시스템에서는 생산성과 목표인 품질. 원가, 신속성, 확실성, 유연성 등이 주요 평가요소가 된다. 이러한 생산성과 목표에 구체적인 평가지표를 들어 설명하시오.

3. 제약이론(TOC)을 토대로 한 동시생산과 JIT 생산에 대하여 유사점과 차이점을 들어 설명하시오.

4. 서비스시스템은 고객과서비스 제공자와의 접촉도에 따라 고접촉 서비스시스템과 저접촉 서비스시스템으로 나누어진다. 이 두 서비스시스템 설계 시 고려해야 할 전략적 요소를 비교하여 설명하시오.

5. 30명이 있는 라인에서 오늘 1,850개를 생산하였다. 근무상황을 살펴보면 1명이 결근, 3명이 출장 중이다. 타 라인 인원 3명을 4시간 지원받았다. 또한 자재 품절로 인하여 26명이 2시간씩 교육을 받았다. 이 제품의 개당 표준시간은 6분이며, 실동시간은 460분이다. 실동률, 실동공수효율 및 작업공수효율을 구하여 이 라인의 생산성을 분석하시오.

6. 새로운 제품개발을 위한 아이디어가 창출되었을 때, 이 아이디어를 제품개발로 곧장 선정하는 것은 아니다. 새로운 제품아이디어에 대해 타당성 검토과정을 적용한다. 타당성 검토는 일반적으로 어떤 평가들을 하는가?

분야: 산업응용

자격종목: 공장관리

제 1 교시

다음 12문제 중 10문제를 선택하여 설명하십시오. (각 10점)

1. KMS
2. MTBF
3. MTTF
4. DSS
5. MPS
6. 써블릭(Therblig)
7. WF(Work Factor)
8. 레이팅(Raing)
9. 희망열거법
10. CRM
11. 관리기능
12. CPM
13. 아메바조직

제 2 교시

1. 프로세스의 혁신을 위한 방법으로 BPR을 전개하는 경우에 그 목적을 명확히 하는 것이 중요하다. BPR의 목적을 열거하고 BPR을 통해서 어떻게 목적을 달성할 수 있는지 설명하시오.

2. 단일기계 절삭가공의 단위생산시간 요소를 열거하고 요소별로 생산성향상을 위한 방안을 설명하시오.

3. VE의 추진절차를 업무프로세스의 개선에 적용하여 예를 들어 설명해 보시오.

4. 동기 생산시스템의 구축을 위하여 필요한 다음 4단계에 대한 키포인트를 설명하시오.
   - 제1단계: 생산의 평균화 / 평준화
   - 제2단계: 흐름생산
   - 제3단계: 소Lot화
   - 제4단계: 택트타임 생산

5. 지식경영에서 관리대상이 되는 지식활동을 단계적으로 열거하고 주요 활동 내용을 예를 들어 설명하시오.

6. 자재조달을 위해 외주가공을 하는 경우에 외주업체와의 관계를 계열화 또는 전문화해야 하는데, 이에 대한 장·단점을 설명하시오.

제 3 교시

다음 6문제 중 4문제를 선택하여 설명하시오. (각 25점)

1. 조직 활성화를 위하여 권한위양이 필요한데 이를 효과적으로 수행하기 위한 원칙을 열거하고 설명하시오.
2. 지식근로자의 생산성 향상을 위하여 성과관리가 필요하다. 이를 위하여 BSC(Balanced Score Card)의 관점을 측정기준으로 하여 측정지표를 열거해 보시오.
3. 제품의 LCC(Life Cycle Cost)에 대하여 다음 단계별로 예상 비용을 열거해 보시오.
   (1) 초기조달비
   (2) 제조운반비
   (3) 보전비
   (4) 생산손실비
4. 신규 공장을 설계하는 경우에 공정을 결정하기 위한 평가요소를 열거하고 설명하시오.
5. 설계적 접근방법에 따라 지식근로자의 생산성 향상을 위한 방안을 설명해 보시오.
6. 수주에서 납품까지 생산기간에 영향을 미치는 문제들을 각 활동 단계별로 열거하고 개선 방안을 설명하시오.

제 4 교시

1. 기업의 혁신활동을 성공적으로 수행하기 위해서 필요한 기본적인 요건을 열거하고 설명하시오.

2. 생산현장에서 실시하는 '눈으로 보는 관리'에 대한 대표적인 예를 열거하고 기대효과를 설명하시오.

3. 기계가공 공정에서 FMEA(Failure Mode and Effect Analysis)의 예를 들어 설명하시오.

4. 생산관리에서 일상적으로 수행하는 생산계획 기능을 요소별로 열거하고 핵심 고려사항을 설명하시오.

5. 일반적으로 총원가를 총량적으로 관리하는 개념이 3가지가 있다. 그것은 ⅰ) 목표원가, ⅱ) 표준원가, ⅲ) 실제원가이다. 이에 대해 간략히 설명하시오.

6. 시장의 요구가 다양하고 빠르게 변화하는 기업환경에 대응하기 위한 조직의 바람직한 특성을 설명해 보시오.

분야: 산업응용

자격종목: 공장관리

제 1 교시

다음 13문제 중 10문제를 선택하여 설명하십시오. (각 10점)

1. 감가상각계산을 위한 4가지 정보
2. 총괄생산계획에서 여러 대안을 평가할 때 고려해야 할 비용요소
3. 생산성의 결정요인은 기술적 요인과 인적요인, 즉 고용인(개인)의 작업 수행도에 의해 결정되는데, 개인의 작업 수행도의 수준을 정하는 2가지 요인
4. 최적 재고정책을 결정하기 위한 변수(Parameter)
5. 일정계획(Scheduling) 수립에 필요한 요소
6. 자재분류의 원칙
7. DBR
8. ABC(Activity Based Costing)
9. 특수여유(관리계수)
10. TPM에서의 설비보전 유형(생산보전을 중심으로)
11. 제조물 책임(Product liability)
12. MTO(Make To Order)
13. P관리도와 C관리도의 차이

제 2 교시

다음 6문제 중 4문제를 선택하여 설명하시오. (각 25점)

1. TOC의 개념과 특징을 설명하시오. (TOC: Theory Of Constraints)

2. MTM-1에서의 동작연합(Combination motion) 3가지를 예를 들어 상세히 설명하시오.
   (참고자료: R20B=10.0 TMU, M20B=10.5TMU, M30B=13.3TMU, G2=5.6TMU,
   T60=4.1TMU)

3. JIT시스템과 MRP시스템을 재고, 로트크기, 생산준비, 품질 및 조달기간(lead
   time)등에 대하여 비교 설명하시오.

4. 변동하는 수요를 만족시키기 위하여 사용되는 총괄 생산계획의 전략으로서 추
   적 전략(chase strategy)과 균등생산 전략(level strategy)이 있다. 그 내용과 특징
   을 약술하시오.

5. 공장 입지 결정에 영향을 미치는 요인들에 대하여 설명하시오.

6. 5W1H와 개선의 4원칙(ECRS)을 연제하여 설명하시오.
   (예: 설거지작업, 세탁작업 등)

제 3 교시

1. 공정순서 계획(Routing)의 개념과 수립 시 고려해야 할 사항에 대하여 설명하시오.

2. H기업에서 가동상황을 면밀히 조사하기 위하여 Work Sampling을 하였다. Work Sampling의 절차와 가동률 향상 방안을 설명하시오.

3. 설비보전 조직의 형태와 형태별 특성을 설명하시오.

4. 생산전략 수립을 위한 입력자료(in put data)에 대하여 설명하시오.

5. 어떤 요소작업에 대하여 필요한 관측횟수를 결정하기 위해 10회 관측한 결과 아래와 같다. 신뢰도 95%, 정도 ±5%일 때 관측횟수는 얼마이며, 어떤 조치를 취해야 하는가를 설명하시오.

$$N' = \left(\frac{40\sqrt{N\Sigma X^2 - (\Sigma X)^2}}{EX} \right)^2$$

N	1	2	3	4	5	6	7	8	9	10
X	5	6	8	6	8	6	6	7	8	6

6. 신제품 개발 시 마케팅측면의 전략과 개발절차를 단계별로 설명하시오.

제 4 교시

다음 6문제 중 4문제를 선택하여 설명하시오. (각 25점)

1. Project team의 특성과 구조형태에 대하여 설명하시오.

2. 동시공학(CE: Concurrent Engineering)을 도입하여 효과를 얻기 위한 요소에 대하여 설명하시오.

3. 다음의 자료로부터 물음에 답하시오.
   Unload, load, 기계시동버튼을 누름: 5.0분. 다른 기계 쪽으로 걸어감: 1.0분
   부품을 준비함: 9.0분, 기계가공(자동): 43.0분
   작업자 임금: 2,200원 / 시간, 기계비용: 3,000원 / 시간
   1) 작업자 1명의 경제적인 최적담당 대수?
   2) 이때(최적담당 대수)의 Cycle time과 작업자 유휴시간, 기계 유휴시간을 각각 구하시오.

4. 원가절감과 납기 단축을 위한 개선방안을 설명하시오.

5. LP(Liner Programing), IP(Integer programing), GP(Goal Programing)를 적용하여 모델화할 때의 여러 가정을 비교 설명하시오.

6. 생산능력 계획의 중요성과 수립과정을 설명하시오.

국가기술 자격검정 시험문제

<u>기술사　　제76회</u>　　　　　　　<u>제1교시(시험시간: 100분)</u>

분야	산업응용	자격 종목	공장관리기술사	수검 번호		성명	

다음 문제 중 10문제를 선택하여 설명하십시오. (각 10점)

1. 프로세스와 시스템의 정의
2. 품질코스트(Q-cost) 산출의 의의와 분류
3. 직능식(Functional) 조직의 장점(2가지)
4. PERT와 CPM 차이 비교(3가지씩)
5. 정미시간(Net Time)의 개념
6. 도요타 생산시스템(TPS)에서 흐름생산의 핵심요소(3가지 이상)
7. 요소동작과 단위동작의 정의 및 차이비교
8. 수율과 원단위의 정의 및 관계
9. 피치타임 정의 및 공식
10. 품질의 집(HOQ)의 개념
11. Two Bin System의 개념 및 적용
12. 유연생산시스템(FMS)
13. 개선의 4대 원칙인 ECRS

국가기술 자격검정 시험문제

<u>기술사   제76회</u>　　　　　　　　<u>제2교시(시험시간: 100분)</u>

분야	산업응용	자격 종목	공장관리기술사	수검 번호		성명	

다음 문제 중 4문제를 선택하여 설명하십시오. (각 25점)

1. 설비의 7대 로스와 설비 종합효율 공식과의 관계를 설명하시오.

2. P-Q 분석의 정의, 방법 및 배치에 대하여 기술하시오.

3. SPC의 공정능력지수와 MSA의 주요기법을 오차의 두 구성요소의 개념(정확도와 정밀도)을 이용하여 설명하시오.

4. 선형계획법(LP)의 정의, 적용분야 및 해법의 종류에 관하여 설명하시오.

5. 공장의 생산성에 대하여 다음사항을 논하시오.

   1) 생산성의 의미

   2) 생산성 측정모형의 종류와 산식

   3) 생산성 향상여부를 측정하는 방법

6. 예측생산시스템에서 '수요예측 → 생산준비 → 부하 및 일정계획수립 → 생산진도관리 → 생산실적분석'의 각 단계별 관리자의 역할에 대하여 기술하시오.

국가기술 자격검정 시험문제

<u>기술사   제76회</u>   <u>제3교시(시험시간: 100분)</u>

분야	산업응용	자격 종목	공장관리기술사	수검 번호		성명	

다음 문제 중 4문제를 선택하여 설명하십시오. (각 25점)

1. TOC에서 동시생산의 정의, 기본원칙 및 관련용어에 대하여 설명하시오.
2. 가용도(Availability), MTBF, MTTR, λ, μ, 고장도수율, 고장강도율 척도를 신뢰도와 보전도 관계로 설명하시오.
3. VE의 개념, 목적 및 추진과정에 대하여 기술하시오.
4. 기업이 프로젝트 매니지먼트(Project Management)를 실시할 경우 고려해야 할 영역별 프로세스 구성요소에 대하여 설명하시오.
5. 라인생산에 있어서 생산라인을 효율화하기 위한 라인 재편성의 절차를 논하시고 라인편성효율의 산출방식을 기술하시오.
6. 자재나 부품의 아웃소싱(Outsourcing)을 실시하는 목적을 논하시고, 협력기업과의 관계를 교섭력의존 관계와 공동생산자 관계로 구분하여 특징을 비교하시오.

국가기술 자격검정 시험문제

<u>기술사   제76회</u>   <u>제4교시(시험시간: 100분)</u>

분야	산업응용	자격 종목	공장관리기술사	수검 번호		성명	

다음 문제 중 4문제를 선택하여 설명하십시오. (각 25점)

1. 설비투자의 경제성 평가개요 및 종류를 설명하시오.

2. BSC성과지표 간의 인과관계 분석에 관하여 설명하시오.

3. Cell생산방식의 정의, 장점, 적용 시 전제조건 및 효과에 대하여 설명하시오.

4. 6시그마 개선단계와 품질분임조 개선단계를 연계해서 설명하시오. (단 Bottom – up 과제일 경우)

5. 수요패턴(극소량, 다품종소량, 소품종다량, 표준품대량)에 따라 적합한 설비배치 방식의 관계를 나타내고, 각 설비배치방식별 공정관리특징에 대하여 논하시오.

6. 사업의 손익분기점 분석에 대하여 다음 사항을 기술하시오.

   1) 고정비, 변동비, 한계이익

   2) 손익분기점의 산출방식과 의의

   3) 민감도분석을 위한 변수와 의의

국가기술 자격검정 시험문제

기술사   제79회   제1교시(시험시간: 100분)

| 분야 | 산업응용 | 자격 종목 | 공장관리기술사 | 수검
번호 | | 성명 | |

다음 문제 중 10문제를 선택하여 설명하십시오. (각 10점)

1. 설비의 고장대책 다섯 가지 중점항목

2. 공장의 대기로스(Loss) 발생원인과 대책

3. MOT(Moment of Trues)

4. 예방보전비용과 사후보전비용의 주요항목

5. CPC(Collaborate Product Commerce)

6. 가치창출을 위한 블루오션(Blue Ocean)

7. MRO(Maintenance Repair & Operating)

8. 직무확대와 직무충실화의 비교

9. MTS(Make to Stock)

10. 핵심성과지표(KPI)

11. 제품포트폴리오 관리의 필요성

12. R&BD(Research & Business Development)의 정의

13. 누적수율(Rolled Throughput Yield)의 정의

국가기술 자격검정 시험문제

기술사   제79회   제2교시(시험시간: 100분)

분야	산업응용	자격 종목	공장관리기술사	수검 번호		성명	

다음 문제 중 4문제를 선택하여 설명하십시오. (각 25점)

1. 매스커스터마이제이션(Mass Customization)에 대하여 정의하고 도입이 필요한 이유를 설명하시오.

2. 제품라이프사이클에 따른 생산전략 유형을 기술하시오.

3. 수요에 영향을 미치는 요인에 대하여 설명하시오.

4. 자재 및 구매관리에서 TWO-BIN시스템의 적용이 용이한 자재 및 협력업체 선정기준에 대해 기술하시오.

5. 설비보전에서 직접기능을 분류하여 설명하시오.

6. A가전사는 냉장고 조립라인의 Tack Time을 1/2로 줄이려 한다. 개선활동을 하기 위해 협업팀(CFT)을 편성하는 데 어떤 관련부서로 구성하며, 이 팀원들의 업무를 분장하시오.

국가기술 자격검정 시험문제

기술사　　제79회　　　　　　　제3교시(시험시간: 100분)

분야	산업응용	자격 종목	공장관리기술사	수검 번호		성명	

다음 문제 중 4문제를 선택하여 설명하십시오. (각 25점)

1. 사업전략의 세 가지 유형인 저원가(비용우위)전략, 차별화전략 및 시장집중화 전략에 대해 설명하시오.

2. Lean 생산방식을 정의하고 그 특성을 기술하시오.

3. BEP(손익분기점)을 활용한 원가전략에 대해 기술하시오.

4. 일관생산방식(Conveyor Line)과 모듈(Module) 생산방식의 개념 및 특징에 대해 비교 설명하시오.

5. 신규공장을 설계하는 경우, 생산공정을 선정할 때 고려해야 할 요인에 대해 설명하시오.

6. 생산능력을 결정할 경우, 전략과 고려해야 할 요인에 대해 설명하시오.

국가기술 자격검정 시험문제

기술사　　제79회　　　　　　　　제4교시(시험시간: 100분)

분야	산업응용	자격 종목	공장관리기술사	수검번호		성명	

다음 문제 중 4문제를 선택하여 설명하십시오. (각 25점)

1. 공장입지 선정과정을 설명하시오.

2. 임금수준과 노동생산성의 관계를 설명하시오.

3. 제조공정 중 공정대기현상의 발생원인 및 해결방안을 설명하시오.

4. S전자의 설비보전부서에서 근무하는 김 과장은 예산편성업무를 담당하고 있는데, 경영 혁신활동으로 '예산편성 소요일수'라는 CTQ를 찾아냈다. 마침 3 / 4분기 Rolling Plan을 하는 시점이었던지라 '예산편성 소요일수'를 측정할 수 있었고, '예산편성 소요일수 단축'이라는 과제를 등록하였다. 이 과제를 진행할 때 6시그마 개선활동 관점에서 비적합한 사유를 기술하시오.

5. Global Marketing을 위한 생산공급체제에서 제품플랫폼(Product Platform)의 선정은 주요 성공요건이다. 제품플랫폼의 의미를 정의하고 전략유형 3가지 이상을 기술하시오.

6. 제조생산성 향상을 위해서는 공정 수의 감축이 주요과제이다. 공정 수 감축을 위해 선행해야 할 개선활동 5가지 이상을 기술하시오.

국가기술 자격검정 시험문제

기술사　　제82회　　　　　　　　제1교시(시험시간: 100분)

분야	산업응용	자격 종목	공장관리기술사	수검 번호		성명	

다음 문제 중 10문제를 선택하여 설명하십시오. (각 10점)

1. TPS(Toyota Production System)의 7대 낭비 중 과잉생산의 낭비
2. 구매관리에 있어 집중구매와 분산구매의 장점 2가지
3. 시스템수준에서의 FMECA(failure mode, effect and criticality analysis)의 두 가지 접근방법
4. Supply Chain Management
5. 연합작업분석(Man−Machine Chart)의 작성 및 활용방법
6. USN(Ubiquitous Sensor Network)
7. 다음의 조건에서 연간 총 재고비용은 얼마인가?
   - 판매량: 15개 / 1주일
   - 구매단가: 50원 / 개
   - 주문비용: 40원
   - 재고유지비용: 구매가의 20%
   - 연간 판매일: 52주 / 년
   - 구매 로트크기: 400개 / 로트

국가기술 자격검정 시험문제

<u>기술사   제82회</u>   <u>제1교시(시험시간: 100분)</u>

분야	산업응용	자격 종목	공장관리기술사	수검 번호		성명	

8. 고유가용도, 성취가용도, 운용가용도의 정의 및 특징

9. 파국고장(Catastrophic failure)과 열화고장(Degradation failure)

10. 선형계획법이 주로 응용되는 분야 4가지

11. Fool Proof와 Fail Safe의 정의

12. 러시아의 알츠슐러(Genrich Altshuller)가 개발한 창의적 문제해결기법인 TRIZ
    (Teoriva Reshniva Izobretatelskikh Zadatch)

13. 물류환경에서 RFID(Radio Frequency Identification) 도입의 기대효과

국가기술 자격검정 시험문제

기술사   제82회   제2교시(시험시간: 100분)

분야	산업응용	자격 종목	공장관리기술사	수검 번호		성명	

다음 문제 중 4문제를 선택하여 설명하십시오. (각 25점)

1. Global Market을 대상으로 경쟁력우위를 위한 제품과 제조 Platform 전략유형 중 Beach Head 전략에 대해 설명하시오.

2. 총괄생산과 대일정계획(Master Production Schedule)의 연관관계 그리고 대일정계획 수립 시 고려되어야 할 요소와 그 결과에 대해 설명하시오.

3. 생산계획 및 생산통제의 의의와 그 체계를 구분하여, 그 각기의 세부 핵심내용들을 설명하고, 품질 및 생산성 향상을 위한 기법 중 10가지만 선정하여, 각기 그 용도를 간략히 설명하시오.

4. Blue Ocean 전략과 Red Ocean전략을 비교 설명하고 Blue Ocean전략의 가치혁신(Blue Ocean전략의 초석)에 대하여 설명하시오.

5. 기업의 생산전략 중에서 다운사이징(Downsizing)전략, 리엔지니어링(Re-engineering)전략, 라이트사이징(Rightsizing)전략에 대한 개념과 각각에 대하여 구체적인 사례나 제품을 통하여 특징을 설명하시오.

6. 대차대조표에서 무형고정자산의 개념, 항목, 특징에 대해 설명하시오.

국가기술 자격검정 시험문제

기술사　　제82회　　　　　　　　제3교시(시험시간: 100분)

분야	산업응용	자격 종목	공장관리기술사	수검 번호		성명	

다음 문제 중 4문제를 선택하여 설명하십시오. (각 25점)

1. 준비교체시간의 정의와 준비교체의 낭비요소 및 준비교체시간 단축을 위한 대책에 관해 기술하시오.

2. H공업(주)에서는 자동차부품 생산용 자동기계를 600대 보유하고 있다. 작업자들은 1인당 5~20대의 기계를 담당하고 있다. 이 회사의 가동률과 작업능률을 향상시키려면 어떤 기법을 적용하여 해결해야 하는지를 설명하시오.

3. 라인생산의 운영 효율화를 위하여 라인을 재편성하고자 할 때, 이의 일반적인 순서와 단계별 핵심 실시내용에 대해 기술하시오.

4. PERT / CPM 프로젝트 Network와 관련하여 다음 사항에 대해 설명하시오.

   1) Network의 의미
   2) 작성원칙
   3) 구성요소
   4) 작성절차
   5) 구성원칙

국가기술 자격검정 시험문제

기술사　　제82회　　　　　　　제3교시(시험시간: 100분)

분야	산업응용	자격 종목	공장관리기술사	수검 번호		성명	

5. 워크샘플링(work sampling)법의 정의와 장·단점에 대해 기술하시오.

6. 카이젠(改善: 개선) 생산방식과 TOC(Theory Of Constraints: 제약이론)의 융합 필요성을 설명하시오.

국가기술 자격검정 시험문제

<u>기술사   제82회</u>   <u>제4교시(시험시간: 100분)</u>

분야	산업응용	자격 종목	공장관리기술사	수검 번호		성명	

다음 문제 중 4문제를 선택하여 설명하십시오. (각 25점)

1. 제조용이성 설계(Design for Manufacturability: DFM)에 대하여 정의하고 필요한 개념과 방법론을 설명하시오.

2. 기업의 제조물책임(PL: product liability) 대책을 위한 제품안전경영시스템(PSMS: product safety management system)의 정의 및 도입 필요성을 설명하시오. 또한 PSMS의 내용을 두 가지로 구분하여 기술하고 그 중요성을 비교하시오.

3. 원가의 본질적 정의와 원가의 종류를 체계적으로 구분·분류하고, 제조기업에서 판매가격까지의 원가구성 5단계를 '원가구성도'로 도시화(作圖)하여 설명하시오

4. 원가관리의 중요성을 설명하고 매출 10% 증가와 원가 1% 절감 시 효과를 비교하여 효과적인 대응방안을 설명하시오.

5. 가치공학(VE)에 대하여 개념, 기본사고와 목적, 프로젝트 과제 추진단계 및 절차에 대하여 설명하시오.

6. 신제품 개발 시에 QFD의 Design Planning 단계에서 고객요구파악 및 요구품질 전개에 대해 설명하시오.

김달원

　•약　력•
산업공학 석사
공장관리 기술사, 기술 지도사

　•연구논문•
[중소제조기업의 생산혁신 모형에 관한 연구]

E-mail:　zhensaba@paran.com

이광범

　•약　력•
산업공학 석사
공장관리 기술사, 품질관리 기술사

　•연구논문•
[IE기법을 적용한 제조라인 설계 연구]

E-mail:　leekb05@naver.com

공장관리 기술사로 가는 秘書

• 초판 인쇄　2008년 6월 25일
• 초판 발행　2008년 6월 25일

• 지 은 이　김달원, 이광범
• 펴 낸 이　채종준
• 펴 낸 곳　한국학술정보㈜
　　　　　　경기도 파주시 교하읍 문발리 513-5
　　　　　　파주출판문화정보산업단지
　　　　　　전화　031) 908-3181(대표) · 팩스　031) 908-3189
　　　　　　홈페이지　http://www.kstudy.com
　　　　　　e-mail(출판사업부)　publish@kstudy.com
• 등　　록　제일산 115호(2000. 6. 19)
• 가　　격　43,000원

ISBN　978-89-534-9645-3 93530 (Paper Book)
　　　　978-89-534-9646-0 98530 (e-Book)